AF316011

COURS DE MATHÉMATIQUES ÉLÉMENTAIRES

ÉLÉMENTS

DE

GÉOMÉTRIE

DESCRIPTIVE

AVEC DE NOMBREUX EXERCICES

Par F. I. C.

CHEZ LES ÉDITEURS

TOURS | PARIS

ALFRED MAME & FILS | POUSSIELGUE FRÈRES
Imprimeurs - Libraires | Rue Cassette, 27

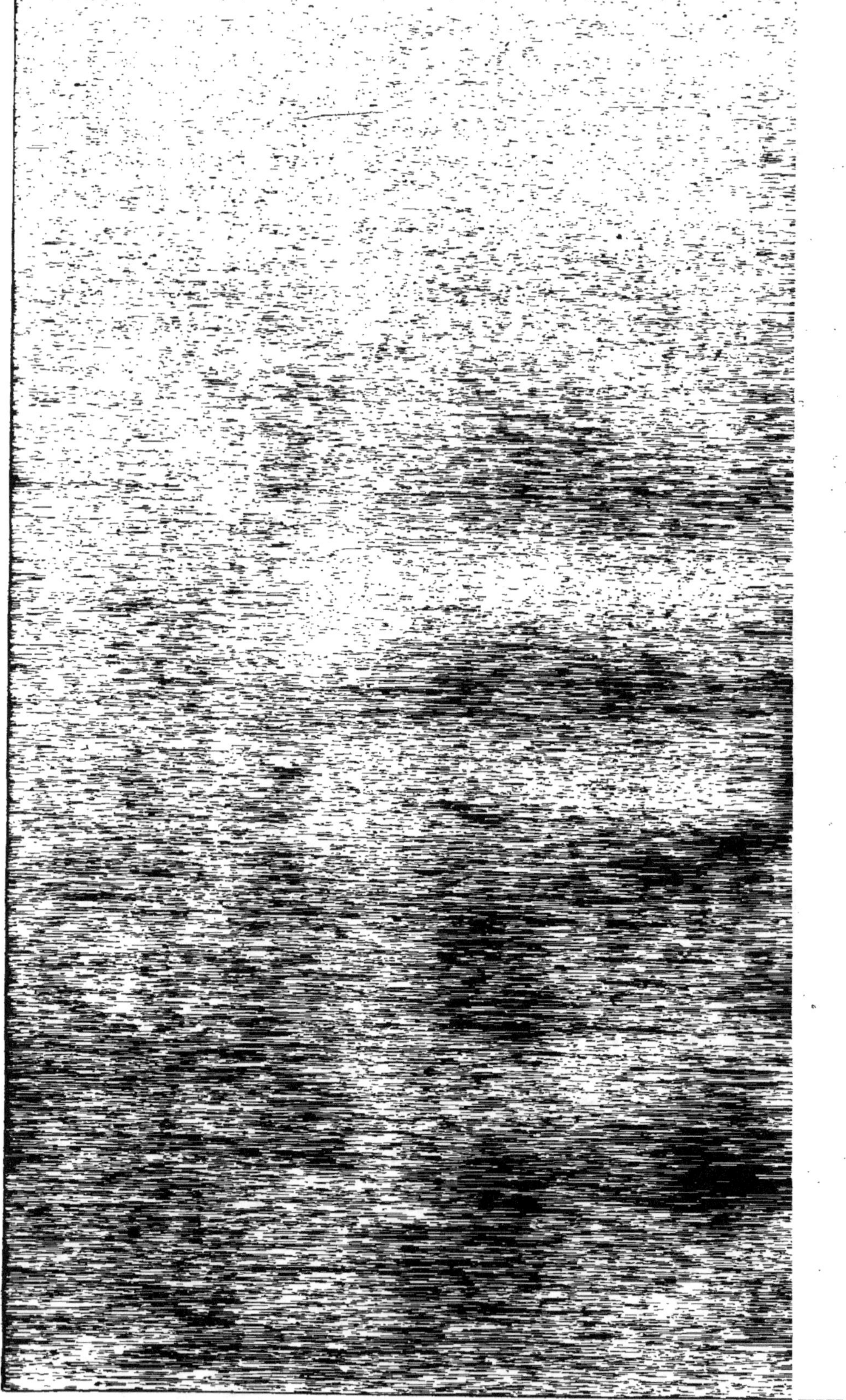

ÉLÉMENTS

DE

GÉOMÉTRIE

DESCRIPTIVE

Tout exemplaire qui ne sera pas revêtu des trois signatures
ci - dessous sera réputé contrefait.

Les Éditeurs,

Le Cours de Mathématiques élémentaires comprend les ouvrages
suivants :

Éléments d'Arithmétique.

—   d'Algèbre.

—   de Géométrie.

—   de Trigonométrie.

—   d'Arpentage et de Nivellement.

—   de Géométrie descriptive.

ÉLÉMENTS

DE

GÉOMÉTRIE

DESCRIPTIVE

AVEC DE NOMBREUX EXERCICES

Par F. I.-C.

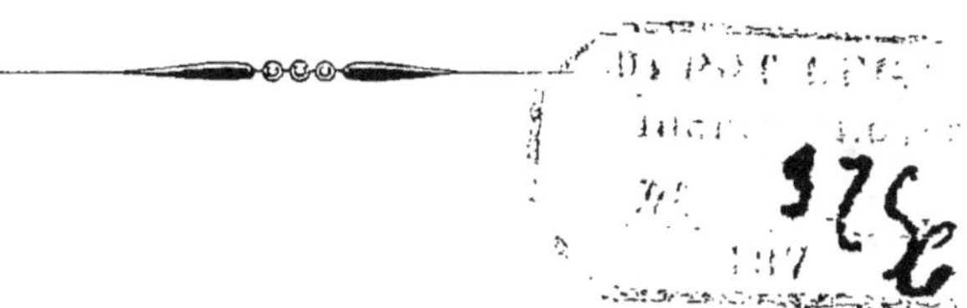

CHEZ LES ÉDITEURS

TOURS	PARIS
ALFRED MAME & FILS	POUSSIELGUE FRÈRES
Imprimeurs-Libraires	Rue Cassette, 27

1876

GÉOMÉTRIE

DESCRIPTIVE

PREMIÈRE PARTIE

DU POINT, DE LA DROITE ET DU PLAN

CHAPITRE I

NOTIONS PRÉLIMINAIRES

---

§ I. — INTRODUCTION

1. La *Géométrie descriptive* est la partie des mathématiques appliquées qui a pour but de représenter avec exactitude sur un plan les figures de l'espace, et de résoudre à l'aide de la géométrie plane les problèmes où l'on considère les trois dimensions.

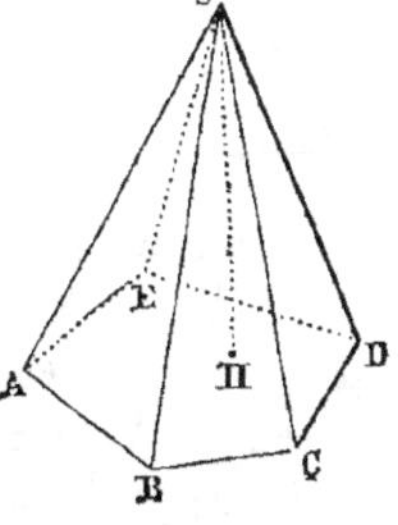

Les méthodes ordinaires pour représenter les objets déforment plus ou moins les figures; ainsi le dessin d'une pyramide ne donne ni la grandeur de la base ni celle des angles, tandis que la géométrie descriptive fait connaître la vraie grandeur des lignes et celle des faces de la pyramide.

2. Définition. *La projection d'un point, sur un plan, est le pied de la perpendiculaire abaissée du point sur le plan.*

1

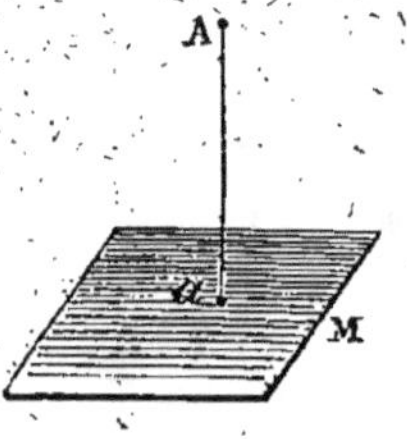

Ainsi a est la projection du point A sur le plan M.

La *projetante* d'un point donné est la perpendiculaire abaissée de ce point sur le plan considéré : Aa est la projetante de A.

On appelle *plan de projection* le plan sur lequel on projette la figure à étudier.

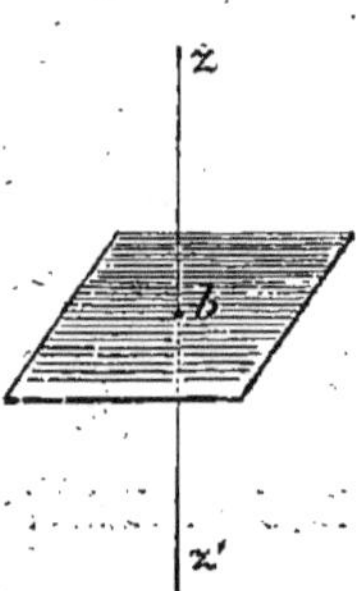

3. *Un point n'est pas complétement déterminé par une seule projection.* En effet, si b est la projection donnée, le point projeté peut être un point quelconque de la perpendiculaire illimitée zz'.

Pour fixer la position d'un point dans l'espace, on emploie ordinairement une des deux méthodes suivantes.

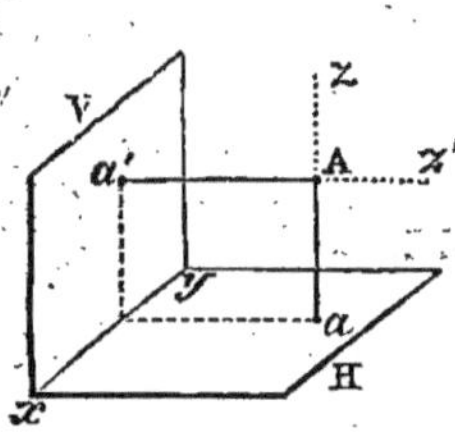

4. **Méthode des projections.** Dans la première méthode, on donne les projections a et a' du point A, sur des plans rectangulaires H et V. Le point est déterminé, car il se trouve à l'intersection des perpendiculaires az, $a'z'$; ce mode de représentation est connu sous le nom de *Méthode des projections*. Les deux premières parties de cet ouvrage sont réservées à l'exposition de cette méthode.

5. **Méthode des plans cotés.** Dans la seconde méthode, on donne la projection a du point et la cote de ce point. La cote d'un point est la valeur numérique qui exprime la longueur de la *projetante* Aa. L'ensemble des principes relatifs à ce mode de représentation constitue la *Méthode des plans cotés* (3e partie, n° 230).

6. **Plans de projection.** Dans la méthode des projections, on emploie deux plans perpendiculaires ; l'un d'eux est nommé *plan horizontal*, et l'autre, *plan vertical*. Ces deux plans sont illimités en tout sens.

On appelle *ligne de terre* l'intersection des deux plans de projection ; elle est indiquée par xy ou par LT.

Relativement à l'observateur supposé placé à droite, vers le haut de la figure, AH est la partie antérieure du plan horizontal, PH la partie postérieure du même plan; SV la partie supé-

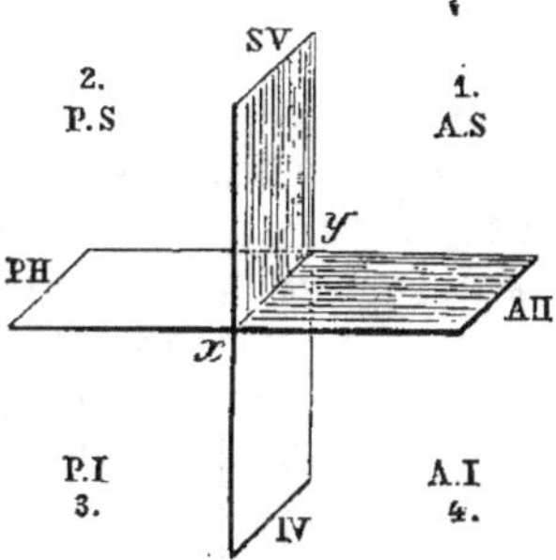

rieure du plan vertical, et IV la partie inférieure.

7. Les deux plans forment quatre angles dièdres droits désignés par les noms d'*antérieur-supérieur*, *postérieur-supé-
rieur*; *postérieur-inférieur* et *antérieur-inférieur*, ou plus
simplement par les numéros 1, 2, 3, 4.

L'observateur est toujours supposé placé dans le premier
dièdre, ayant x à sa gauche et y à sa droite; généralement on
place aussi dans le premier dièdre la figure à étudier, de sorte
que les projections se trouvent sur AH et sur SV, mais les
constructions à effectuer pour résoudre une question, et les données parfois imposées conduisent fréquemment à la considération des autres dièdres.

8. **Rabattement du plan vertical.** Pour ramener l'étude des
figures à trois dimensions à des problèmes de géométrie plane,
on fait tourner le plan vertical autour de la ligne de terre, de
manière que sa partie supérieure SV vienne se placer sur la
partie postérieure PH du plan horizontal; alors la partie inférieure IV du plan vertical vient s'appliquer contre la partie antérieure AH du plan horizontal.

Dans les applications, le rabattement est supposé effectué; par

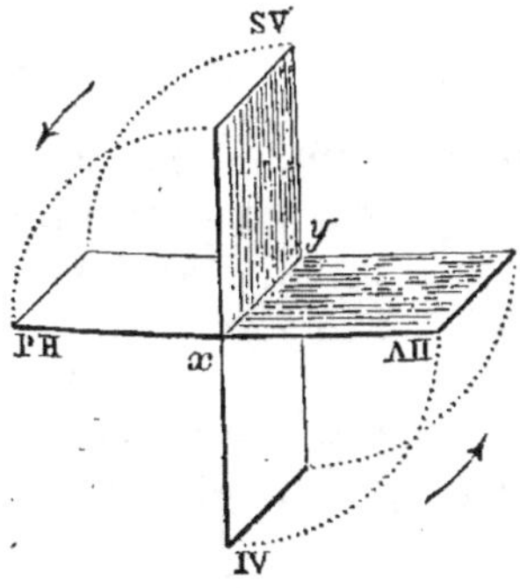

suite on se borne à tracer la ligne
de terre sur la surface plane où
l'on veut dessiner.

9. On nomme *épure* la représentation d'une figure de l'espace par ses projections, le plan vertical étant rabattu sur le plan horizontal.

L'épure peut être placée verticalement sous les yeux de l'observateur; c'est ce qui arrive pour les épures tracées sur le tableau noir; on suppose alors que le plan horizontal a tourné autour de xy, de manière que sa partie antérieure est venue recouvrir la partie inférieure du plan vertical.

Lire une épure, c'est ramener, par la pensée, les deux plans de projection à être perpendiculaires l'un à l'autre et se rendre compte de la figure de l'espace représentée par le dessin.

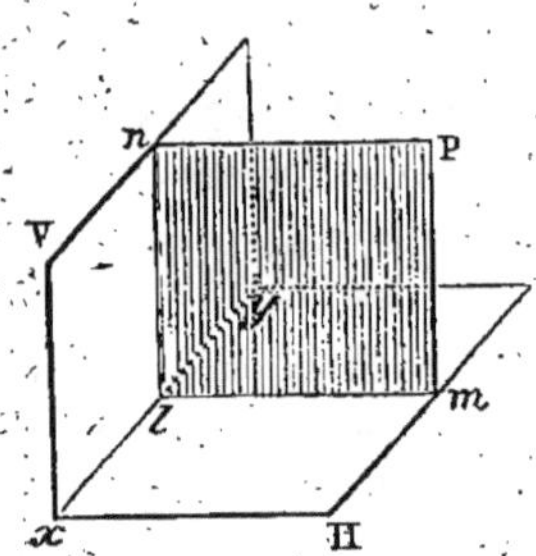

10. **Plan de profil.** Généralement deux plans de projection suffisent pour étudier le figures de l'espace; néanmoins, dans certains cas, on a recours à un troisième plan P perpendiculaire aux deux premiers; on le nomme *plan de profil*; on peut le rabattre sur le plan horizontal en le faisant tourner autour de *lm*, ou sur le plan vertical en le faisant tourner autour de *ln*.

11. **Conventions pour le dessin.** Les plans de projection sont considérés comme opaques; par suite, les figures situées dans le premier dièdre peuvent seules être visibles. La ligne de terre, les projections des données et celles des résultats obtenus sont représentées en noir par un trait plein lorsque les lignes projetées sont visibles, et par un *pointillé rond* lorsqu'elles sont invisibles; ordinairement, le trait qui indique la réponse est plus fort que celui des données. Les lignes auxiliaires sont au carmin, les projetantes peuvent être représentées par un trait bleu; dans la gravure, les couleurs sont remplacées par des lignes formées de petits traits.

§ II. — DU POINT

12. Pour déterminer la position d'un point donné A, on le projette sur deux plans rectangulaires [nº 6]. La projection horizontale est désignée par a, et la projection verticale par a'.

Théorème.

13. *Après le rabattement du plan vertical, les projections d'un point donné sont sur une même perpendiculaire à la ligne de terre.*

En effet, la projetante Aa est perpendiculaire au plan horizontal, Aa' l'est au plan vertical, donc le plan $Aa'ma$ de ces droites est perpendiculaire à chaque plan de projection et par suite à leur intersection xy [*Géométrie*, 332, 336]; donc xy est perpendiculaire aux droites ma, ma' menées par son pied dans le plan mA; dans le rabattement du plan vertical autour de la ligne de terre, ma' restant perpendiculaire à xy, vient donc se placer en ma'_1 dans le prolongement de am.

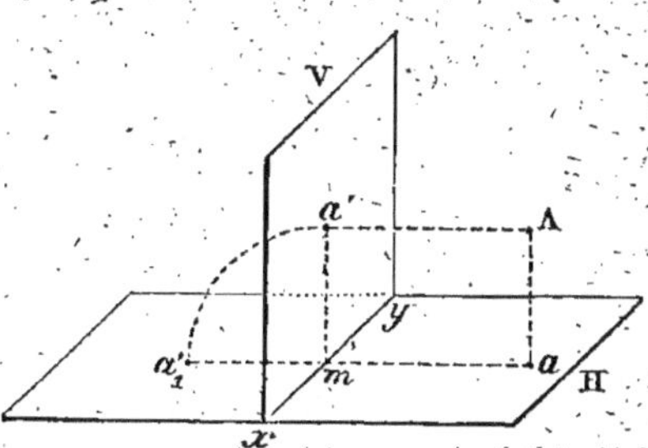

14. Scolies. I. La distance d'un point au plan horizontal est parfois nommée *ordonnée* de ce point; elle est égale à la distance de la projection verticale à la ligne de terre, car la figure $Aa'ma$ est un rectangle, donc l'ordonnée $Aa = a'm$.

La distance d'un point au plan vertical peut être nommée *éloignement* de ce point; elle est égale à la distance de la projection horizontale à la ligne de terre, car l'éloignement $Aa' = am$.

II. Si le point donné B appartient au deuxième dièdre, la projection horizontale b se trouve sur la partie postérieure du plan horizontal, et après le rabattement du plan vertical, les projections b, b'_1 sont du même côté de xy. Sur l'épure E, le point B serait indiqué par (b, b').

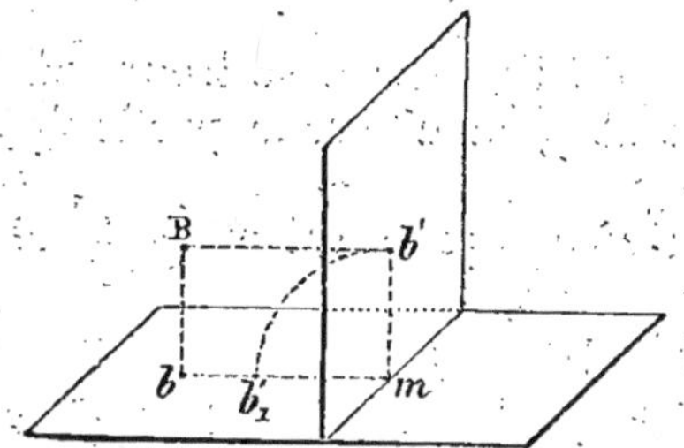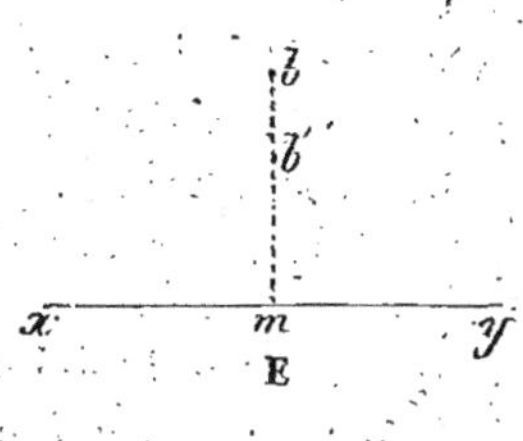

III. Si le point appartient au plan vertical, sa projection horizontale est sur la ligne de terre; et lorsque le point appartient au plan horizontal, sa projection verticale est aussi sur la ligne de terre.

Théorème.

15. *Réciproquement.* Après le rabattement du plan vertical, *deux points situés sur une même perpendiculaire à la ligne de terre sont les projections d'un même point de l'espace.*

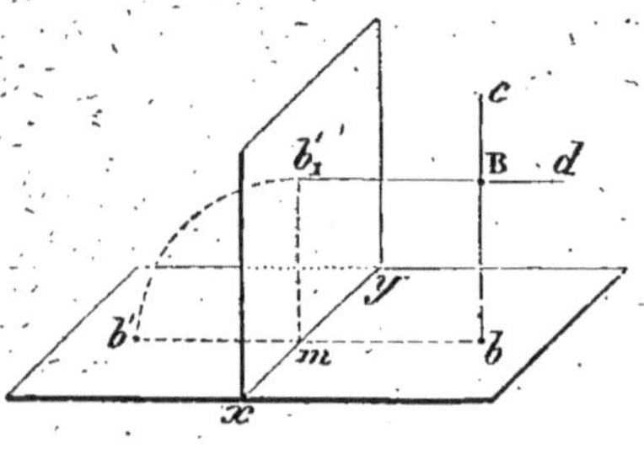

Soient les projections b et b' situées sur une même perpendiculaire à xy. Relevons le plan vertical; mb' reste constamment perpendiculaire à la ligne de terre et devient mb'_1. Le plan déterminé par les perpendiculaires mb, mb'_1 est lui-même perpendiculaire à xy, et par suite à chaque plan de projection; donc il contient les projetantes bc, $b'_1 d$ [*Géométrie*, 335], et ces lignes situées dans un même plan se coupent en un point B, dont les projections sur l'épure sont b et b'.

16. **Positions du point.** Le point peut occuper neuf positions principales par rapport aux plans de projection.

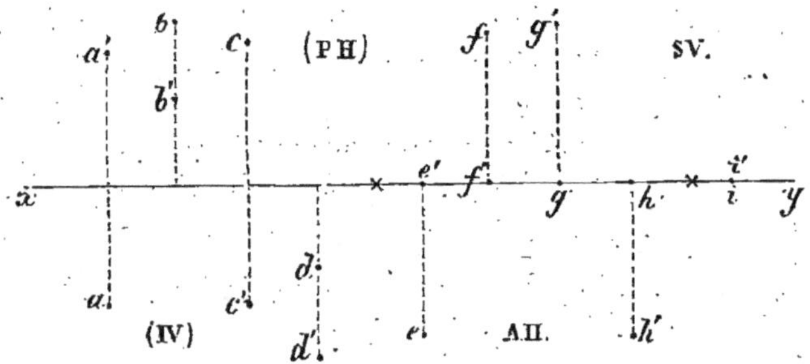

1º A est situé dans le premier dièdre, car a se trouve sur la partie antérieure du plan horizontal, et a' sur la partie supérieure du plan vertical.

2º B est dans le deuxième dièdre, car b est sur PH, et b' sur SV;

3º C est dans le troisième dièdre;

4º D, dans le quatrième;

5º E se trouve sur la partie antérieure du plan horizontal, car e' est sur xy, et e sur AH (nº 14, scolie III);

6º F est sur la partie postérieure du plan horizontal;

7º G, sur la partie supérieure SV du plan vertical;

8º H, sur la partie inférieure IV du plan vertical;

9º I, sur la ligne de terre.

Remarque. Lorsqu'un point a ses projections d'un même côté de xy, il appartient au deuxième dièdre ou au quatrième.

Le point qui appartient au plan bissecteur de l'un des quatre dièdres que forment les plans de projection est également éloigné du plan vertical et du plan horizontal : ainsi $am = ma'$, $bm = mb'$, etc.; donc lorsqu'un point est sur le plan bissecteur des dièdres 2 et 4, ses projections se confondent sur l'épure.

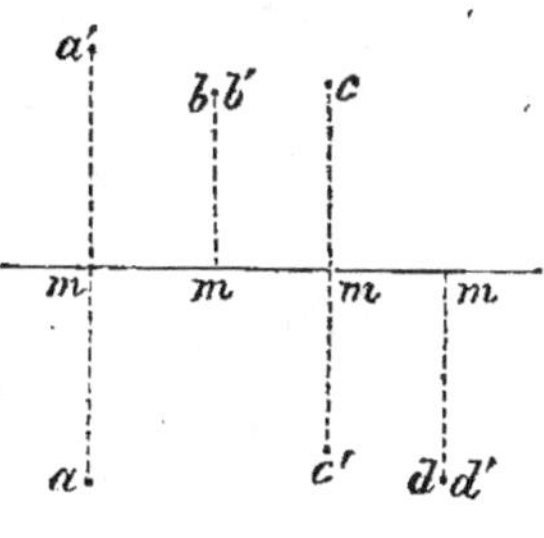

17. *Donner* ou *chercher* un point, c'est *donner* ou *chercher* les projections de ce point.

Pour désigner le point dont les projections sont a et a' on écrit : le point A ou bien le point (a, a').

§ III. — DE LA DROITE

18. **Définition.** La projection d'une ligne sur un plan est le lieu des projections de ses points sur ce plan.

Ainsi abc est la projection de la ligne ABC.

Les projetantes Aa, Bb, Cc, etc., sont parallèles entre elles, car elles sont perpendiculaires à un même plan [*Géométrie*, 323]; elles forment une surface projetante, dont le *plan* [*Géométrie*, n° 12] est un cas particulier.

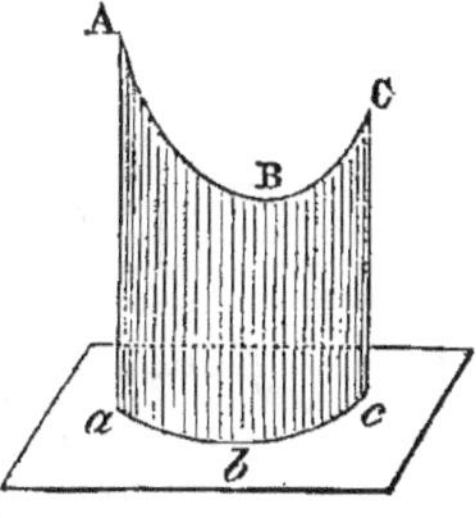

Théorème.

19. *La projection d'une droite sur un plan est une droite.*

En effet, le plan mené par AD et une projetante quelconque Bb est perpendiculaire au plan M [*Géométrie*, 332], et contient toutes les autres projetantes, puisqu'elles sont perpendiculaires à M [*Géométrie*, 335]; donc ad est la projection de AD.

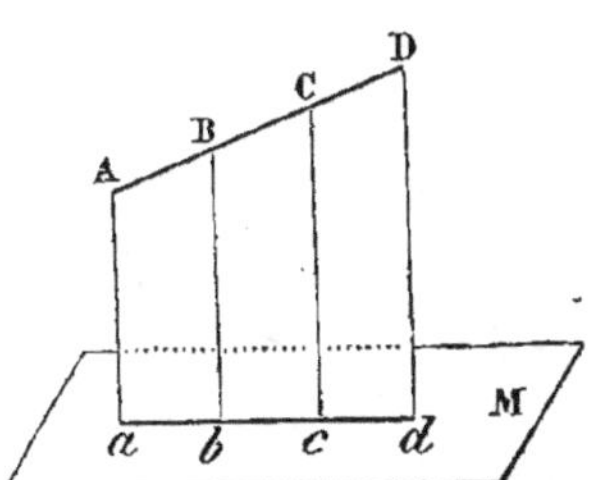

20. **Scolies.** I. Le plan ADad se nomme le *plan projetant* de la droite.

II. La droite AD limitée de longueur est le quatrième côté d'un trapèze rectangle ayant la projection *ad* pour hauteur, et les projetantes extrêmes A*a*, D*d* pour bases.

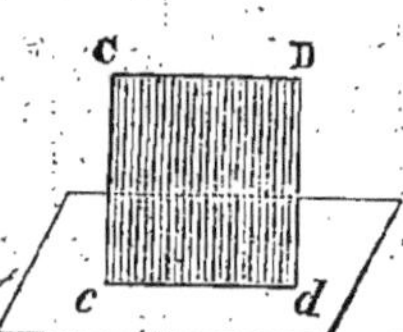

III. Une droite CD se projette en vraie grandeur sur tout plan qui lui est parallèle, car la figure CD*dc* est un rectangle. Toute figure plane parallèle à un plan de projection se projette aussi en vraie grandeur sur ce plan.

IV. Lorsqu'une droite D*a* est perpendiculaire à un plan, sa projection sur ce plan se réduit à un point.

Théorème.

21. *La position d'une droite dans l'espace est déterminée lorsqu'on connaît les projections de cette droite sur deux plans qui se coupent.* (Il n'y a d'exception que pour le cas où la ligne se trouve dans un plan de profil.)

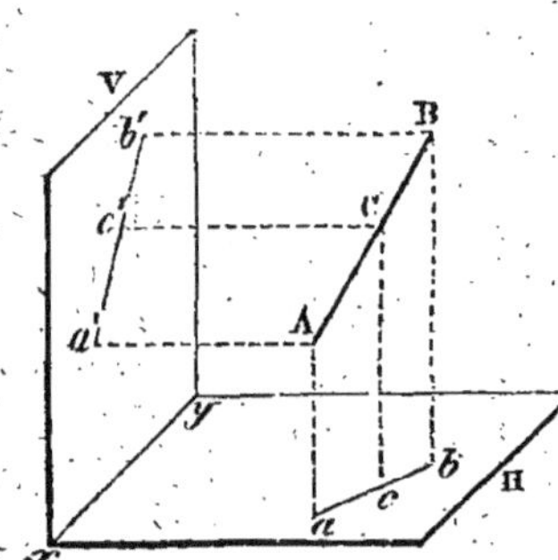

En effet, soient *ab*, *a'b'* les projections de la droite et le plan vertical supposé relevé; en menant par *ab* un plan perpendiculaire au plan H, et par *a'b'* un plan perpendiculaire au plan V, ces deux plans se coupent suivant une droite, et cette ligne AB est la seule qui ait pour projections *ab* et *a'b'*, donc la ligne de l'espace est déterminée.

22. **Scolies.** I. Un point C appartient à une droite, lorsque les projections *c*, *c'* de ce point sont sur les projections correspondantes de la droite.

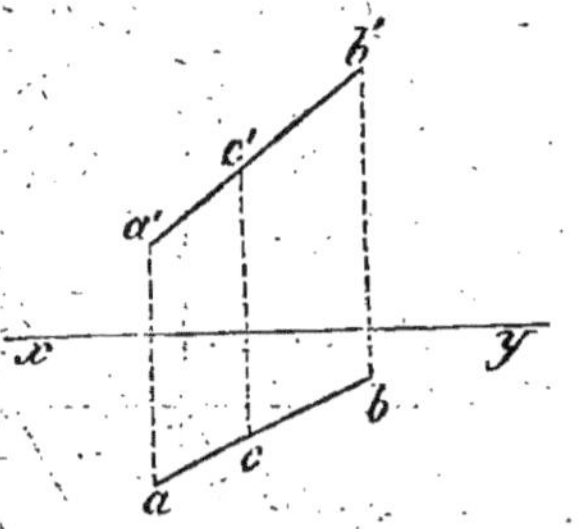

II. Lorsque les projections d'une droite sont sur une même perpendiculaire à la ligne de terre, les deux plans projetant la droite se confondent; dans ce cas, il faut que la ligne soit déterminée par des conditions particulières, par exemple par les projections de deux de ses points.

Donner ou *chercher* une droite, c'est *donner* ou *chercher* les projections de cette droite.

Pour désigner une droite dont les projections sont ab, $a'b'$, on écrit : la droite AB ou la droite $(ab, a'b')$.

23. Définition. On appelle *traces* d'une droite les points où cette droite perce les plans de projection.

Soit une droite HV limitée aux plans de projection ; le point H est sur le plan horizontal, donc sa projection verticale h' est sur xy ; de même la projection horizontale v de la trace verticale V ou v' se trouve sur xy, car le point projeté appartient au plan vertical.

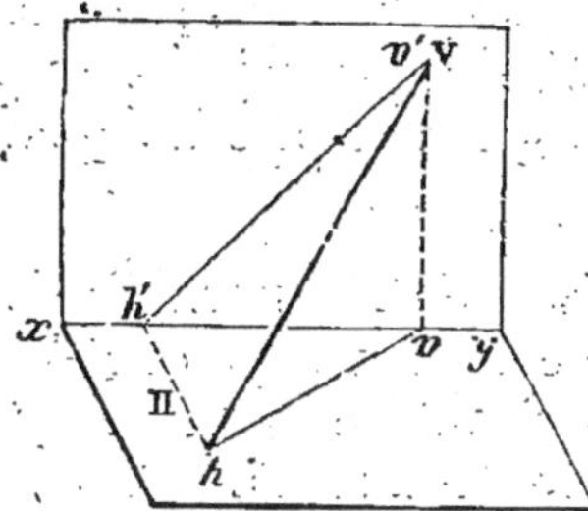 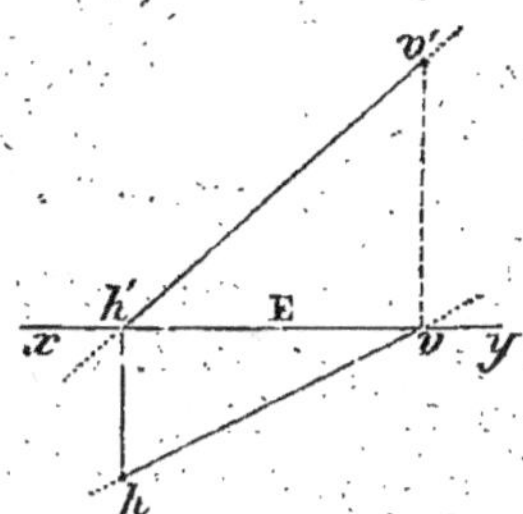

L'épure offre la disposition E.

24. Diverses positions d'une droite. Par rapport aux plans de projection, une droite peut avoir les positions suivantes :

1° *La droite est parallèle à l'un des plans de projection.*

Si la droite est horizontale, ab peut être quelconque, mais la projection verticale $a'b'$ est parallèle à xy. En effet, tous les points de la ligne sont à égale distance du plan horizontal ; donc les projections a', b', v' sont également éloignées de xy.

Une horizontale n'a pas de trace horizontale, mais elle peut avoir une trace verticale.

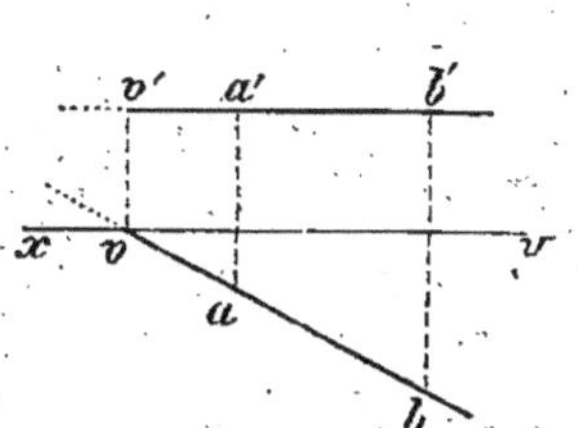 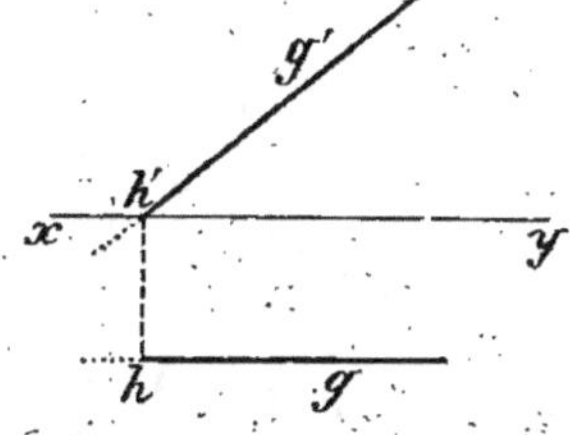

La droite HG, parallèle au plan vertical, a sa projection horizontale *hg* parallèle à *xy*, car tous ses points sont à égale distance du plan V.

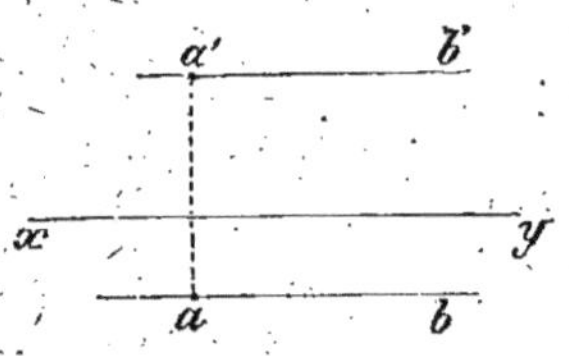

2° *La droite est parallèle à la ligne de terre.*

Dans ce cas elle est parallèle aux deux plans H et V; chaque projection de la droite est parallèle à *xy*.

3° *La droite est perpendiculaire à l'un des plans de projection.*

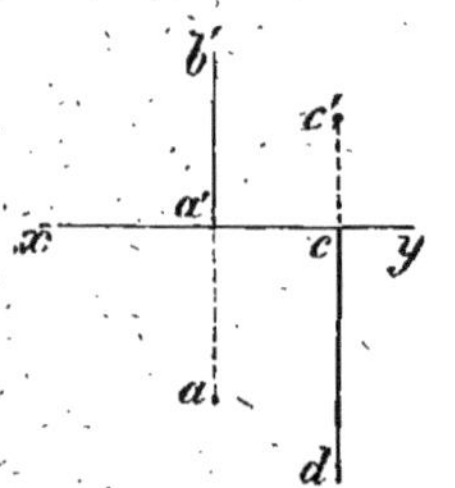

Si la droite AB est perpendiculaire au plan horizontal, sa projection horizontale *a* se réduit à un point [n° 20, IV], sa projection verticale *a'b'* est perpendiculaire à *xy*.

(*cd, c'*) est perpendiculaire au plan vertical.

4° *La droite est contenue dans un plan perpendiculaire à la ligne de terre.* Lorsque la ligne est ainsi contenue dans un plan de profil, les projections ne suffisent pas pour la déterminer; il faut donner d'autres conditions [n° 22, II].

Théorème.

25. *Deux droites se coupent 1° lorsque le point d'intersection des projections verticales et celui des projections horizontales se trouvent sur une même perpendiculaire à* xy; *2° lorsque deux projections de même nom se coupent et que les deux autres projections se confondent.*

1° Soient (*ad, a'd'*), (*ce, c'e'*) les droites données; *b* et *b'* étant sur une même perpendiculaire à *xy* sont les projections

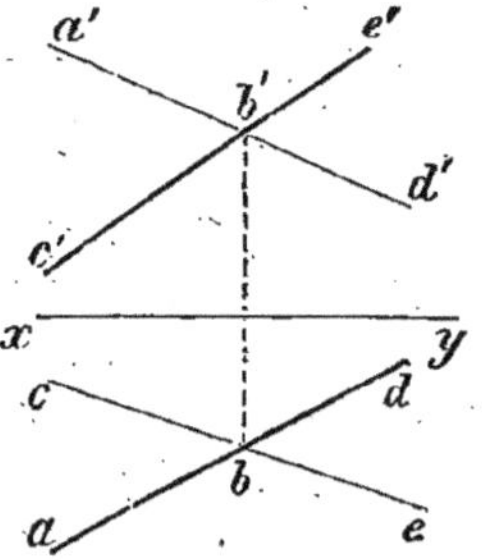 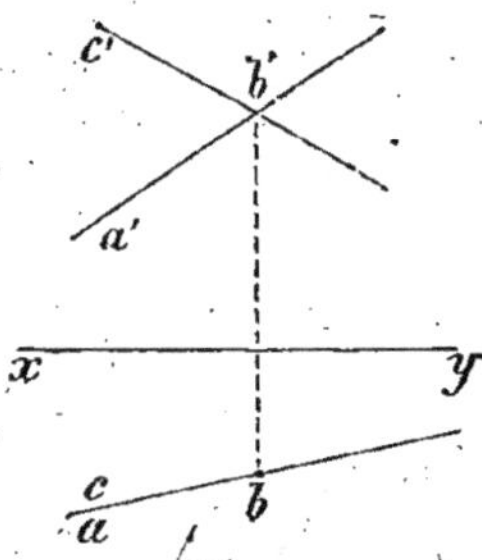

d'un même point B de l'espace [n° 15]; d'ailleurs ce point appartient à chaque ligne considérée, car ses projections sont sur les projections correspondantes de chaque droite [n° 22, I]; donc AD, CE se coupent au point B;

2° Les deux droites ont même plan projetant sur le plan horizontal, et le point (b, b') appartient à chacune d'elles, donc...

Théorème.

26. *Les projections, sur un plan quelconque, de deux droites parallèles sont parallèles.*

Soient les parallèles AB, CD et ab, cd leurs projections sur un plan P.

Les projetantes Aa, Cc perpendiculaires à un même plan sont parallèles, elles sont contenues dans les plans projetant les droites [*Géométrie*, 338]; donc ces deux plans

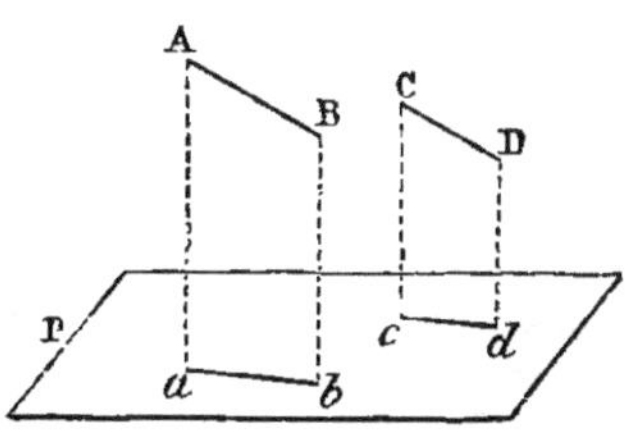

sont parallèles, car les angles aAB, cCD ont leurs côtés respectivement parallèles [*Géométrie*, 320]; donc ab et cd sont parallèles comme intersections de deux plans parallèles par un troisième.

Théorème.

27. *Si deux droites ont leurs projections de même nom parallèles, ces droites sont parallèles.*

Soient les droites AB et CD, telles que ab et cd soient parallèles, et qu'on ait aussi $a'b'$ parallèle à $c'd'$. Ces dernières projections restent parallèles quand on relève le plan vertical, or les plans projetants qui déterminent $a'b'$, $c'd'$ sont parallèles, puisque les angles A$a'b'$, C$c'd'$ ont leurs côtés respectivement parallèles; de même les plans qui déterminent ab et cd sont parallèles; donc AB et CD sont parallèles,

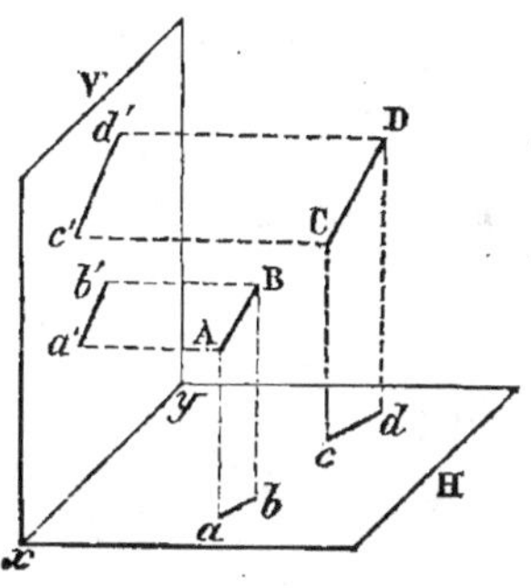

car lorsque deux plans sont respectivement parallèles à deux autres qui se coupent, les intersections sont parallèles [*Géométrie*, 321].

Remarque. A l'aide des principes déjà exposés, on peut résoudre les questions proposées aux n°ˢ 42, 45, 56, 69, 73 et 116.

§ IV. — DU PLAN

28. Définition. On appelle *traces d'un plan* les droites suivant lesquelles ce plan coupe les plans de projection. On distingue la trace horizontale et la trace verticale.

Les traces d'un plan concourent en un même point de la ligne de terre ou elles sont parallèles à cette ligne : ainsi les traces du plan PαP′ coupent xy au point α, et celles du plan Q sont parallèles à xy.

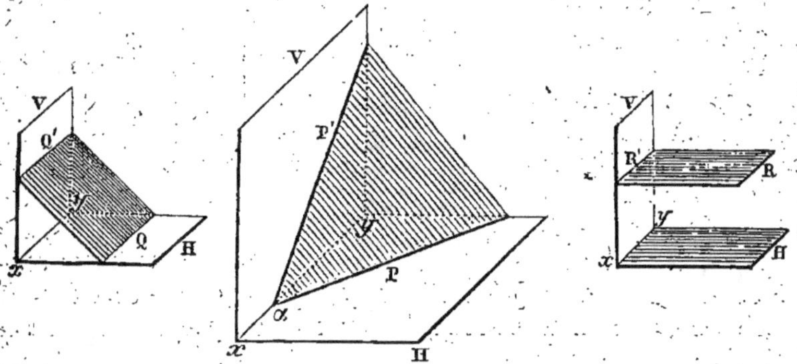

Lorsque le plan est parallèle à l'un des plans de projection, au plan horizontal, par exemple, il n'a que la trace de nom contraire R′, et cette ligne est parallèle à xy.

Le plan se représente le plus souvent par ses traces, mais on le représente aussi par deux droites concourantes ou parallèles, ou par une droite et un point, ou par trois points non en ligne droite.

Le plan se désigne par une seule lettre ou par ses traces; ainsi on dit le plan P ou le plan PαP′.

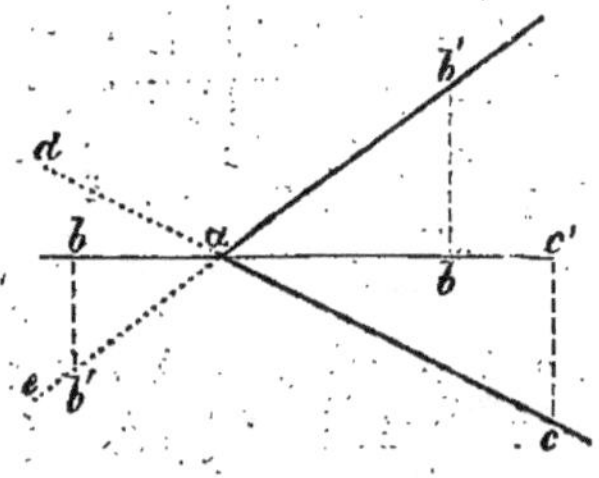

29. Pour qu'un point appartienne à l'une des traces d'un plan, à l'horizontale, par exemple, il faut que sa projection horizontale c soit sur la trace de même nom et que la projection verticale $c′$ soit sur xy; de même, le point $(b, b′)$ appartient à la trace verticale.

30. Diverses positions du plan. 1° *Le plan est parallèle à l'un des plans de projection.* Dans ce cas, il n'a qu'une trace, et elle est parallèle à xy [n° 28]. P′ est un plan horizontal situé au-dessus du plan horizontal de projection; R′ est situé au-dessous.

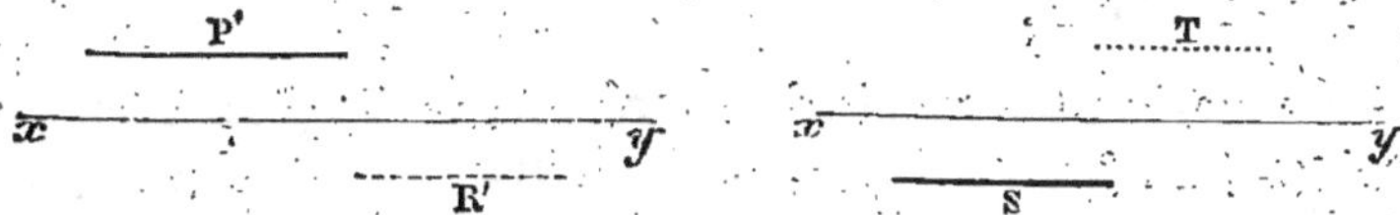

S et T sont des plans parallèles au plan vertical.

2° *Le plan est parallèle à la ligne de terre et rencontre les deux plans de projection.*

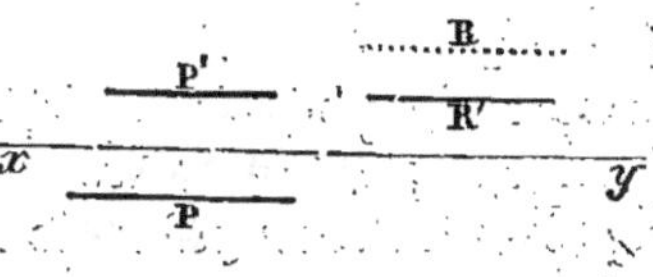

Alors les traces sont parallèles à *xy* [n° 28]. Le plan P, P′ rencontre la partie supérieure du plan vertical et la partie antérieure du plan horizontal; mais R, R′ rencontre la partie postérieure du plan horizontal.

3° *Le plan passe par la ligne de terre.*

Pour que le plan soit déterminé, il faut connaître ou son inclinaison sur l'un des plans de projection, ou les projections de l'un de ses points.

4° *Le plan est perpendiculaire à la ligne de terre.*

Dans ce cas le plan n'est autre qu'un plan de profil, ses deux traces sont perpendiculaires à *xy*.

5° *Le plan est perpendiculaire à l'un des plans de projection.*

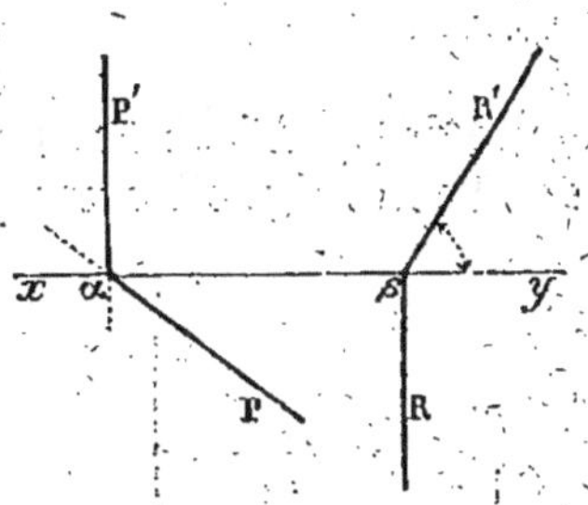

Sa trace sur ce plan est quelconque, et l'autre trace est perpendiculaire à *xy*. Par exemple, si le plan P est perpendiculaire au plan horizontal, son intersection αP′ avec le plan vertical est aussi perpendiculaire au plan horizontal, et par suite à *xy* [*Géométrie*, 336].

Si le plan R est perpendiculaire au plan vertical, sa trace horizontale βR est perpendiculaire à la ligne de terre.

31. *Remarques.* I. Toute figure contenue dans un plan perpendiculaire à l'un des plans de projection a sa projection par rapport à ce plan sur la trace correspondante du plan qui la con-

tient. Ainsi, toute figure tracée dans le plan R a sa projection verticale sur βR′, car les projetantes sur le plan V sont contenues dans le plan R.

II. Lorsque le plan vertical est relevé sur le plan horizontal, les droites βR′, βy étant perpendiculaires à l'arête βR, l'angle yβR′ est la mesure du dièdre que forme le plan R avec le plan horizontal.

§ V. — THÉORÈMES FONDAMENTAUX

Outre les théorèmes déjà vus [nos 13, 15, 19, 21, 25, 26, 27], il en est plusieurs autres qui dépendent du mode choisi pour représenter les figures de l'espace à l'aide des projections.

Théorème.

32. *Un angle droit se projette en vraie grandeur sur un plan, lorsque l'un de ses côtés est parallèle à ce plan.*

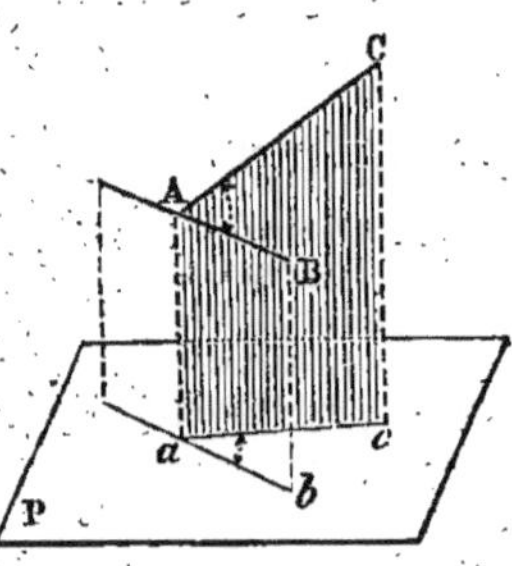

Soient les droites perpendiculaires AB, AC, la première AB étant parallèle au plan de projection P; il faut prouver que *ac*, projection de AC, est perpendiculaire à *ab*.

Toutes les perpendiculaires à AB au point A sont dans un plan perpendiculaire à cette ligne [*Géométrie*, no 296], et par suite à sa parallèle *ab*; ce plan est donc perpendiculaire au plan P, et toute droite AC de ce plan a pour projection la trace *ac* [no 31]; donc cette ligne *ac* est perpendiculaire à *ab*.

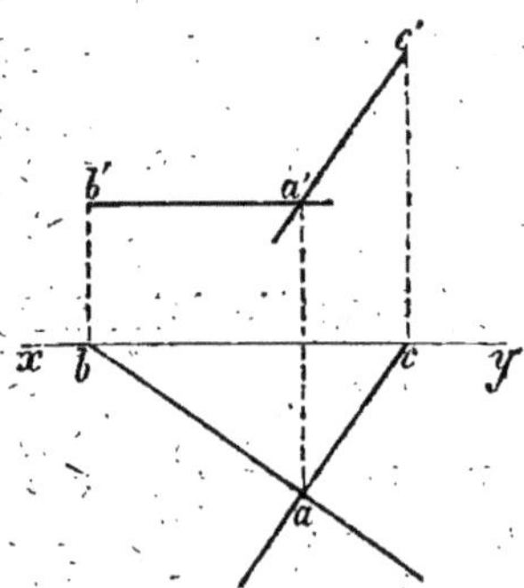

33. *Remarques.* I. Lorsque le côté AC est perpendiculaire au plan P, sa projection sur ce plan se réduit à un point; en réalité, il n'y a plus d'angle sur le plan P.

II. Une droite (*ac*, *a′c′*) est perpendiculaire à une horizontale (*ab*, *a′b′*) lorsque *ab* et *ac* sont perpendiculaires entre elles.

Théorème.

34. *Lorsqu'une droite quelconque appartient à un plan, ses traces se trouvent sur les traces correspondantes du plan* [n° 23].

En effet, chaque trace de la droite étant un point du plan donné et de l'un des plans de projection, se trouve sur l'intersection de ces plans.

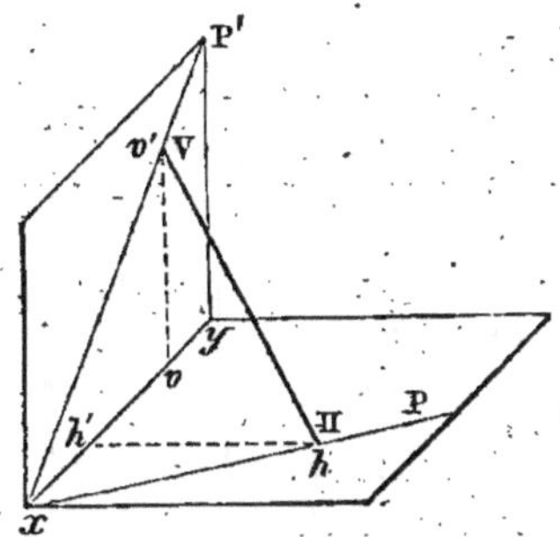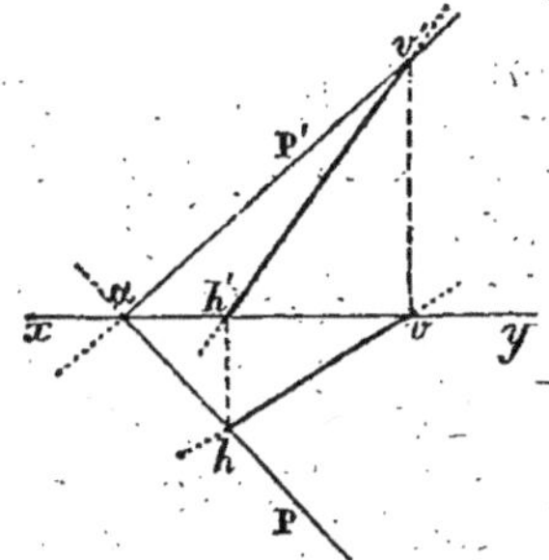

Sur l'épure, la droite qui appartient au plan est P représentée par $(vh, v'h')$, car le point (h, h') est un point de la trace αP [n° 29], et (v, v') appartient à αP'.

35. *Réciproquement.* Pour mener une droite quelconque dans un plan PαP', il suffit de prendre des points tels que h et v' sur les traces du plan, puis déterminer h' et v, et mener hv, $h'v'$.

36. Définition. On appelle *horizontale d'un plan* toute horizontale contenue dans ce plan.

La trace verticale v' d'une horizontale est sur la trace verticale du plan, et sa projection horizontale av est parallèle à la trace horizontale du plan, car AV peut être considérée comme obtenue par l'intersection du plan P par un plan horizontal mené suivant $a'v'$; donc αP et AV sont parallèles 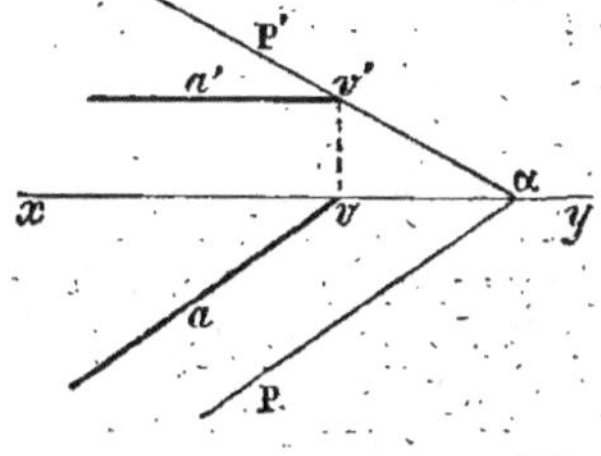 comme intersections de plans parallèles par un troisième [*Géométrie*, 315], et les projections αP, va de ces lignes sont aussi parallèles [n° 26].

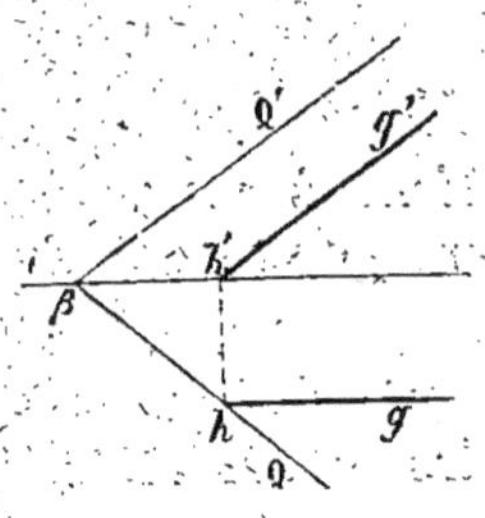

Pour mener une horizontale AV (figure précédente) dans un plan donné P, on prend v' sur αP', on détermine v; puis l'on mène $v'a'$ parallèle à xy et va parallèle à αP.

De même, toute parallèle HG au plan vertical, située dans un plan donné Q, a sa trace horizontale h sur βQ, et sa projection verticale $h'g'$ parallèle à la trace verticale βQ' du plan.

Théorème.

37. *Lorsqu'une droite est perpendiculaire à un plan, ses projections sont perpendiculaires aux traces correspondantes du plan.*

Soit la droite ABC perpendiculaire au plan P, il faut prouver que FC est perpendiculaire à la trace DE.

Le plan projetant AFC est perpendiculaire au plan horizontal et au plan P. Puisqu'il est mené par les perpendiculaires AB et AF à ces plans [*Géométrie*, 332], il est donc perpendiculaire à leur intersection DF; donc DF, perpendiculaire au plan AFC, est aussi perpendiculaire à FC.   *C. Q. F. D.*

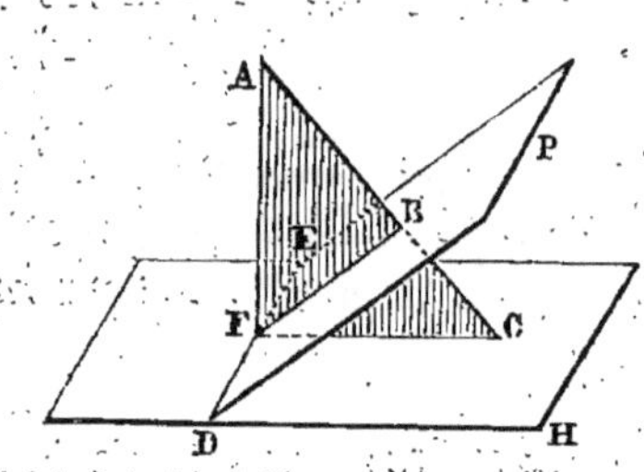
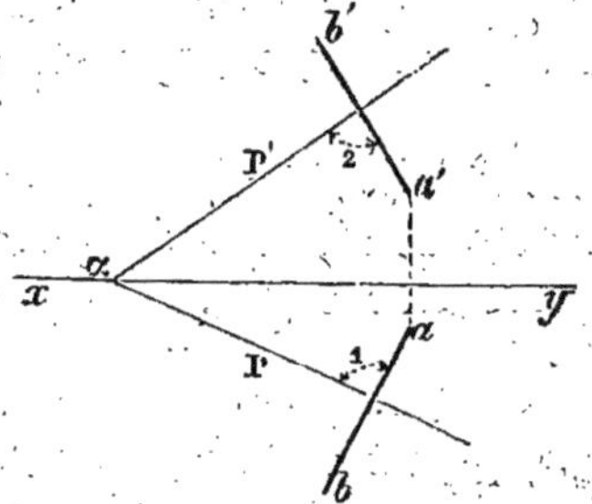

Dans l'épure d'une droite $(ab, a'b')$ perpendiculaire à un plan PαP', les angles 1 et 2 sont droits.

Théorème.

38. 1º *Sur un plan quelconque de projection, les traces de deux plans parallèles sont parallèles.* 2º *Si les traces de deux plans qui coupent la ligne de terre sont respectivement parallèles, les plans sont parallèles.*

1º Les traces sont parallèles, car les intersections de deux plans parallèles par un troisième sont parallèles [*Géométrie*, 315].

2° Soient les plans P et Q donnés par leurs traces; en relevant
le plan vertical, on obtient dans
l'espace deux angles ayant pour
côtés parallèles αP, βQ et αP', βQ';
donc les plans de ces angles sont
parallèles [*Géométrie*, 320].

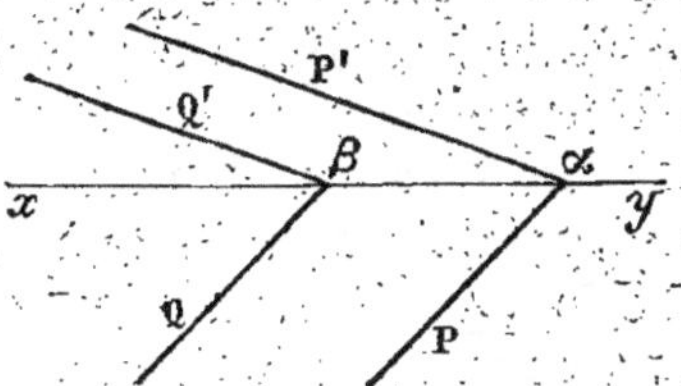

Remarque. Lorsque les deux traces de chaque plan sont parallèles à xy, on ne peut rien affirmer à l'inspection de la figure,
car les plans peuvent se couper ou être parallèles.

§ VI. — RÉSUMÉ DES PRINCIPES

39. Les deux projections d'un point sont sur une même perpendiculaire à la ligne de terre.

La distance d'un point à l'un des plans de projection est indiquée par la distance de sa projection sur l'autre plan à la ligne
de terre.

Un point est sur le plan horizontal lorsque sa projection verticale est sur la ligne de terre.

Deux points non situés sur une même perpendiculaire à la
ligne de terre ne peuvent être les projections d'un même point.

Un point appartient à une droite lorsque ses projections sont
sur les projections de même nom de la droite.

40. Une droite est horizontale lorsque sa projection verticale
est parallèle à la ligne de terre.

Une droite est parallèle au plan vertical lorsque sa projection
horizontale est parallèle à la ligne de terre.

Une droite est perpendiculaire à un plan lorsque sa projection sur ce plan se réduit à un point, et que l'autre projection
est perpendiculaire à la ligne de terre.

Deux droites se coupent lorsque le point d'intersection des
projections horizontales et celui des projections verticales se
trouvent sur une même perpendiculaire à la ligne de terre, ou
lorsque deux projections de même nom se coupent et que les
deux autres se confondent.

Deux droites sont parallèles lorsque sur chaque plan leurs
projections sont parallèles, ou que deux projections de même
nom sont parallèles et que les deux autres se confondent.

Une droite est contenue dans un plan lorsque ses traces sont sur les traces correspondantes du plan, ou d'une manière plus générale lorsqu'elle contient deux points du plan.

Une horizontale est contenue dans un plan lorsque sa trace verticale est sur la trace verticale du plan, et que sa projection horizontale est parallèle à la trace horizontale du plan.

Une parallèle au plan vertical est contenue dans un plan lorsque sa trace horizontale est sur la trace horizontale du plan, et que sa projection verticale est parallèle à la trace verticale du plan.

Une droite est perpendiculaire à une horizontale lorsque les projections horizontales des deux droites sont perpendiculaires l'une à l'autre.

Une droite est perpendiculaire à une parallèle au plan vertical lorsque les projections verticales des deux lignes sont perpendiculaires l'une à l'autre.

Une droite est perpendiculaire à un plan lorsque ses projections sont perpendiculaires aux traces de même nom de ce plan.

41. Un plan est horizontal lorsqu'il n'a que la trace verticale, et que cette trace est parallèle à la ligne de terre.

Un plan est parallèle au plan vertical lorsqu'il n'a que la trace horizontale, et que cette trace est parallèle à la ligne de terre.

Un plan est perpendiculaire à l'un des plans de projection lorsque sa trace de nom contraire est perpendiculaire à la ligne de terre.

Deux plans qui coupent la ligne de terre sont parallèles lorsque les traces de même nom sont parallèles.

Lorsqu'un plan est perpendiculaire au plan horizontal, la projection horizontale d'une figure quelconque tracée dans ce plan est située sur la trace horizontale du plan donné.

Lorsqu'un plan est perpendiculaire au plan vertical, la projection verticale d'une figure quelconque tracée dans ce plan est située sur la trace verticale du plan donné.

CHAPITRE II

PROBLÈMES SUR LA DROITE ET LE PLAN

§ I. — TRACES DES DROITES ET LEUR EMPLOI

Problème.

42. Déterminer les traces d'une droite donnée par ses projections.

Soit $(ab, a'b')$ la droite donnée. La trace horizontale est un point qui doit appartenir à la droite et au plan horizontal, donc sa projection verticale doit être sur la ligne de terre [n° 16] ; pour trouver cette trace il faut donc prolonger la projection verticale $b'a'$ jusqu'à xy, au point h' élever une perpendiculaire $h'h$ jusqu'à la rencontre de ab, h est la trace cherchée.

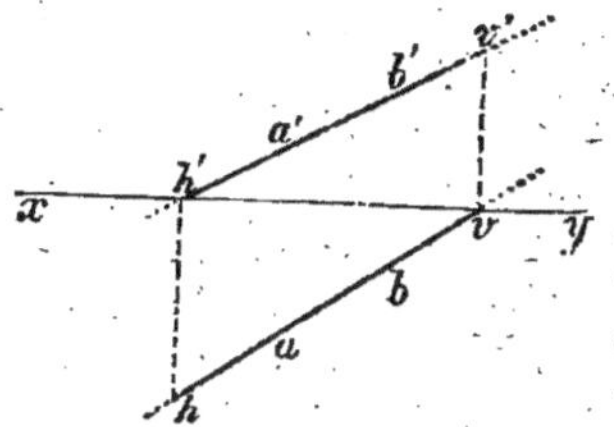

De même, pour avoir la trace verticale, il faut prolonger ab jusqu'à xy, puis élever la perpendiculaire vv' ; le point (v, v') est la trace demandée, car 1° il appartient à la droite, puisque ses projections sont sur les projections de même nom de la ligne donnée ; 2° il appartient au plan vertical, car sa projection horizontale v est sur la ligne de terre.

43. Remarques. I. La règle pratique se formule ainsi : *Pour avoir la trace horizontale d'une droite, il faut prolonger la projection verticale de cette ligne jusqu'à la ligne de terre ; au point d'intersection, élever une perpendiculaire à xy, et le point où cette perpendiculaire rencontre la projection horizontale est la trace cherchée.*

On peut formuler une règle analogue pour déterminer la trace verticale.

II. En appliquant la règle ci-dessus à diverses droites, on obtient les résultats suivants :

1° CD rencontre la partie supérieure du plan vertical, puis la partie postérieure du plan horizontal ; DV se trouve dans le premier dièdre, VH dans le second et CH dans le troisième [n° 7 et 16].

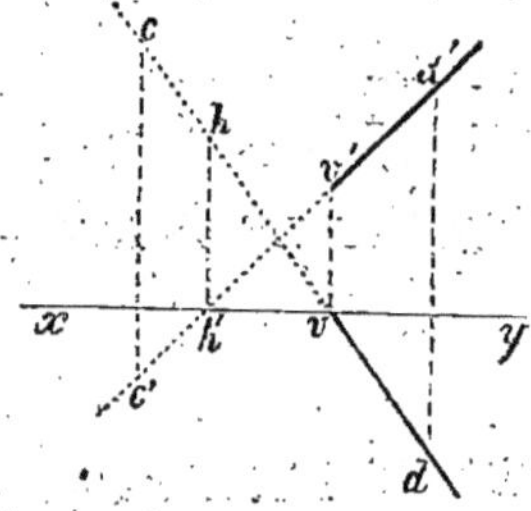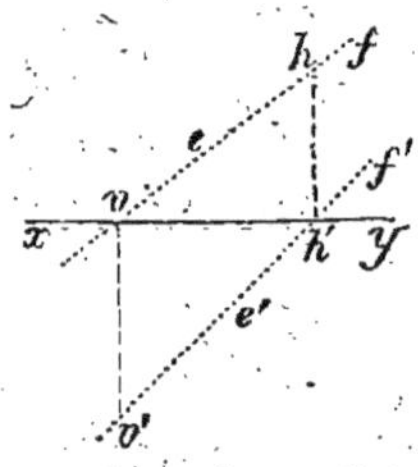

2° **EF** est complétement invisible, elle traverse les dièdres 2, 3 et 4 [n° 7 et 16].

3° **IJ** rencontre d'abord le plan horizontal, puis cette droite passe dans le quatrième dièdre, et enfin dans le troisième.

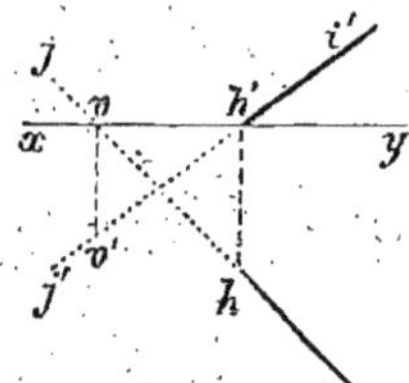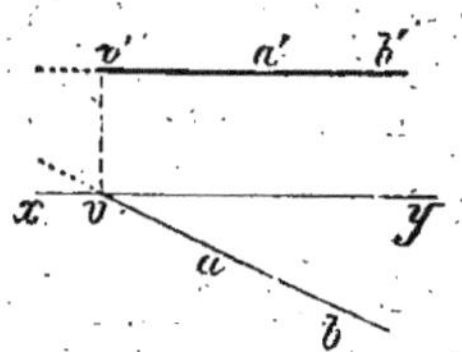

III. Une horizontale n'a que la trace verticale [n° 24, 1°], l'application de la règle générale conduit à la même remarque, car $a'b'$ ne peut rencontrer xy.

44. **Cas particuliers.** *Déterminer les traces d'une droite contenue dans un plan de profil* : on connaît les projections (a, a'), (b, b') de deux points de la ligne.

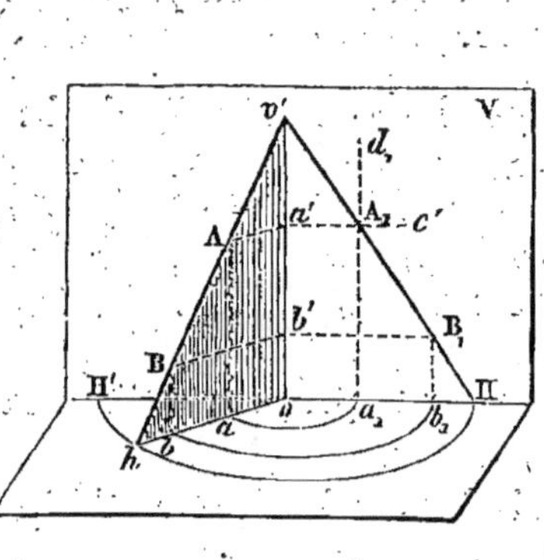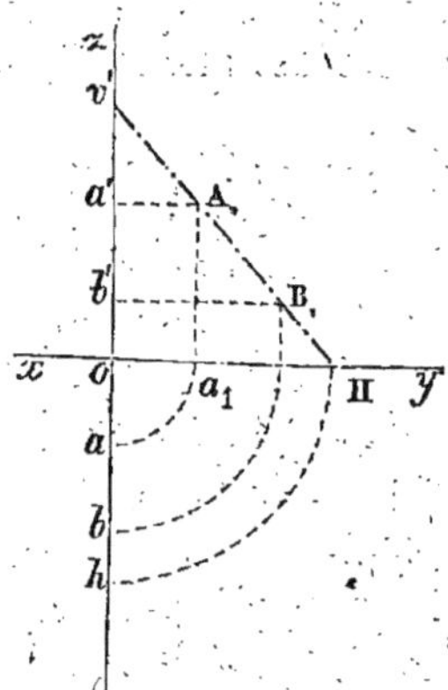

1er *Exemple.* Dans l'espace, soit AB la droite donnée, v' sa trace sur le plan vertical, h sa trace horizontale et hov' le plan de profil; si l'on rabat hov' sur le plan vertical en le faisant tourner autour de ov', l'ordonnée Aa du point A ne varie pas, A vient donc se placer sur la parallèle $a'c'$; sur le plan horizontal, a décrit une circonférence dont ao est le rayon, il vient donc en a_1; par suite, il faut mener a_1d_1 parallèle à ov'; on détermine ainsi la position A_1 qu'occupe le point A après le rabattement; on obtient de même B_1.

Sur l'épure, pour avoir A_1, on décrit du centre o l'arc oa_1; par a' et a_1 on mène des parallèles à xy et oz; de même pour B_1. La droite A_1B_1 coupe le plan vertical en v', et ce point situé sur l'axe reste fixe; elle coupe le plan horizontal au point H, qui devient h quand on remet le plan de profil dans sa position primitive, et que le plan horizontal est dans le prolongement du plan vertical.

2ᵉ *Exemple.* Si on a des projections telles que (c,c'), (d,d'), il faut décrire l'arc dd_1, car le point D_1 doit appartenir au second dièdre, puisque d est sur la partie postérieure du plan horizontal; il en est de même de la trace H.

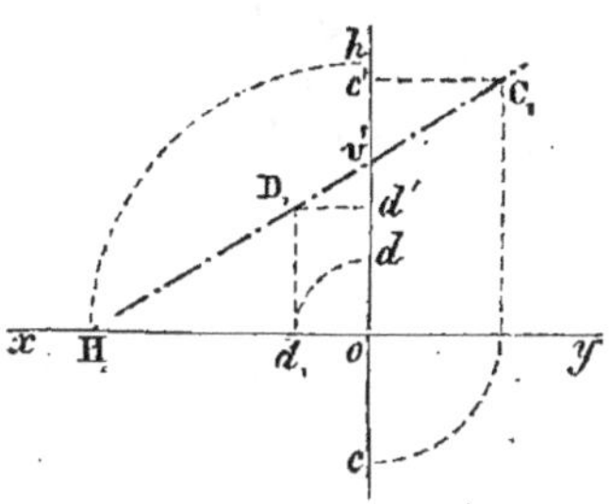

Problème.

45. Réciproquement. *Déterminer les projections d'une droite dont on connaît les traces.*

1° Soient h et v' les traces données; projetons ces points sur xy afin de déterminer h' et v; joignons les projections horizontales h et v, et menons $h'v'$: $(hv, h'v')$ est la droite demandée, car elle contient les deux points donnés.

Entre ses deux traces la droite est visible, car un point quelconque A de cette droite est dans le premier dièdre; le reste est invisible; B, par exemple, appartient au quatrième dièdre [n° 7 et 16].

2° Avec les données de la figure suivante, CV est visible; la droite rencontre le plan vertical en v', passe dans le deuxième dièdre, et en sort au point h pour passer dans le troisième.

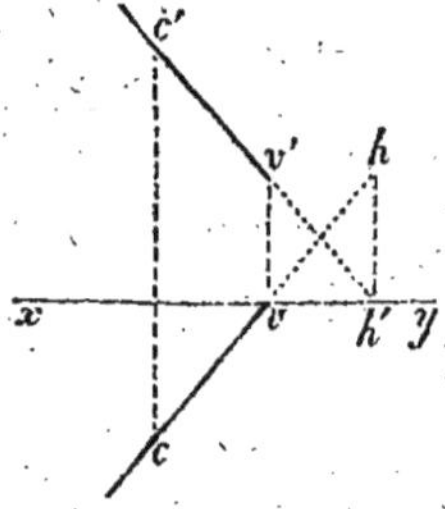

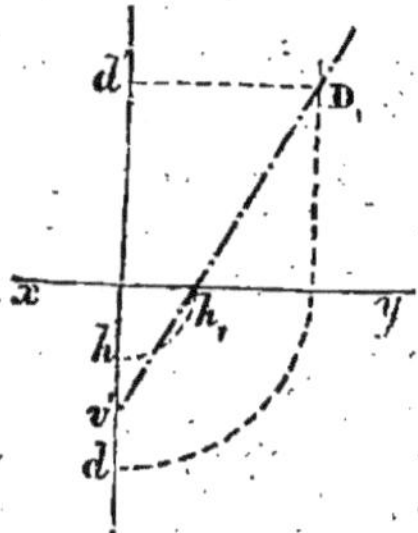

3° Si h et v' sont sur une même perpendiculaire à xy, la droite est dans un plan de profil, en rabattant ce plan sur le plan vertical, v' ne change pas; h devient h_1; et sur la ligne $v'h_1$ on peut déterminer autant de points que l'on veut; D_1 par exemple, a pour projections d et d'.

Problème.

46. *Un plan et une des projections d'une droite située dans ce plan étant donnés, trouver l'autre projection de cette droite.*

1er Cas. *Le plan est donné par ses traces.*

1° Soient le plan P et la projection horizontale ab d'une droite; puisque la ligne appartient au plan, ses traces doivent se trouver sur les traces correspondantes du plan [n° 34], h est donc la trace horizontale et v la projection horizontale de la trace verticale; on détermine h' et v' et l'on mène $h'v'$, projection verticale demandée [n° 35].

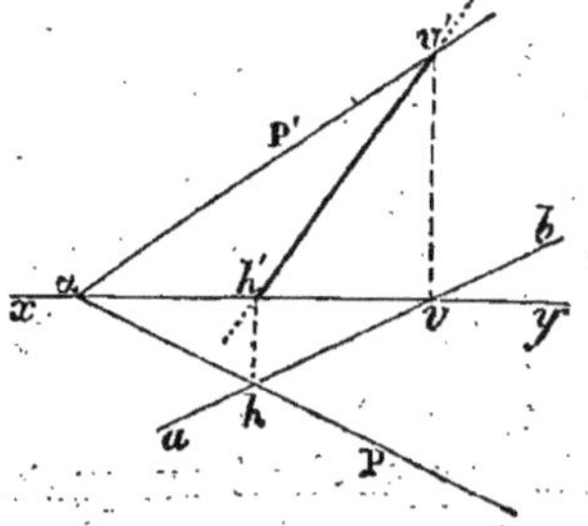

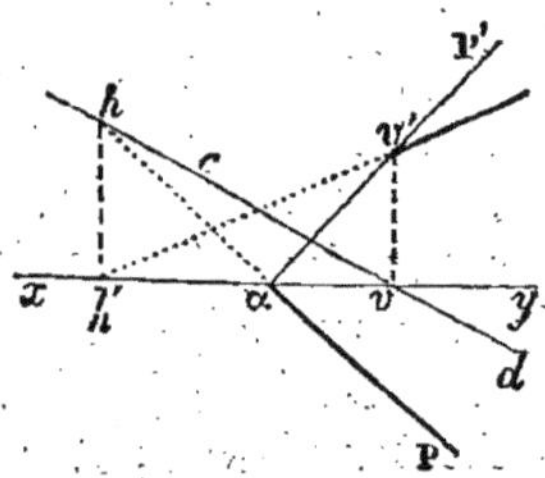

2° On procède d'une manière analogue lorsque la projection horizontale donnée cd rencontre le prolongement de αP

3° *La projection donnée* ve *est parallèle à* αP.

Dans ce cas, la ligne est une horizontale du plan [n° 36]; par *v'* il faut mener une parallèle à *xy*.

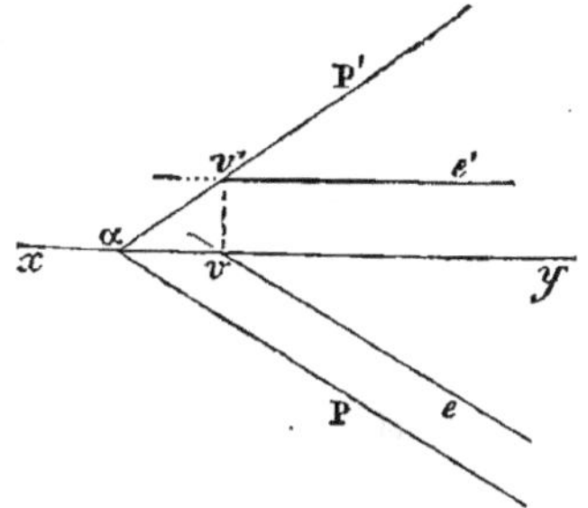
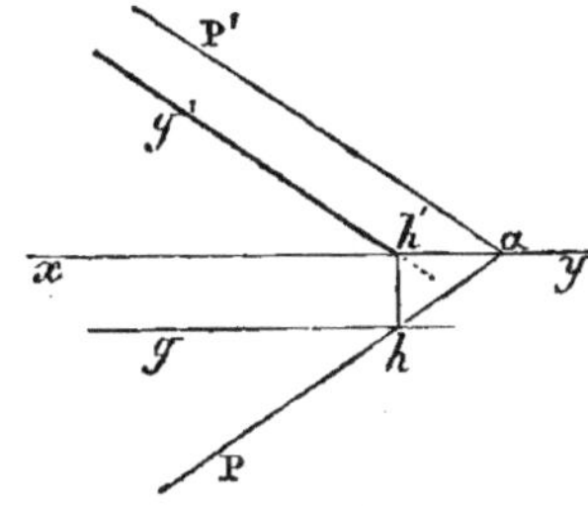

4° *La projection horizontale* hg *est parallèle à* xy.

Alors *h'g'* doit être parallèle à αP' [n° 36].

2ᵉ Cas. *Le plan est donné par deux droites concourantes ou parallèles.*

Admettons qu'on donne la projection verticale de la droite.

Soit le plan déterminé par les droites qui se coupent au point A, et *b'c'* la projection verticale donnée.

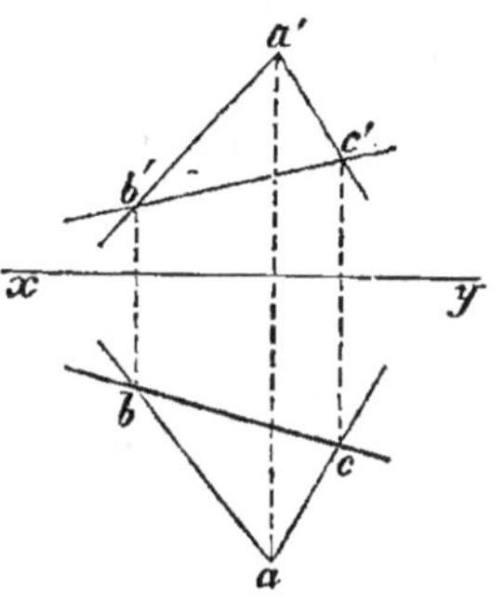

b' fait connaître *b* [n° 22]; *c'* détermine *c*, et l'on mène *bc*; la droite BC appartient au plan, puisque deux de ses points sont sur des droites de ce plan.

Problème.

47. *Dans un plan donné mener une horizontale et une parallèle au plan vertical.* (Problème indéterminé.)

1° *Le plan est donné par ses traces* P *et* P'.

Prenons *v'* sur P', déterminons *v*; menons *va* parallèle à αP, et *v'a'* parallèle à *xy*, la droite AV est une horizontale du plan [n° 36].

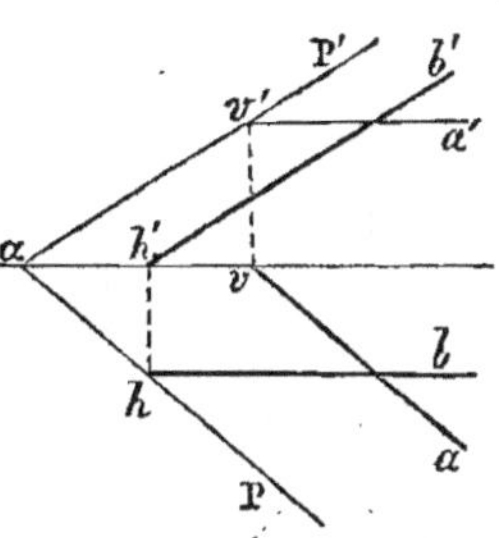

Pour avoir une parallèle au plan vertical, on prend une trace horizontale *h* sur αP; on mène *hb*, *h'b'*.

2° *Le plan est donné par deux droites.*

Pour mener une horizontale, il faut prendre une projection

verticale $b'c'$ parallèle à yx, èt joindre b et c [n° 36 et 46, 5°].

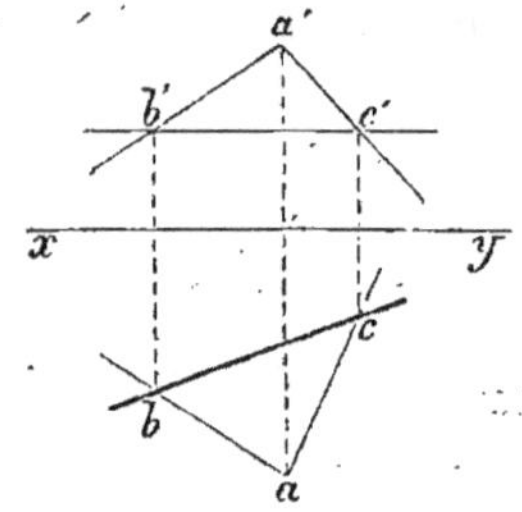 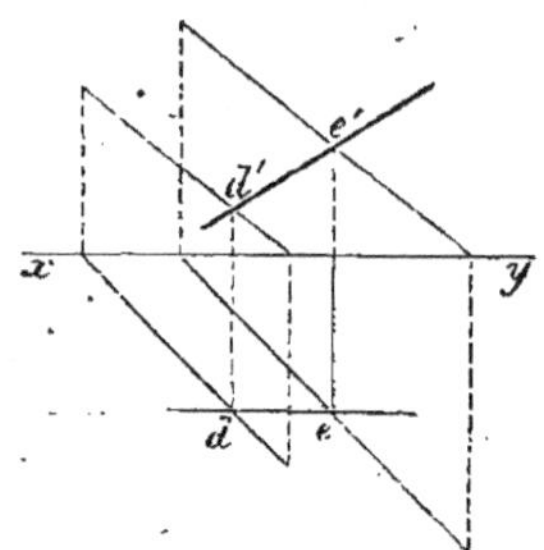

Pour avoir une parallèle au plan vertical, on prend une projection horizontale de parallèle à xy, et l'on mène $d'e'$ [n° 36].

Problème.

48. *Un plan et une des projections d'un point situé dans ce plan étant donnés, trouver l'autre projection de ce point.*

Par la projection donnée on mène une droite qui soit contenue dans le plan, et l'on détermine la seconde projection du point.

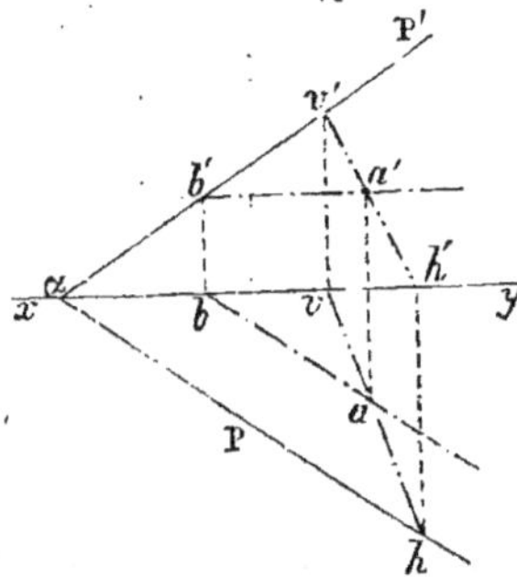

1° *Le plan* PαP' *est donné par ses traces.*

Soit a la projection donnée; menons une projection horizontale quelconque hv; déterminons $h'v'$, la droite HV est contenue dans le plan [n° 35], donc a' se trouve à l'intersection de $h'v'$ et de la perpendiculaire aa'.

Ordinairement on emploie une horizontale du plan ou bien une parallèle au plan vertical; par exemple, on mène ab parallèle à αP, puis $b'a'$ parallèle à xy.

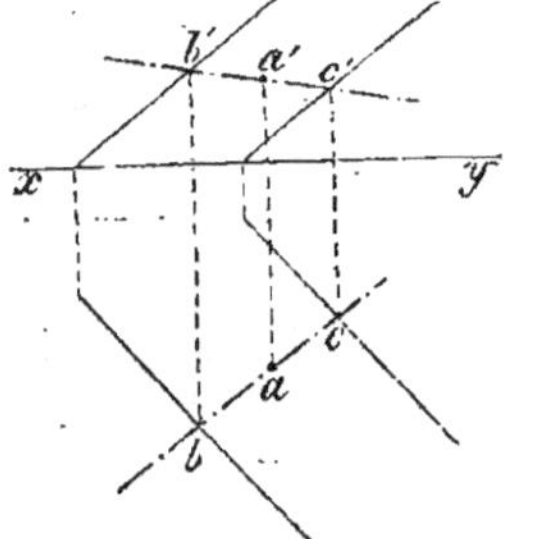

2° *Le plan est donné par deux droites concourantes ou parallèles.*

Si l'on donne a', on mène $b'c'$ quelconque, puis on détermine bc, la droite BC appartient au plan, et on abaisse $a'a$ perpendiculaire sur xy.

§ II. — PLANS ET INTERSECTIONS

Problème.

49. *Par une droite donnée, faire passer un plan quelconque.* (Problème indéterminé.)

Soit $(hv, h'v')$ la droite donnée; il suffit de joindre un point quelconque α de la ligne de terre aux traces h et v' de la droite; le plan P contient la droite HV, puisqu'il contient deux de ses points.

Remarque. Pour que le plan soit déterminé, il faut une autre condition, par exemple un point

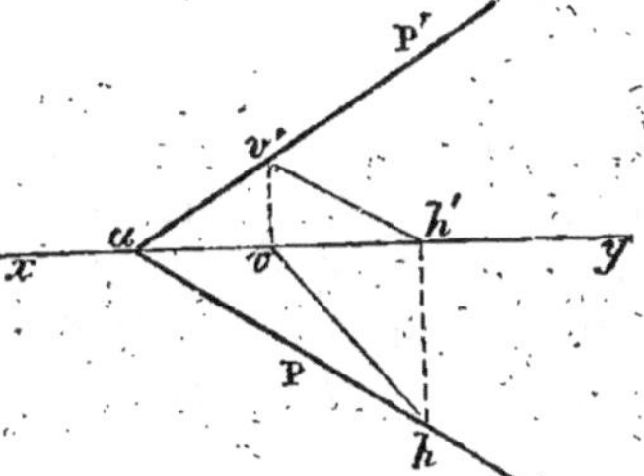

non placé sur la droite, ou bien le plan doit être parallèle à une droite [nᵒ 62], ou perpendiculaire à un plan donné [nᵒ 68].

Problème.

50. *Déterminer les traces du plan qui passe 1ᵒ par deux droites parallèles ou concourantes, 2ᵒ par un point et une droite, ou par trois points non en une ligne droite.*

1ᵒ Il suffit de joindre les traces verticales b', d', puis les traces horizontales a, c. Chaque droite AB, CD appartient au plan, puisque les traces de chacune d'elles sont sur les traces de même nom du plan [nᵒ 34].

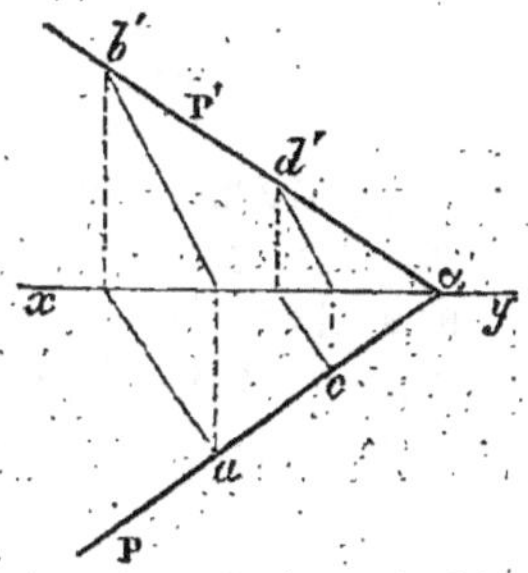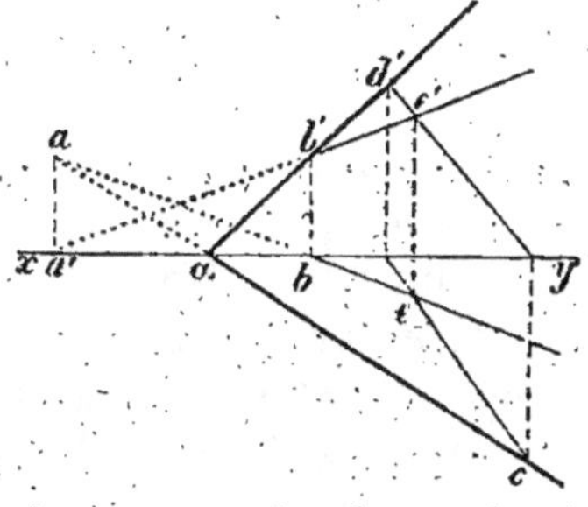

Vérification. Les traces αP et αP' doivent être parallèles xy, ou couper cette ligne au même point [nᵒ 28].

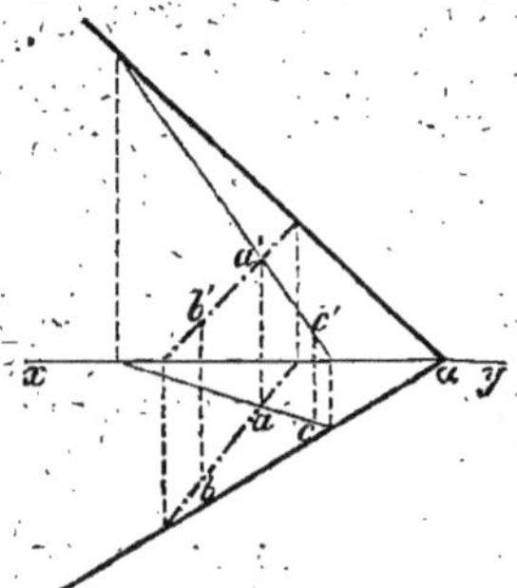

2º On donne un point B et la droite AC, ou l'on donne trois points A, B, C; par le point B on mène une droite qui rencontre la ligne des points A et C ou qui lui soit parallèle, et l'on retombe dans le cas précédent.

Vérification. La droite qu'on mènerait par B et C aurait ses traces sur celles du plan obtenu.

Remarque. Ainsi qu'on l'a déjà dit [nº 28], le plan peut se représenter par deux droites parallèles ou concourantes; dans bien des cas on ne recourt pas aux traces, parce qu'elles peuvent se trouver hors des limites de l'épure; d'ailleurs, sous le rapport de l'exactitude, il est préférable d'employer directement les données d'un problème plutôt que de recourir à des constructions auxiliaires.

Problème.

51. *Déterminer l'intersection de deux plans.*

L'intersection de deux plans étant une ligne droite, il suffit de déterminer deux points de cette intersection, ou un point et la direction de la droite.

1ᵉʳ **Cas.** *Chaque plan est donné par ses traces.*

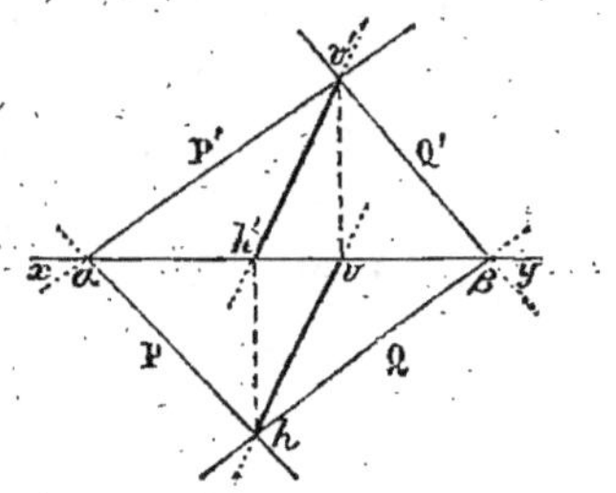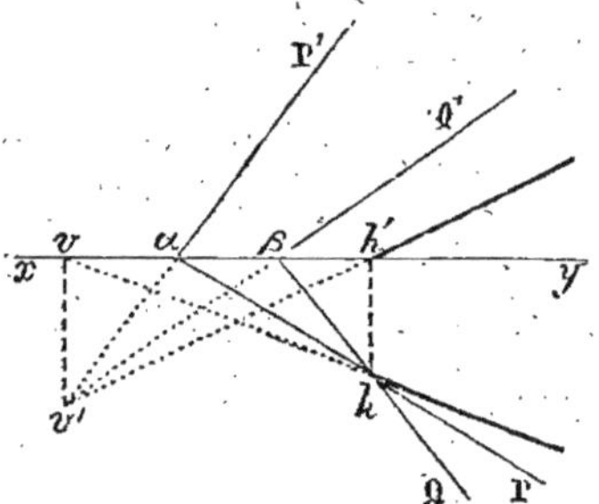

Soient P et Q les plans donnés, la droite d'intersection appartenant à chaque plan doit rencontrer le plan horizontal au point h, où se coupent les traces horizontales des plans donnés, donc h est la trace horizontale de la droite cherchée. De même v' en est la trace verticale, et le problème revient à mener une droite HV dont on connaît les traces [nº 45].

Remarque. v' est toujours donné par l'intersection des traces verticales prolongées s'il est nécessaire; il en est de même de h.

Cas particuliers principaux.

52. 1° *Deux traces de même nom sont parallèles.*

Soient les plans P et Q dont les traces horizontales sont parallèles; l'intersection doit leur être parallèle, car lorsque deux plans menés par des droites parallèles se rencontrent, leur intersection est parallèle à ces droites [*Géométrie,* 310]; la ligne cherchée est donc horizontale aussi bien que les traces

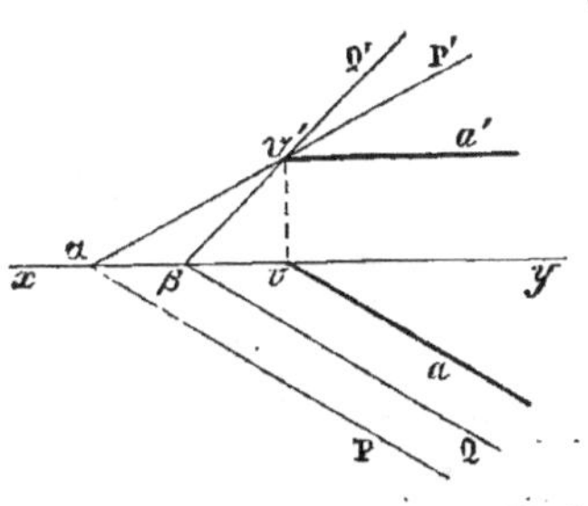

αP, βQ, donc il faut mener $v'a'$ parallèle à xy, et va parallèle à βQ.

2° *Intersection d'un plan quelconque et d'un plan horizontal.*

Soit Q′ la trace verticale du plan horizontal; toutes les droites contenues dans ce plan sont horizontales; l'intersection des deux plans est donc une horizontale du plan P; ainsi la projection verticale $v'b'$ de l'intersection est sur Q′, puis on mène vb parallèle à αP.

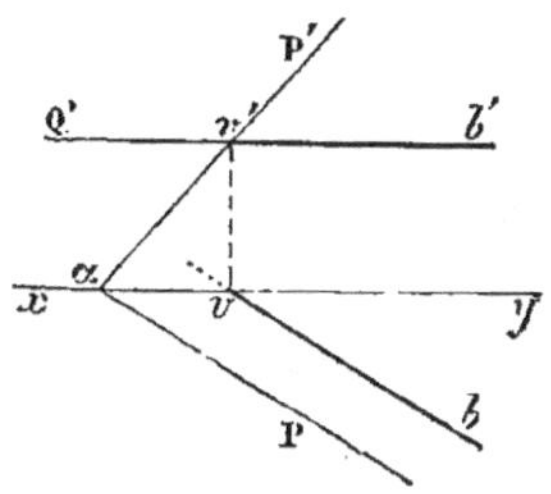

3° *Deux traces de même nom ne se coupent pas dans les limites de l'épure.*

Prenons un plan R parallèle au plan Q; l'intersection AB est parallèle à la ligne demandée, donc il suffit de mener hv parallèle à ab et $h'v'$ parallèle à $a'b'$.

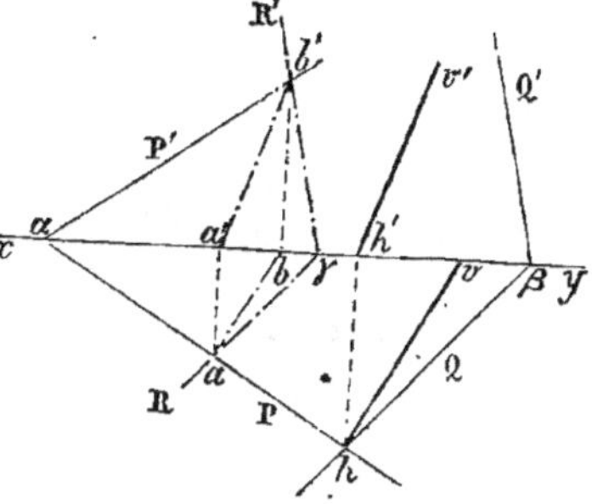

4° *Les traces des deux plans ne se coupent pas dans les limites de l'épure.*

On peut couper les deux plans par un plan horizontal auxiliaire R′, chaque plan est coupé suivant une horizontale AB, CB; ces droites, situées dans le même plan, se coupent lorsque les traces P et Q ne sont point parallèles, b fait connaître b'; le point B est un des points de l'intersection ; on détermine d'une

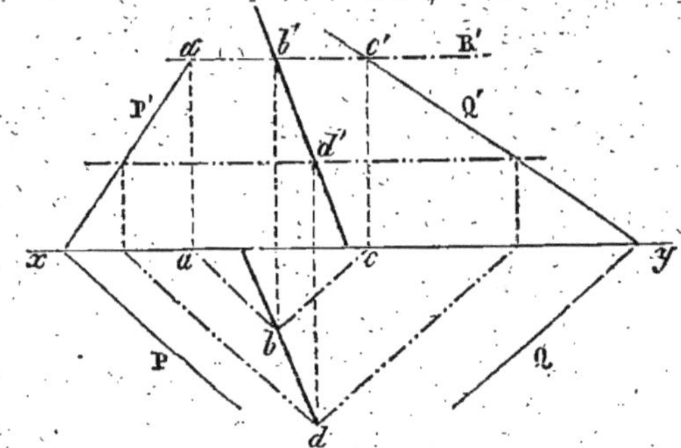

manière analogue un second point D, donc BD est la droite cherchée.

5° *Les deux plans sont parallèles à la ligne de terre.*

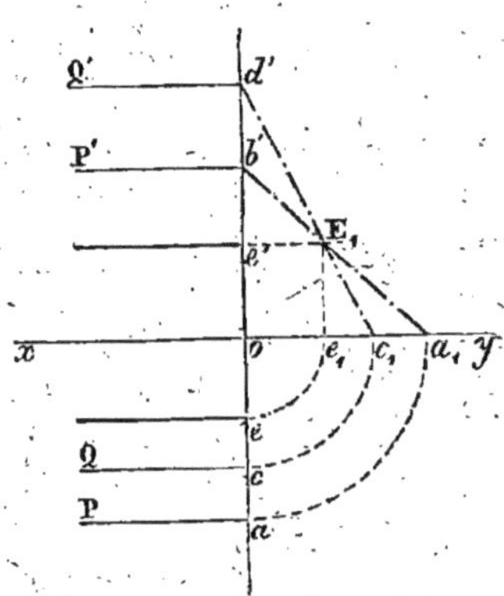

Dans ce cas, l'intersection est parallèle à xy, et il suffit d'en déterminer un point ; pour cela on emploie un plan auxiliaire, on cherche l'intersection de ce plan et de chacun des plans donnés ; le point commun aux deux droites ainsi déterminées appartient à l'intersection demandée.

Si on emploie le plan de profil, a vient en a_1 ; c en c_1 ; les deux plans ont pour traces sur le plan de profil $a_1 b'$ et $c_1 d'$; ils se coupent suivant une parallèle à xy projetée au point E_1 sur le plan de profil, l'intersection a donc pour projections les parallèles menées à xy par e, e'.

6° *Un plan P est quelconque, et l'autre passe par la ligne de terre et un point* (a, a').

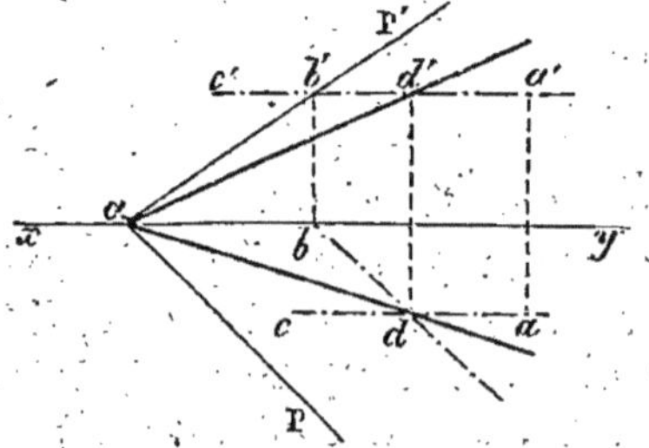

Par le point donné A menons un plan horizontal ; il coupe le plan conduit par xy, suivant la droite $(ac, a'c')$ et le plan P suivant l'horizontale $(bd, b'd')$, les deux droites se coupent en (d, d'), il suffit de joindre ce point au point a commun aux plans donnés.

Remarque. Un plan de profil mené par (a, a') donne aussi une solution très-simple.

7° *Les deux traces de chaque plan sont en lignè droite.*

Soient les plans P et Q; les traces horizontales prolongées se coupent au point $(b_1 b')$, les traces verticales au point $(a_1 a')$; la droite d'intersection est donc dans un plan de profil, car ses traces a' et b sont sur une même perpendiculaire à xy.

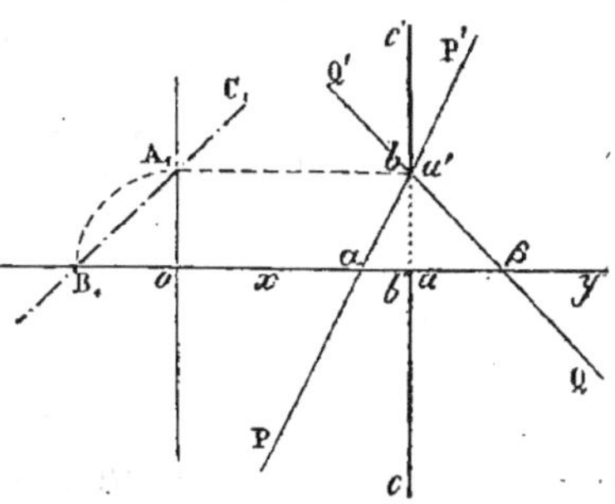

Remarque. Sur le plan de profil rabattu, la ligne devient $A_1 B_1$; $OA_1 = OB_1$.

53. **2ᵉ Cas.** *Chaque plan est donné par deux droites parallèles ou concourantes.*

Soient deux plans donnés, l'un par deux parallèles EF, DG et

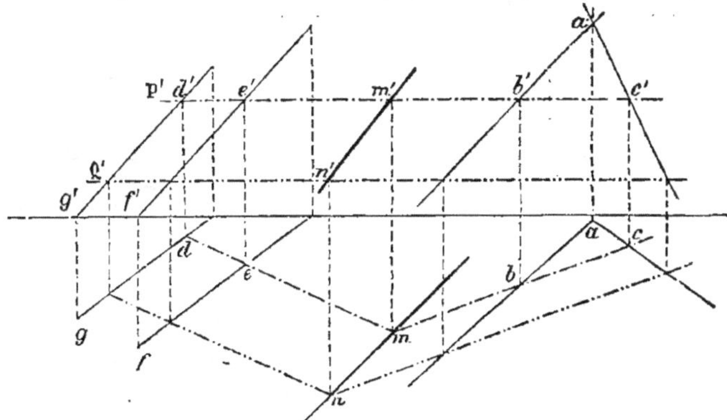

l'autre par les concourantes AB, AC; coupons-les par un plan horizontal P'; chacun d'eux est rencontré suivant une horizontale DE ou BC, ces deux lignes se coupent en un point M de l'intersection; un second plan Q' donne un nouveau point N de la droite demandée $(mn, m'n')$.

. **Problème.**

54. *Déterminer le point où une droite rencontre un plan.*

Par la droite on fait passer un plan, on cherche l'intersection des deux plans, et le point commun à cette intersection et à la droite donnée est le point cherché.

1° Le plan est donné par ses traces.

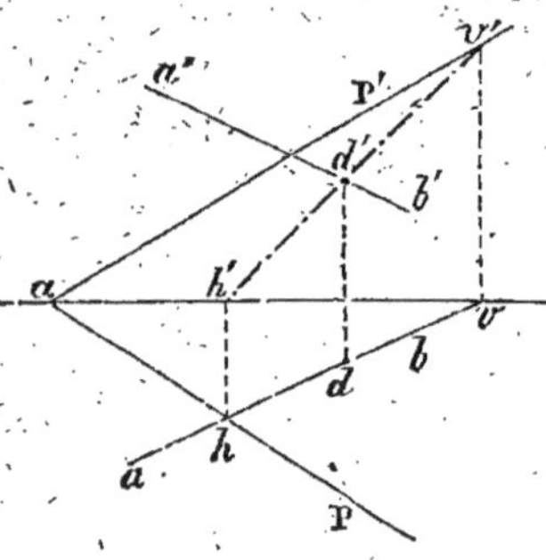

Soient $(ab, a'b')$ et P la droite et le plan donnés ; le plan projetant horizontalement la droite, coupe le plan P suivant $(hv, h'v')$, cette dernière ligne rencontre la droite $(ab, a'b')$ au point (d, d') [n° 25, 2°] ; donc D est le point cherché.

Remarque. On emploie ordinairement un des plans projetants de la droite ; mais si les projections $a'b'$, $h'v'$ se coupaient sous un angle trop aigu, d' serait mal déterminé ; pour éviter cet inconvénient, on mènerait par AB un plan quelconque [n° 49] ; d'ailleurs ce plan pourrait être employé afin d'avoir une vérification du résultat donné par le plan projetant.

Cas particulier. *La droite est perpendiculaire à l'un des plans de projection.*

On mène une horizontale par a (n° 48).

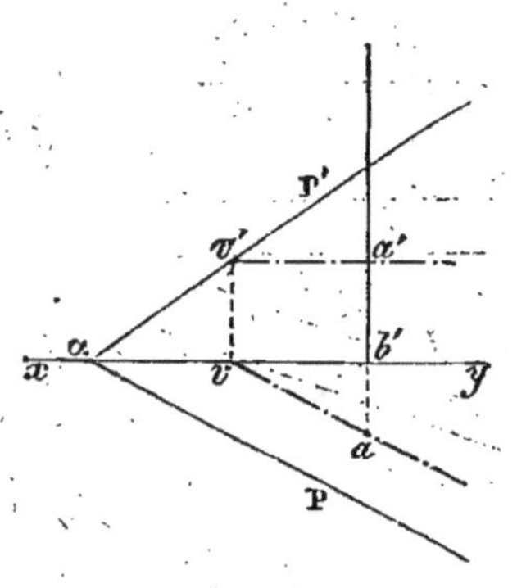

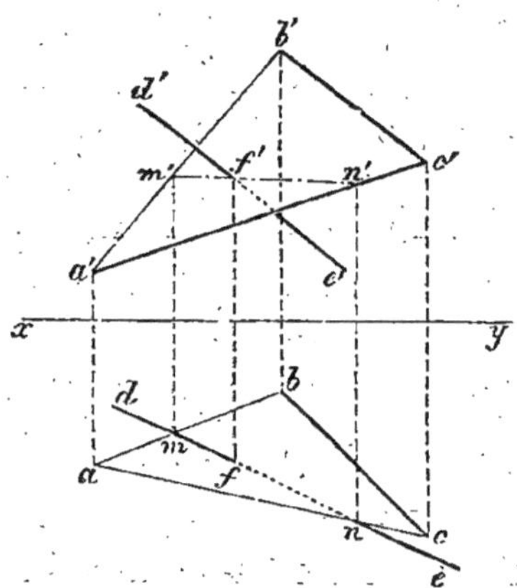

2° Le plan est donné par deux droites.

Soient le plan ABC et la droite DE.

Le plan qui projette la droite sur le plan horizontal rencontre le plan donné suivant la droite $(mn, m'n')$ [n° 48, 2°], donc (f, f') est le point demandé.

Problème.

55. *Trouver le point d'intersection de trois plans.*

Soient trois plans P, Q, R.

1° On peut chercher l'intersection d'un des trois plans, P par exemple, avec chacun des autres ; si les deux intersections se coupent, leur point de concours (a, a') appartient aux trois plans.

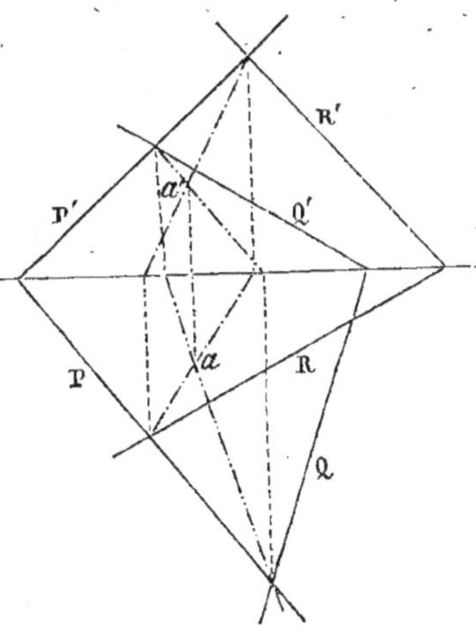

2° Après avoir déterminé l'intersection de deux plans P et Q, par exemple, on peut déterminer le point où la droite ainsi obtenue perce le troisième plan P.

§ III. — DROITES ET PLANS PARALLÈLES
OU PERPENDICULAIRES

Problème.

56. *Par un point donné mener une droite parallèle à une droite donnée.*

Soient $(ab,\ a'b')$ et $(d,\ d')$ la droite et le point donnés.

Par chaque projection d et d', il faut mener une parallèle à la projection correspondante de la droite.

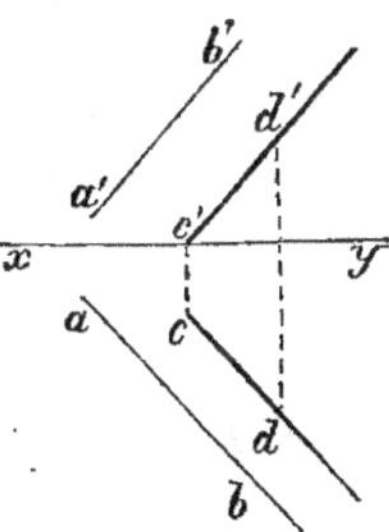

Les droites AB, CD sont parallèles parce que les projections de même nom sont parallèles [n° 27].

Problème.

57. *Par un point donné, mener une droite parallèle à un plan donné.*

Pour qu'une droite soit parallèle à un plan, il suffit qu'elle soit parallèle à une droite de ce plan ; donc il faut prendre une droite quelconque dans ce plan, et par le point donné (a, a') mener une parallèle AB à la ligne menée CD.

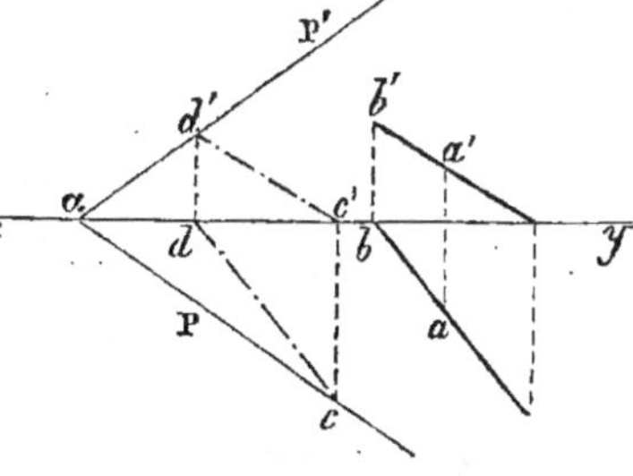

Le problème est indéterminé, puisque la ligne menée dans le plan est quelconque.

58. *Par un point donné mener une horizontale parallèle à un plan donné.*

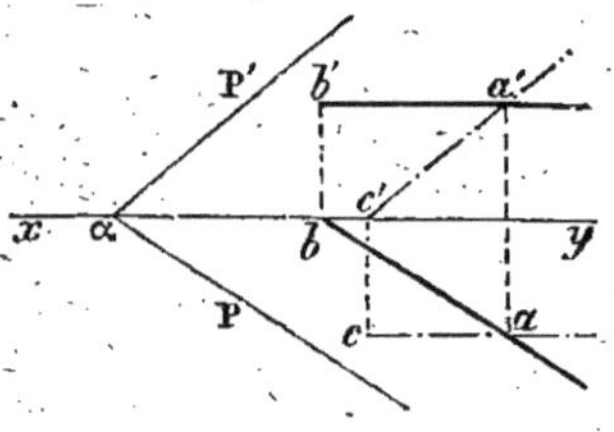

Il suffit de mener *ab* parallèle à la trace horizontale *αP*, et *a'b'* parallèle à *xy*. La droite AB est parallèle au plan parce qu'elle est parallèle à la trace horizontale de ce plan (*αP*, *αy*).

De même, la parallèle AC au plan vertical est parallèle au plan P lorsque *a'c'* est parallèle à *αP'*.

Problème.

59. *Par un point donné mener un plan parallèle à une droite donnée.* (Problème indéterminé.)

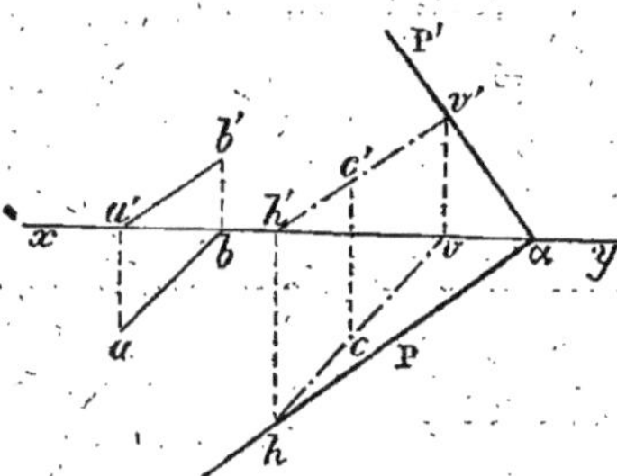

Par le point donné, il faut mener une parallèle à la droite donnée; tout plan conduit par la parallèle satisfait à la question. Ainsi par (*c*, *c'*) on a mené la parallèle (*hv*, *h'v'*) [n° 56], puis on a joint un point quelconque *α* de *xy* aux traces *h* et *v'* [n° 49].

Problème.

60. *Par un point donné mener un plan parallèle à un plan donné.*

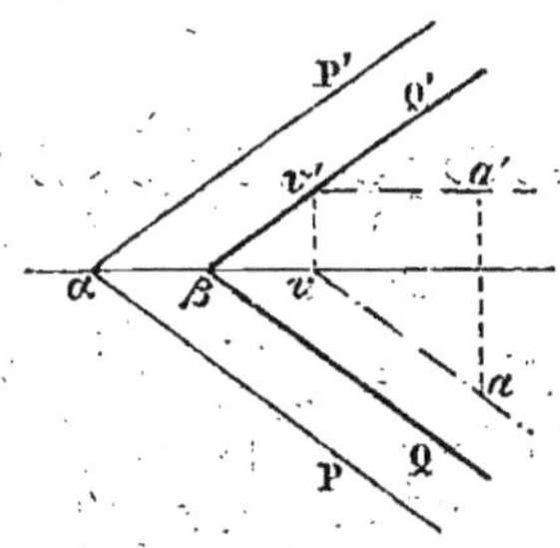

Les plans doivent avoir leurs traces de même nom parallèles [n° 38]; il suffit donc d'en obtenir un point; pour cela on peut employer une horizontale parallèle au plan donné.

Par le point (*a*, *a'*) menons l'horizontale (*av*, *a'v'*) parallèle au plan P [n° 58], puis *βv'Q'* parallèle à *αP'*, et *βQ* parallèle à *αP*.

Problème.

61. *Par un point donné, mener un plan parallèle à deux droites non situées dans un même plan.*

Par le point il faut mener des parallèles aux droites données ; le plan conduit par les deux lignes ainsi déterminées sera parallèle à chacune des premières lignes [nᵒ 59].

Soient A, B, les droites et C le point donnés. Il faut mener les parallèles CD, CE ; le plan PαP′ conduit par ces droites [nᵒ 50] est le plan demandé.

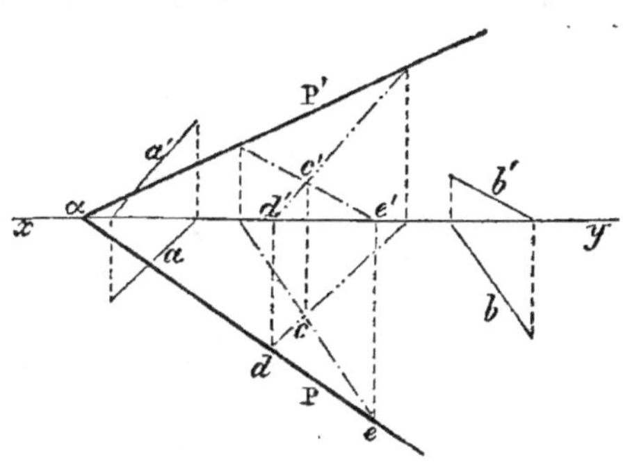

Problème.

62. *Par une droite donnée, mener un plan parallèle à une autre droite donnée.*

Par un point quelconque de la première ligne, il faut mener une parallèle à la seconde [nᵒ 56], et faire passer un plan par les deux concourantes [nᵒ 50] ; ce plan sera parallèle à la seconde droite, puisqu'il contiendra une de ses parallèles.

Problème.

63. *Par un point donné, mener une perpendiculaire à un plan donné.*

Lorsqu'une droite est perpendiculaire à un plan, les projections de la droite sont perpendiculaires aux traces de même nom du plan [nᵒ 37] ; il faut donc, des projections (a, a'), du point donné abaisser la perpendiculaire ab sur αP et $a'b'$ sur αP′.

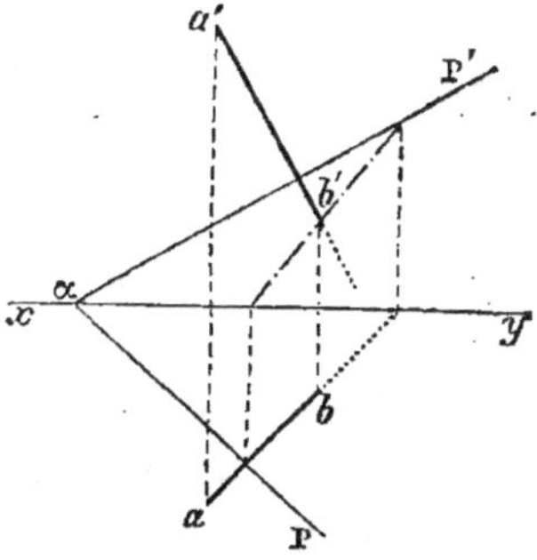

(b, b') est le point où la perpendiculaire perce le plan [nᵒ 54].

Problème.

64. *Par un point donné mener un plan perpendiculaire à une droite donnée.*

Soient $(ab, a'b')$ et (c, c') la droite et le point donnés.

Pour qu'un plan soit perpendiculaire à une droite donnée $(ab, a'b')$, il faut que ses traces soient perpendiculaires aux projections de même nom de la droite [nᵒ 37] ; l'horizontale du

plan cherché, menée par le point (c, c'), a donc sa projection ho
rizontale perpendiculaire à ab; donc il faut mener cd perpendi-

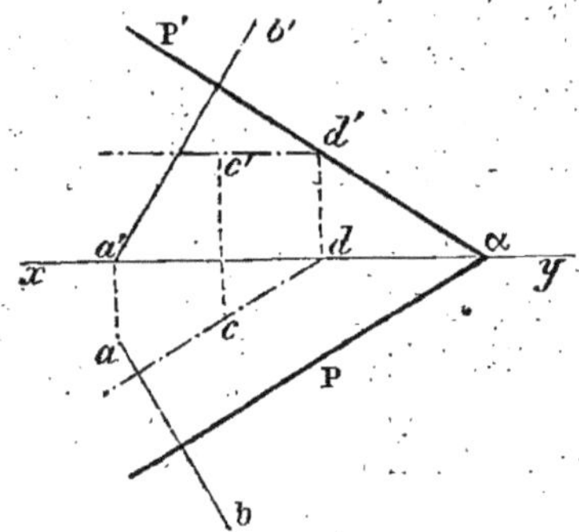

culaire à ab, $c'd'$ parallèle à xy; par d' mener $\alpha P'$ perpendiculaire à $a'b'$, puis αP perpendiculaire à ab.

Problème.

65. *Par un point donné, mener un plan perpendiculaire à
un plan donné.* (Problème indéterminé.)

Pour qu'un plan soit perpendiculaire à un autre plan, il suffit
qu'il contienne une perpendiculaire à ce second plan [*Géométrie*, 332]; donc, du point donné, il faut abaisser une perpendiculaire sur le plan donné, et tout plan mené par cette droite sera
perpendiculaire au premier.

Problème.

66. *Par un point donné, mener un plan perpendiculaire
à deux plans donnés.*

1er *Moyen.* Par le point donné on peut mener un plan perpendiculaire à l'intersection des deux plans donnés, il sera perpendiculaire à chacun d'eux [*Géométrie*, 336].

2e *Moyen.* Du point donné on peut abaisser une perpendiculaire
sur chaque plan; le plan mené par les deux droites sera perpendiculaire à chacun des plans donnés [*Géométrie*, 332].
Le cas particulier suivant est très-employé.

67. *Par un point donné* (a, a'), *mener un plan perpendiculaire au plan horizontal et à un plan donné* P.

Par la projection horizontale a du point donné, il faut mener βQ perpendiculaire à αP, puis βQ′ perpendiculaire à xy. Le plan Q contient le point donné [n° 31], il est perpendiculaire au plan horizontal [n° 30, 5°], et de plus il est aussi perpendiculaire au plan P, puisqu'il est perpendiculaire à la trace horizontale de ce plan, car cette trace a pour projections αP et xy.

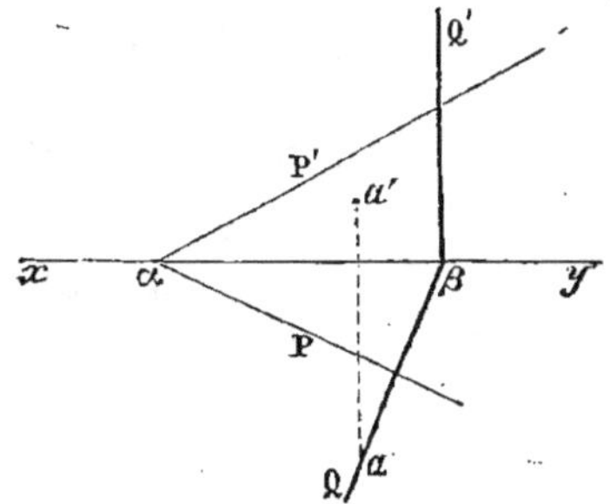

Problème.

68. *Par une droite donnée faire passer un plan qui soit perpendiculaire à un plan donné.*

D'un point quelconque de la droite il faut abaisser une perpendiculaire sur le plan donné [n° 63], et faire passer un plan par la perpendiculaire et la droite donnée [n° 50] : ce plan sera perpendiculaire au plan donné, puisqu'il contiendra une ligne perpendiculaire à ce plan [*Géométrie, 332*].

§ IV. — VRAIE GRANDEUR DES DROITES

Problème.

69. *Déterminer la vraie grandeur d'une droite limitée de longueur, lorsqu'on connaît les projections de ses deux extrémités.*

Sur chaque plan de projection, la droite est le quatrième côté d'un trapèze rectangle ayant pour hauteur la projection correspondante, et pour bases les projetantes des deux points extrêmes [n° 20, II]; on connaît trois de ces lignes, on peut donc construire le trapèze et déterminer la longueur de la quatrième.

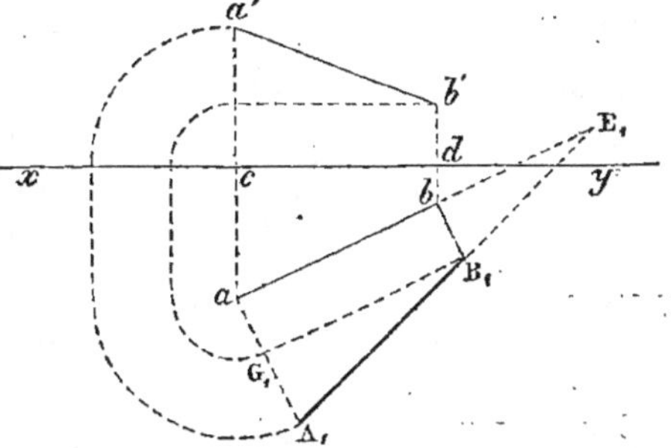

Soient (ab, $a'b'$) les projections de la droite limitée AB; par rapport au plan horizontal, ab est la hauteur du trapèze, et les ordonnées ca', db' en sont les bases.

1er *moyen.* Faisons tourner le trapèze autour de ab, pour le rabattre sur le plan horizontal; pour cela prenons les perpendiculaires aA_1, bB_1 respectivement égales aux ordonnées ca', db'; A_1B_1 est la longueur cherchée.

70. *Remarques.* I. L'angle d'une droite et d'un plan est l'angle que forme cette droite avec sa projection sur ce plan [*Géométrie*, 341]; donc l'angle $A_1B_1G_1$, égal à l'angle E_1, est l'angle que forme la droite avec le plan horizontal.

II. On pourrait déterminer la vraie grandeur de la droite en construisant sur le plan vertical un trapèze avec $a'b'$ pour hauteur, et les éloignements ac, bd pour bases.

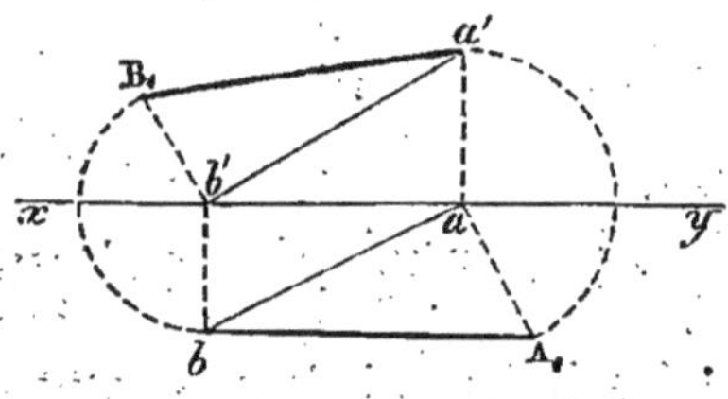

III. La vraie grandeur de la droite limitée à ses deux traces est l'hypoténuse d'un triangle rectangle ayant pour côtés de l'angle droit ab et l'ordonnée aa'; b est l'angle formé par la droite avec le plan horizontal.

Si l'on fait la construction du triangle sur le plan vertical, a' est l'angle que la droite forme avec ce dernier plan.

71. **2e** *Moyen.* Puisque toute droite limitée, parallèle à un plan, se projette en vraie grandeur sur ce plan [n° 20, III], il suffit de rendre le trapèze déjà considéré parallèle au plan vertical: faisons tourner ce trapèze autour de la projetante cb', le point (b, b') reste fixe, puisqu'il est sur l'axe; la projection horizontale ba vient en ba_1 sur une parallèle à xy, son extrémité décrit un arc aa_1, l'ordonnée du point A de l'espace ne change pas; donc a' vient en a'_1 sur la parallèle $a'a'_1$; $b'a'_1$ est la réponse.

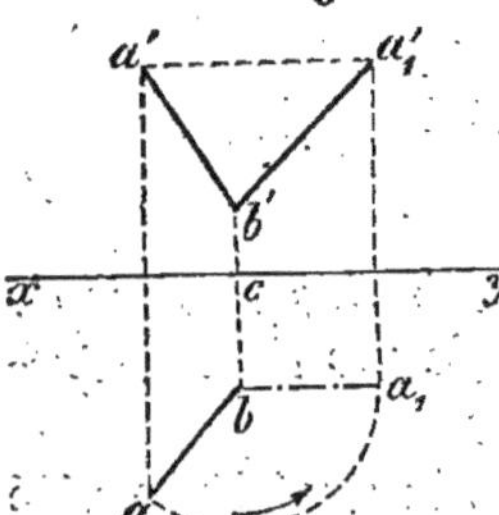

72. *Remarques.* I. On peut amener la droite AB à être parallèle au plan horizontal; elle devient (a_1b, a'_1b').

L'angle de ba_1 et de xy est l'angle que la droite forme avec le plan vertical.

II. La vraie grandeur de la droite qui joint deux points donnés par leurs projections, est l'hypoténuse d'un triangle rectangle ayant pour côtés de l'angle droit: 1° la projection horizontale de la droite; 2° la différence des ordonnées des points extrêmes de la droite.

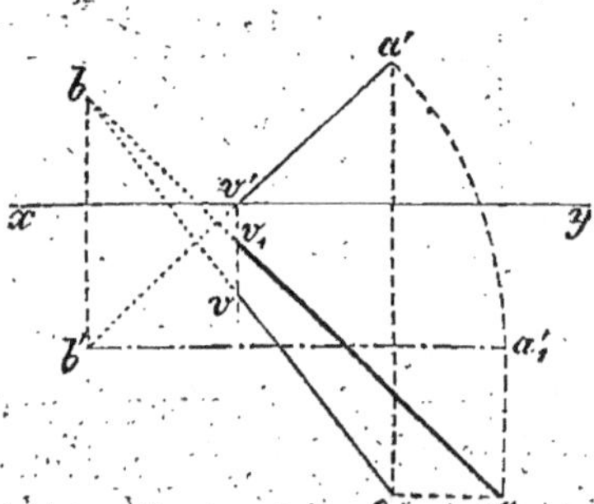

Problème.

73. *Prendre sur une droite, à partir d'un point donné, une longueur donnée l.*

Soient $(ab, a'b')$ la droite donnée de position, (a, a') l'origine de la longueur demandée. Opérons comme pour chercher la vraie grandeur A_1B_1 de $(ab, a'b')$ [n° 69]. Portons l de A_1 en C_1; le point C_1 a pour projection horizontale c, et pour projection verticale c'.

74. *Remarque.* Les projections d'une droite sont divisées dans le même rapport que cette droite, car on a :

$$\frac{a'c'}{c'b'} = \frac{ac}{cb} = \frac{A_1C_1}{C_1B_1}$$

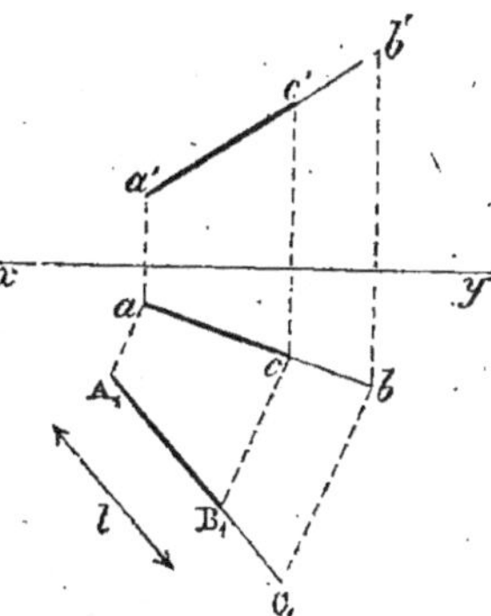

(Il faut remplacer B_1 par C_1 et réciproquement.)

Problème.

75. *Déterminer la distance d'un point à un plan.*

Soient (a, a') et P le point et le plan donnés; du point A abaissons la perpendiculaire AB sur le plan [n° 63]; à l'aide du plan projetant cdd', déterminons le point B où la perpendiculaire perce le plan [n° 54], et cherchons la vraie grandeur $b'a'_1$ de la droite AB en rendant cette ligne parallèle au plan vertical [n° 71].

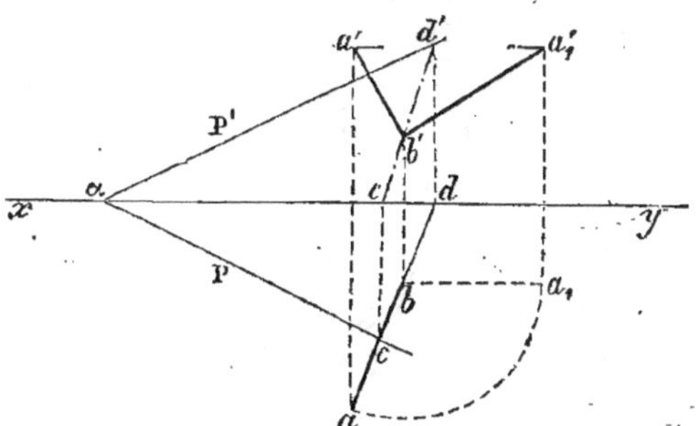

Problème.

76. *Trouver la plus courte distance de deux plans parallèles.*

Il suffit de chercher la distance d'un point quelconque de l'un d'eux à l'autre plan.

Du point α abaissons la perpendiculaire $(\alpha d, \alpha d')$ sur le plan Q, déterminons le pied (d, d') de cette perpendiculaire [n° 54], et la vraie grandeur $\alpha d'_1$ de cette ligne [n° 71].

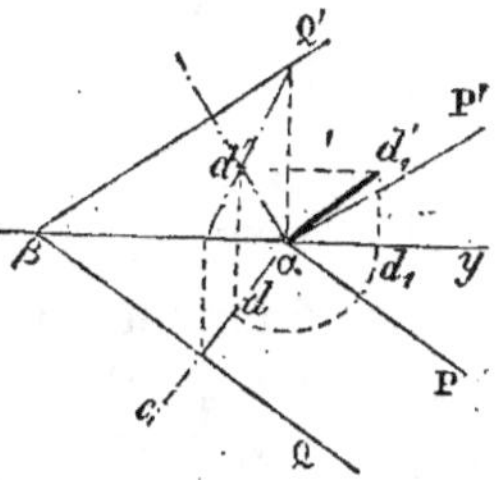

2

Problème.

77. *Trouver la distance d'un point à une droite.*

1ᵉʳ Cas. *La droite donnée est horizontale.*

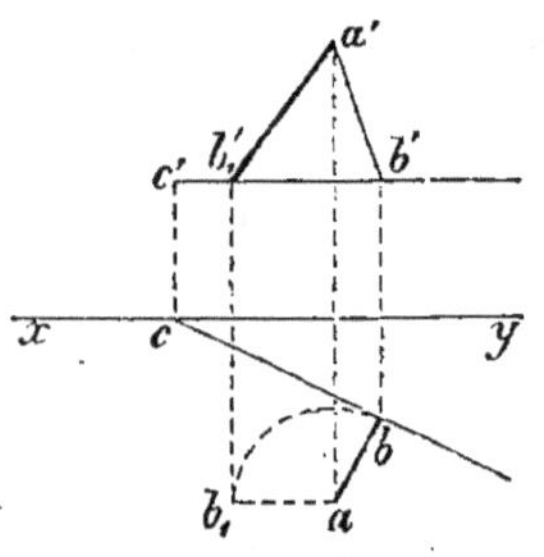

Soient CB et A la droite et le point donnés; puisque la droite est horizontale, la projection horizontale de la perpendiculaire à la droite doit être perpendiculaire à CB [nᵒˢ 32 et 33, II]; donc, il faut abaisser la perpendiculaire ab, déterminer b', et $(ab, a'b')$ est la ligne demandée; $a'b'_1$ en est la vraie grandeur et fait connaître la distance du point donné à la droite CB.

Remarque. Lorsque la droite donnée est parallèle au plan vertical, le problème se traite d'une manière analogue.

78. 2ᵉ Cas. *La droite donnée CB est quelconque.*

Lorsque la droite est quelconque, rien n'indique la direction de la perpendiculaire. Par le point donné, on mène un plan perpendiculaire à la droite et l'on joint le point donné au point où la droite perce le plan.

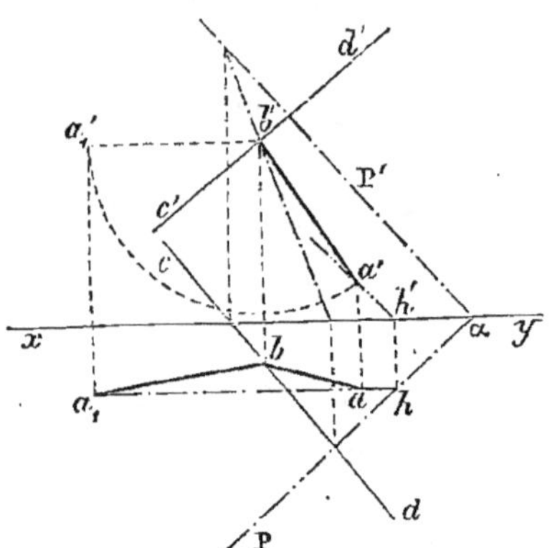

Par le point (a, a') menons une parallèle AH au plan vertical, telle que $h'a'$ soit perpendiculaire à $c'd'$, puis le plan PαP' perpendiculaire à CB [nᵒ 64], et joignons (a, a') au point (b, b'), où la droite perce le plan: $(ab, a'b')$ est la ligne demandée, ba_1 en est la vraie grandeur [nᵒ 71].

Problème.

79. *Trouver la plus courte distance de deux droites.*

Les éléments de la géométrie indiquent la construction suivante [342]: Par un point quelconque C d'une de ces lignes, on mène une parallèle CE à la seconde droite AB; le plan DCE ou P est parallèle à AB; d'un point quelconque B de cette ligne;

on abaisse une perpendiculaire BF sur le plan, par son pied F on mène FG parallèle à AB, et enfin GM parallèle à BF : la droite MG est perpendiculaire aux deux droites.

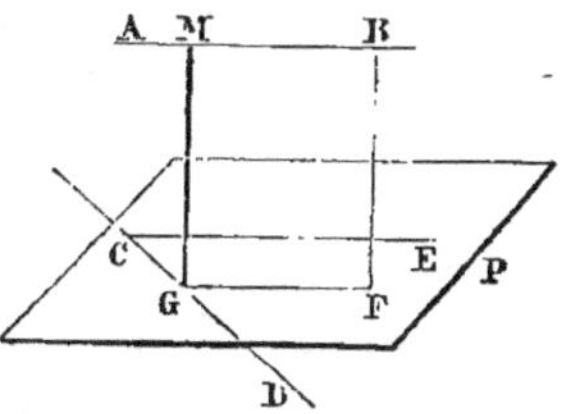

A l'aide des principes de la géométrie descriptive, on fait les constructions indiquées dans les éléments de géométrie ; ainsi, par le point (c, c'), on mène $(ce, c'e')$ parallèle à $(ab, a'b')$ et l'on détermine le plan P qui contient CD et CE. Puis de (b, b') on abaisse une perpendiculaire BF sur le plan [no 63] et l'on cherche le point (f, f'), où elle perce ce plan [no 54]. Par F on mène

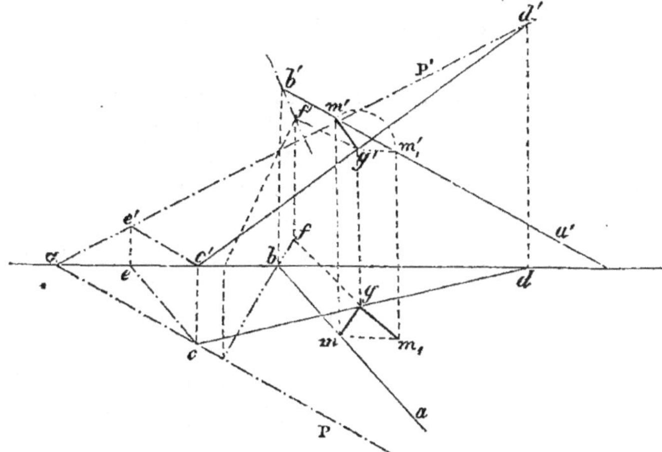

une parallèle FG à la droite AB ; elle doit rencontrer CD ; ainsi g et g' doivent être sur une même perpendiculaire à xy ; puis par G on mène GM parallèle à BF ; GM est la perpendiculaire commune aux deux droites ; sa vraie grandeur gm_1 a été obtenue en rendant $(mg, m'g')$ parallèle au plan horizontal.

CHAPITRE III

MÉTHODES DIVERSES

80. Certains problèmes ont des cas particuliers dont la résolution est très-simple ; ainsi on peut trouver directement la distance d'un point à un plan vertical, abaisser une perpendiculaire sur une horizontale [no 77], tandis qu'il faut des constructions auxiliaires pour avoir la distance d'un point à un plan quel-

conque [n° 75], et pour abaisser une perpendiculaire sur une droite située d'une manière quelconque par rapport aux plans de projection [n° 78]. Il est donc utile, et parfois nécessaire, de rapporter les données à de nouveaux plans de projection qui permettent d'employer des constructions plus simples ; ou de modifier la position de ces mêmes données par rapport aux plans primitifs, mais toujours dans le but d'arriver plus facilement aux résultats cherchés.

On distingue trois méthodes principales :

1° Les changements de plan de projection ;

2° Les rotations ;

3° Les rabattements.

§ I. — CHANGEMENTS DES PLANS DE PROJECTION

81. Changement du plan vertical. Considérons deux plans verticaux V et V' ayant BE pour intersection ; un point A de l'espace a pour projections a et a' ou a et a'_1, suivant que l'on considère les plans H et V ou bien H et V'. Mais $ma' = na_1'$, car chacune de ces droites égale l'ordonnée Aa du point A ; donc en rabattant chaque plan vertical on obtient une épure telle que la perpendiculaire $na'_1 = ma'$.

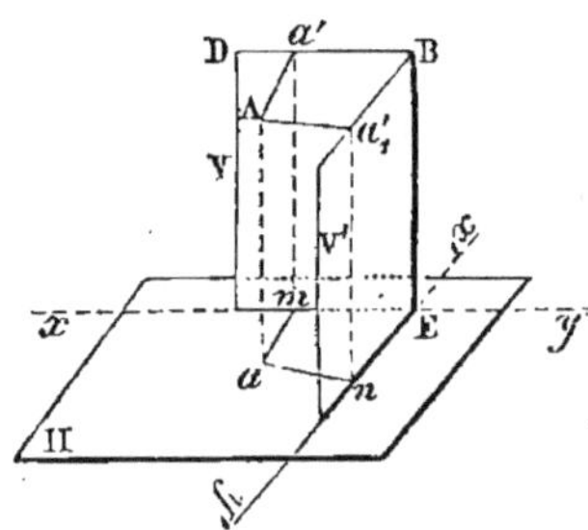

82. Disposition des projections. Pour conduire à la lecture de l'épure, la nouvelle ligne de terre est désignée par $x'y'$; les lettres sont placées de telle sorte qu'en lisant $x'y'$, suivant l'usage, de gauche à droite, la partie supérieure du nouveau plan vertical se trouve au-dessus de la ligne de terre.

La nouvelle projection verticale du point A est indiquée par a'_1.

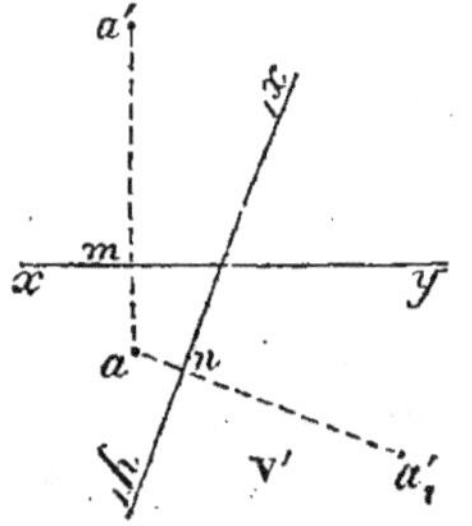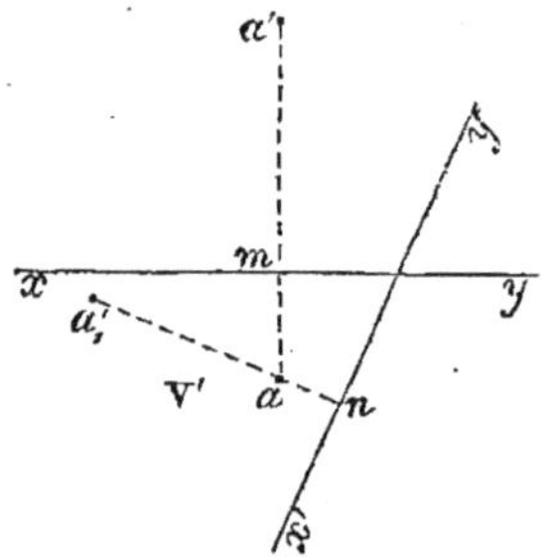

Le plan V' peut être rabattu vers la gauche du dessin ; on obtient la seconde disposition : il faut toujours qu'on ait $na'_1 = ma'$.

83. **Règle pratique.** *Pour avoir la projection verticale d'un point sur un nouveau plan vertical, il faut abaisser, de la projection horizontale, une perpendiculaire sur x'y', et porter dans la direction convenable une ordonnée égale à celle de la projection verticale primitive du point considéré.*

84. **Changement du plan horizontal.** Par convention, on appelle *nouveau plan horizontal* un plan quelconque perpendiculaire au plan vertical conservé, lorsque ce plan perpendiculaire doit remplacer le plan horizontal primitif.

La règle pratique pour faire ce changement s'énonce d'une manière analogue à celle du numéro 83. $x'y'$ étant la nouvelle ligne de terre, le point (a, a') devient (a_1, a'), (c, c') devient (c_1, c'), l'éloignement $nc_1 = mc$.

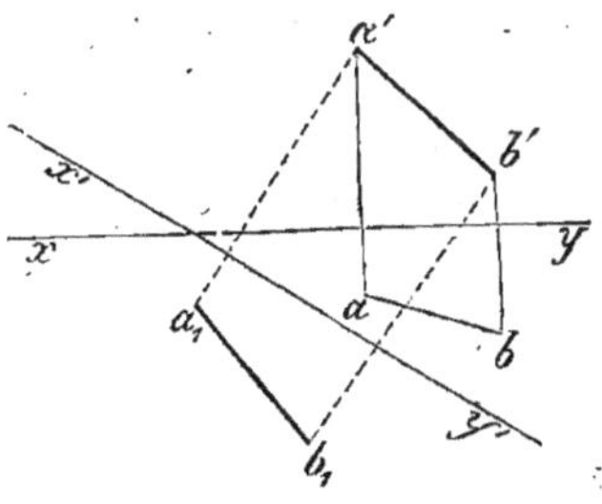

Réciproquement. Si l'on donne un point (b_1, b') par rapport à $x'y'$ et à H', on obtient (b, b') par rapport à xy et au plan H̄, en prenant $mb = nb_1$.

85. **Projection d'une droite.** Sur un nouveau plan de projection, on obtient la projection d'une droite donnée, en déterminant la nouvelle projection de deux de ses points. Ainsi a_1b_1 est la nouvelle projection horizontale de la droite $(ab, a'b')$.

Problème.

86. *Changer de plan de projection de manière qu'une droite donnée soit parallèle au plan vertical choisi.*

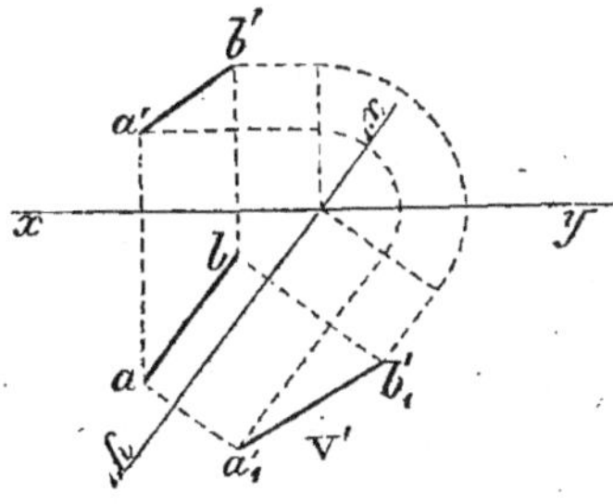

Soit la droite AB $(ab, a'b')$; prenons un plan vertical parallèle à cette ligne; par suite, menons $x'y'$ parallèle à ab. La droite représentée actuellement par $(ab, a'_1b'_1)$ est parallèle au plan V'.

Remarques. I. On peut prendre $x'y'$ sur ab; dans ce cas la droite se trouve sur V', et l'on obtient une des deux dispositions suivantes, identiques à celles du n° 69.

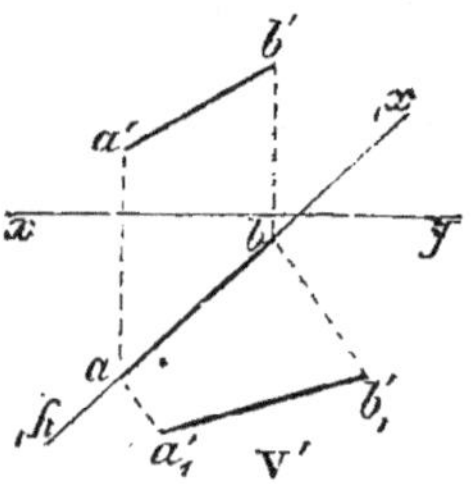 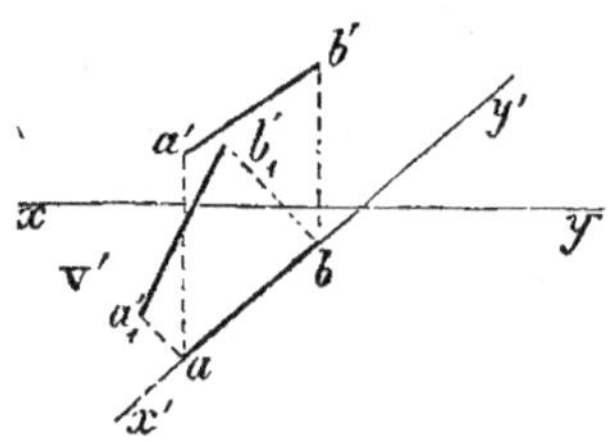

II. La droite considérée est invariable de position dans l'espace, mais ses projections changent suivant les plans adoptés; néanmoins, on énonce ordinairement les problèmes, le précédent, par exemple, comme il suit :

A l'aide d'un changement de plan, rendre une droite parallèle au plan vertical.

Dans les énoncés suivants nous nous conformons à l'usage reçu.

Problème.

87. *Une droite est parallèle au plan vertical; à l'aide d'un changement de plan, rendre cette droite perpendiculaire au plan horizontal.*

Il faut choisir un plan horizontal perpendiculaire à la droite donnée.

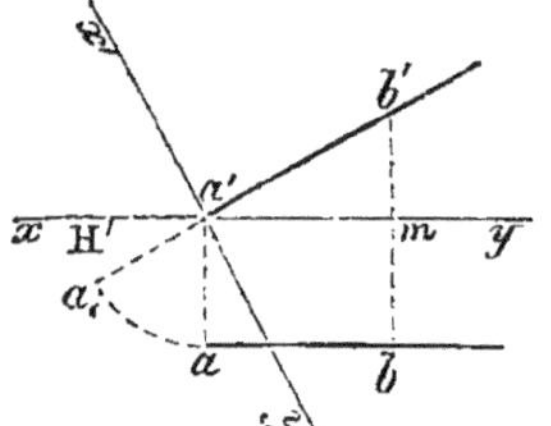

Soit la droite $(ab, a'b')$ parallèle au plan vertical; prenons un plan horizontal perpendiculaire à AB, il suffit de mener $x'y'$ perpendiculaire à $a'b'$; et prenons $a'a_1 = aa'$.

La droite est représentée par $(a_1, a'b')$; car pour tout autre point, B, par exemple, il faudrait prendre $a'a_1 = mb$; or $mb = a'a$.

Problème.

88. *Rendre une droite quelconque perpendiculaire à l'un des plans de projection.*

Prenons un nouveau plan vertical avec $x'y'$ passant par ab; la droite $(ab, a'_1b'_1)$ est placée sur le plan V'; puis prenons un nouveau plan horizontal avec $x''y''$, perpendiculaire à $a'_1 b'_1$. La

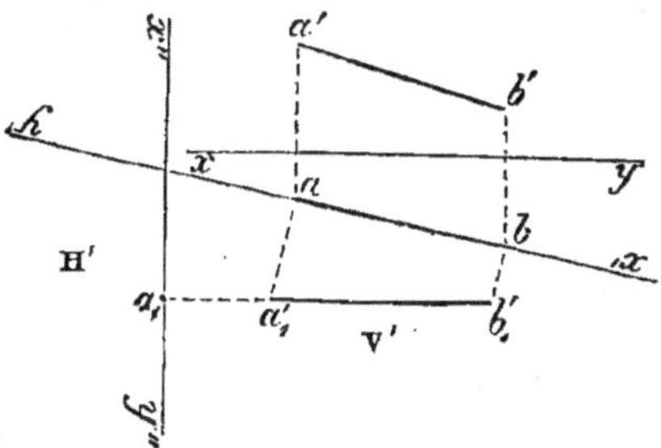

nouvelle projection horizontale a_1 est sur $x''y''$, puisque la droite est sur V', et la droite $(a, a'_1 b'_1)$ est perpendiculaire au plan H'.

Problème.

89. *Trouver la plus courte distance de deux droites, dans le cas où l'une d'elles est parallèle à l'un des plans de projection.*

Soient les droites AB et CD ; cette dernière étant parallèle au plan vertical, prenons un nouveau plan horizontal qui soit perpendiculaire à CD, et, pour cela, menons $x'y'$ perpendiculaire à $c'd'$ au point c' ; la ligne AB devient $(a_1 b_1, a'b')$ et CD, $(c_1, c'd')$; cette ligne étant perpendiculaire au plan H', la perpendiculaire commune aux droites données est donc parallèle au plan H', et se projette en vraie grandeur.

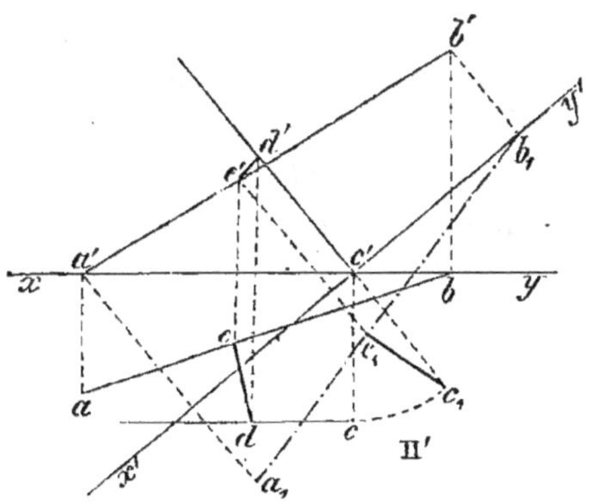

Abaissons donc la perpendiculaire $c_1 e_1$ sur $a_1 b_1$; e_1 fait connaître e', et l'on mène $e'd'$ parallèle à $x'y'$. La vraie grandeur de $(c_1 e_1, c'e')$ est la distance cherchée $c_1 e_1$.

Problème.

90. *Trouver les traces d'un plan sur de nouveaux plans de projection.*

Prenons un nouveau plan vertical. Soit $x'y'$ la nouvelle ligne de terre; le point (a, a') a sa nouvelle projection verticale sur la trace verticale cherchée; or, l'ordonnée de ce point n'ayant pas changé, il suffit de porter aa' en aa'_1, et le plan $P\alpha P'$ est devenu $P\beta P'_1$.

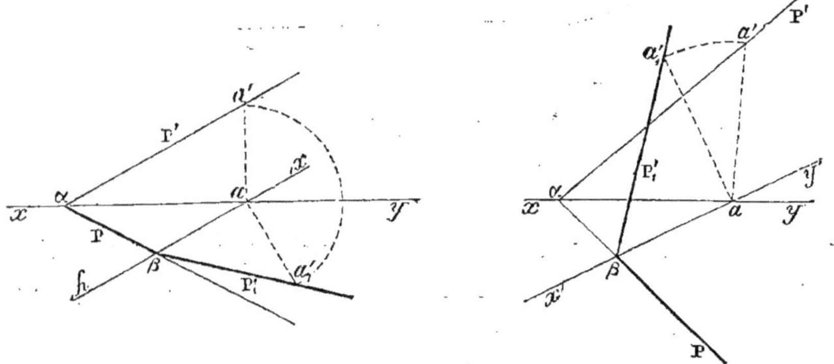

Le rabattement peut être effectué vers la gauche de l'épure; dans ce cas, on obtient la seconde disposition.

Problème.

91. *A l'aide d'un changement de plan, rendre un plan perpendiculaire au plan vertical.*

On procède comme précédemment, mais on prend $x'y'$ perpendiculaire à la trace horizontale αP [n° 30, 5°].

Problème.

92. *Trouver la distance de deux plans parallèles.*

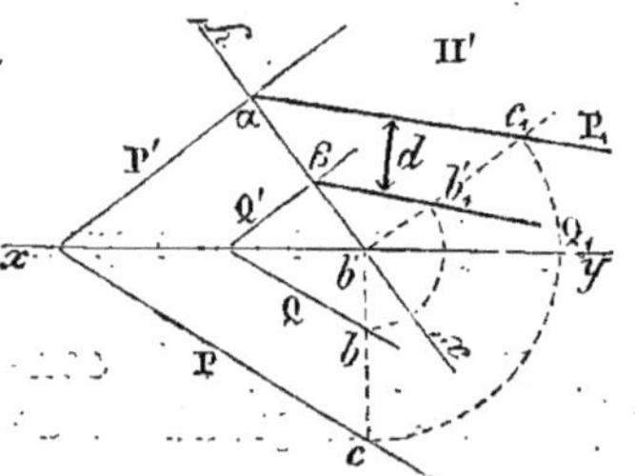

Soient les plans P et Q; prenons un nouveau plan horizontal H' perpendiculaire aux deux plans; il suffit pour cela que $x'y'$ soit perpendiculaire aux traces verticales de ces plans; au point b' élevons une perpendiculaire à $x'y'$, et prenons
$$b'c_1 = b'c; \quad b'b_1 = b'b.$$
Les plans $P_1\alpha P'$, $Q_1\beta Q'$ sont perpendiculaires au plan H' [n° 30, 5°]; donc la perpendiculaire commune d est la distance cherchée.

Remarque. Cette solution est plus rapide et plus élégante que la solution directe [n° 76].

§ II. — DES ROTATIONS

93. Au lieu de changer les plans de projection, on peut modifier la position de la figure dans l'espace, de manière à obtenir une solution plus simple. Pour cela, on fait tourner la figure autour d'un axe, ordinairement perpendiculaire à l'un des plans de projection.

Dans ce mouvement, chaque point conserve toujours sa distance à l'axe et décrit un arc ayant cette distance pour rayon.

94. **Rotation d'un point.** Soit $(a, a'b')$ l'axe vertical, (c, c') le point donné; dans sa rotation le point décrit un arc de cercle dont le plan est perpendiculaire à l'axe, l'arc se projette donc en vraie grandeur sur le plan horizontal; du centre a avec ac pour rayon, il faut décrire un arc, et si c_1 doit être la nouvelle position de la projection horizontale, on aura c'_1 pour projection verticale; car l'ordonnée du point ne change pas. La nouvelle position se désigne par (c_1, c'_1), et le point lui-même par C_1.

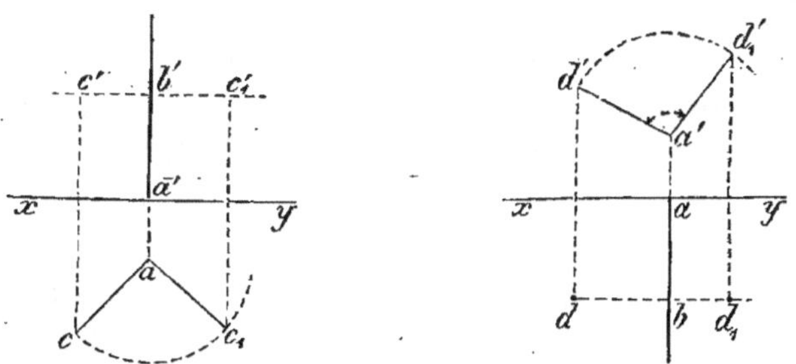

De même, si l'axe est perpendiculaire au plan vertical, la projection verticale se meut sur une circonférence dont a' est le centre, et la projection horizontale, sur une parallèle dbd_1 à la ligne de terre.

Remarque. On peut faire tourner le point d'un angle $d'a'd'_1$ dont on fait connaître la grandeur.

95. **Rotation d'une droite.** La rotation d'une droite s'obtient en opérant la rotation de deux de ses points.

Soit la droite $(cd, c'd')$ à faire tourner d'un angle α autour de l'axe vertical $(a, a'b')$.

1re *Disposition*. Du centre a décrivons un arc qui coupe la projection horizontale en deux points c et d; déterminons $c'd'$. α étant l'angle donné, il suffit de prendre l'arc $dd_1 = cc_1$, et de projeter les points c_1, d_1 en c'_1, d'_1 sur les perpendiculaires menées à l'axe par c' et d'. La droite donnée est devenue c_1d_1, $c'_1d'_1$.

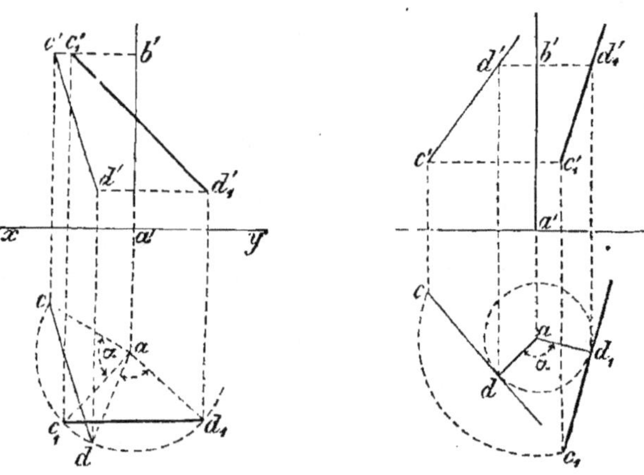

96. 2e *disposition*. Du centre a décrivons une circonférence tangente à la projection horizontale donnée, faisons l'angle donné α, menons la tangente au point d_1, prenons $d_1c_1 = dc$, et déterminons c'_1 et d'_1.

Remarques. I. On opère d'une manière analogue, lorsque l'axe est perpendiculaire au plan vertical.

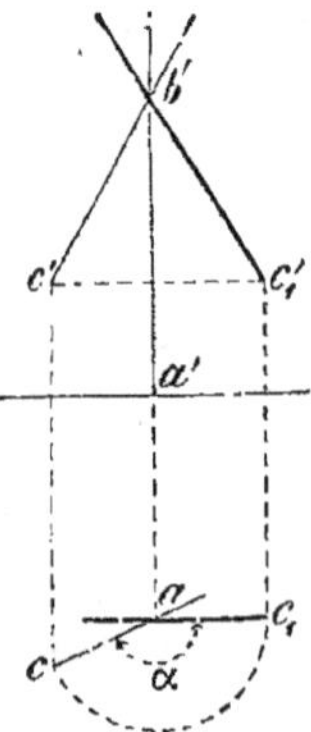

II. Lorsque la droite rencontre l'axe, le point de rencontre ne change pas, et il suffit de faire tourner un seul point de la droite; ainsi (ca, $c'b'$) devient (ca, c'_1b').

III. Pour faire tourner une droite autour d'un axe non perpendiculaire à l'un des plans de projection; on peut changer de plans de projection [n° 88], afin de retomber dans le cas ordinaire [n° 95].

Problème.

97. *Rendre horizontale une droite donnée.*

Il faut recourir à un axe horizontal; soit la droite CD; prenons l'axe AB, décrivons une circonférence tangente à $c'd'$, puis menons une tangente parallèle à xy et prenons $c'_1d'_1 = c'd'$ [n° 96]; enfin déterminons c_1d_1. La droite C_1D_1 est horizontale.

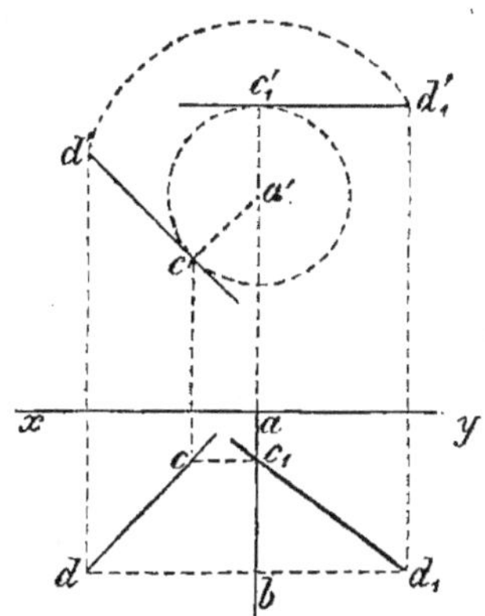

98. **Rotation d'un plan.** Un plan étant déterminé par deux droites, il suffit de faire tourner deux de ses lignes et de déterminer les nouvelles traces du plan; mais ordinairement, lorsque l'axe est vertical, on fait choix de la trace horizontale et d'une autre horizontale de ce plan, autant que possible de celle que rencontre l'axe; on emploie la seconde disposition indiquée ci-avant [n° 96].

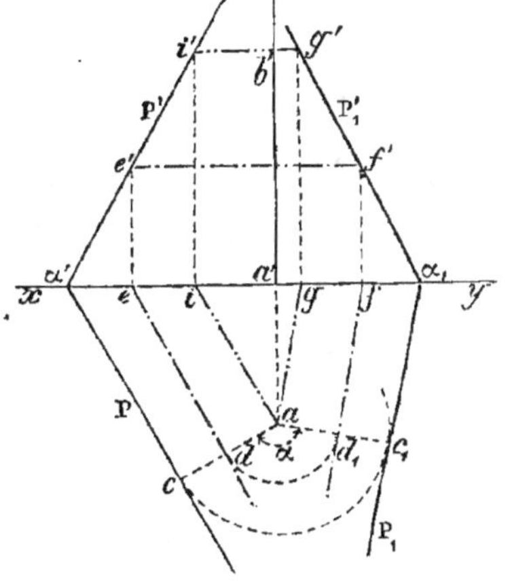

Soient AB et P l'axe et le plan donnés; décrivons une circonférence tangente à αP, formons l'angle donné α; la tangente $c_1\alpha_1$ est la nouvelle trace horizontale; la droite DE devient D_1F; il suffit de joindre α_1 au point f'. Le plan P est venu en P_1.

Remarque. L'horizontale AI donne lieu à une construction plus simple.

Il en est encore ainsi quand l'axe est sur l'un des plans de projection.

Problème.

99. *Amener un plan à être perpendiculaire à l'un des plans de projection.*

Soit le plan P à rendre perpendiculaire au plan horizontal; il

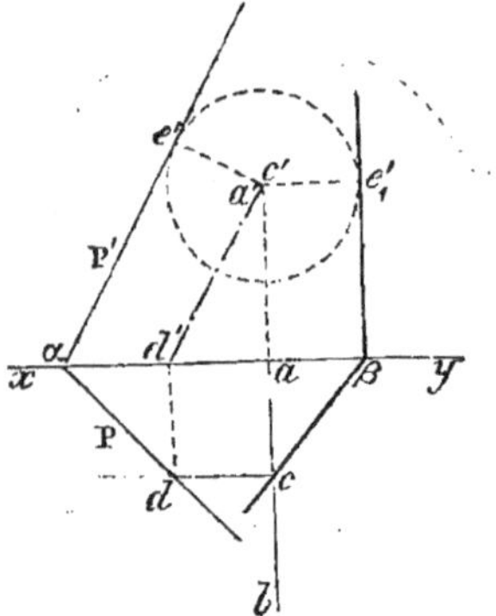

faut que sa trace verticale soit perpendiculaire à xy. Prenons un axe horizontal AB, menons par a' une droite CD parallèle au plan vertical et contenue dans le plan P; elle rencontre l'axe en (c, c'), et par suite ce point est celui où l'axe perce le plan donné; du centre a' décrivons une circonférence tangente à αP, menons la tangente $\beta e'_1$ perpendiculaire à xy, et joignons β à c. Le plan P est devenu $c\beta e_1'$.

Problème.

100. *Trouver la distance d'un point à un plan.*

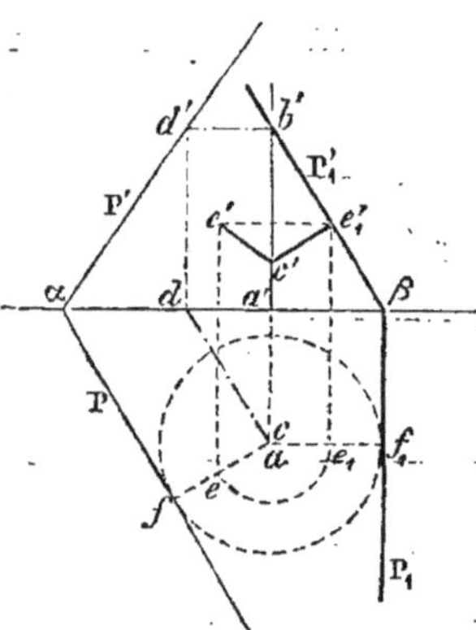

Soient (c, c') et P le point et le plan donnés. Prenons un axe vertical AB mené par le point C; amenons le plan P à être perpendiculaire au plan vertical [n° 99]. C étant sur l'axe ne change pas; αP devient βP$_1$, et αP', βP'$_1$; du point c', abaissons la perpendiculaire $c'e'_1$ sur βP'$_1$, la ligne $c'e'_1$ est la distance cherchée.

Si l'on demandait le point où la perpendiculaire perce le plan PαP', on amènerait e_1 en e, puis on déterminerait e'; il faut que $c'e'$ soit perpendiculaire à αP'.

Problème.

101. *Amener un plan à être parallèle à l'un des plans de projection.*

Soit le plan P à amener à être parallèle au plan horizontal.

On le rend perpendiculaire au plan vertical à l'aide d'un axe vertical $(a, a'b')$. αP devient α_1P$_1$ perpendiculaire à xy; l'horizontale $(ac, b'c')$ fait connaître le point b', où l'axe perce le plan et détermine $\alpha_1 P'_1$; puis, en employant un axe horizontal (ef, e'), amenons le plan $P_1 \alpha_1 P'_1$ à être horizontal; il suffit de mener la tangente P'_2 parallèle à xy.

Remarques. I. Lorsque g' tend vers la position g'_1, la trace $\alpha_1 P_1$ s'éloigne de plus en plus du point a; elle disparaît quand P'_2 est parallèle à xy.

II. L'horizontale $(ac, b'c')$ devient successivement (b', aa') et (b'_1, ih).

III. La construction se simplifie lorsque l'axe $(a, a'b')$ est pris sur le plan vertical, etc.; mais il convient de résoudre la question avec des axes quelconques, parce que le choix des axes de rotation est subordonné à l'ensemble de la figure dont le plan à rendre horizontal peut faire partie.

Remarque générale.

102. Il faut deux changements de plan ou deux rotations pour amener une droite à être perpendiculaire ou pour rendre un plan parallèle à l'un des plans de projection.

Il ne faut qu'un changement de plan ou qu'une rotation pour amener une droite à être parallèle ou pour rendre un plan perpendiculaire à l'un des plans de projection.

§ III. — RABATTEMENTS

103. La méthode des rabattements a pour but d'amener une figure plane donnée par ses projections à se placer sur un des plans de projection ou à lui être parallèle, afin qu'elle se projette en vraie grandeur sur ce plan.

Pour amener un plan à se confondre avec le plan horizontal, par exemple, on le fait tourner autour de sa trace horizontale, jusqu'à ce qu'il vienne s'appliquer sur le plan de projection.

Pour rendre un plan donné parallèle au plan horizontal, on le fait tourner autour d'une de ses horizontales jusqu'à ce qu'il soit horizontal.

D'une manière analogue on peut rabattre une figure plane sur le plan vertical.

La méthode des rabattements peut être rattachée à celle des rotations; mais dans les rabattements il suffit que l'axe soit parallèle au plan vertical ou au plan horizontal, et il faut amener la figure étudiée à être parallèle à l'un des plans de projection.

On rabat toujours un plan; mais, dans un grand nombre de cas, on cherche particulièrement à déterminer la position qu'occupent, après le rabattement, un ou plusieurs points du plan considéré.

Problème.

104. *Dans le rabattement d'un plan autour de sa trace horizontale, déterminer la position de la trace verticale de ce plan.*

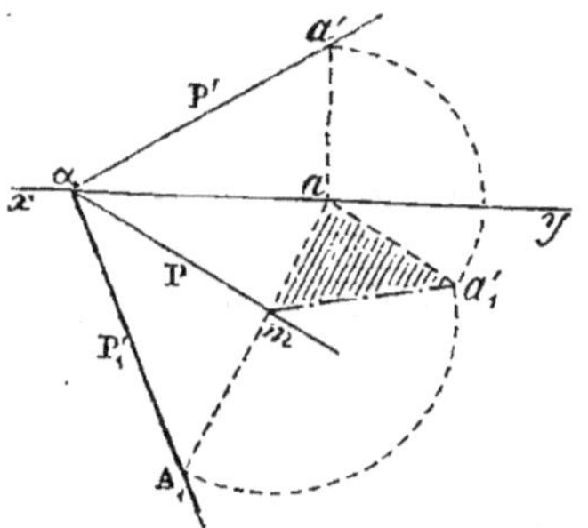

1er *Moyen.* Coupons le plan PαP′ par un plan perpendiculaire à la trace horizontale αP, et par suite ce plan est perpendiculaire au plan P et au plan horizontal [n° 67]; le plan auxiliaire détermine un triangle rectangle ayant pour côtés de l'angle droit am et aa'. Pour avoir l'hypoténuse, on élève la perpendiculaire aa'_1 égale à aa', et l'on porte ma'_1 de m en A_1. Et αP′$_1$ est le rabattement de la trace verticale αP′.

2e *Moyen.* Un point quelconque (a, a') de la trace verticale décrit, dans sa rotation autour de l'axe αP, un arc de cercle dont le plan est perpendiculaire à αP; donc, dans le rabattement du plan, le point (a, a') se trouve en un point de la perpendiculaire am; d'ailleurs, la distance $\alpha a'$ ne varie point, donc du centre α avec $\alpha a'$ pour rayon il faut couper en A_1 la perpendiculaire am.

Remarque. Ce second moyen peut servir de vérification au premier.

Problème.

105. **Cas particuliers.** 1° *Le plan à rabattre est perpendiculaire à l'un des plans de projection.*

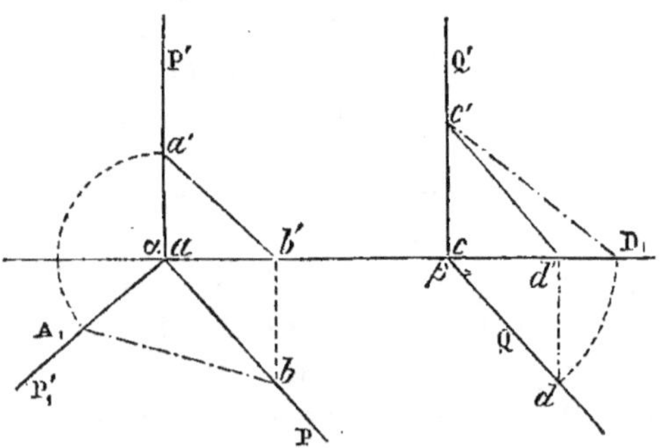

Lorsque le plan est perpendiculaire à l'un des plans de projection, l'angle des deux traces est droit; par suite, si l'on rabat PαP′ sur le plan horizontal, la trace αP′ se rabattra en αP′$_1$ sur une perpendiculaire à αP. Si l'on rabat QβQ′ sur le plan vertical, la trace horizontale βQ viendra sur la ligne de terre.

2° *Les traces du plan à rabattre sont parallèles à la ligne de terre.*

Un plan auxiliaire perpendiculaire à xy, coupe le plan donné (PP′) suivant une droite qu'on peut considérer comme étant l'hypoténuse d'un triangle rectangle, dont les côtés de l'angle droit sont aa' et am; donc il faut porter ma'_1 de m en A_1, et par ce dernier point mener $A_1P'_1$ parallèle à xy.

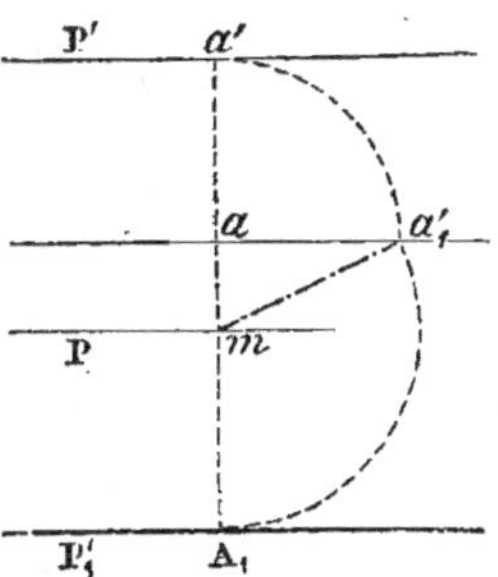

Problème.

106. *Dans le rabattement d'un plan, déterminer la nouvelle position d'un point de ce plan.*

1er *moyen.* Soit (b, b') un point quelconque du plan PαP′. Déterminons le rabattement $αP'_1$ de la trace verticale $αP'$ [n° 104], et le rabattement c'_1B_1 de l'horizontale $(bc, b'c')$ du point donné, pour cela prenons $αc'_1 = αc'$, et par c'_1 menons une parallèle à l'axe $αP$. Le point (b, b') de l'espace décrit un cercle dont le plan

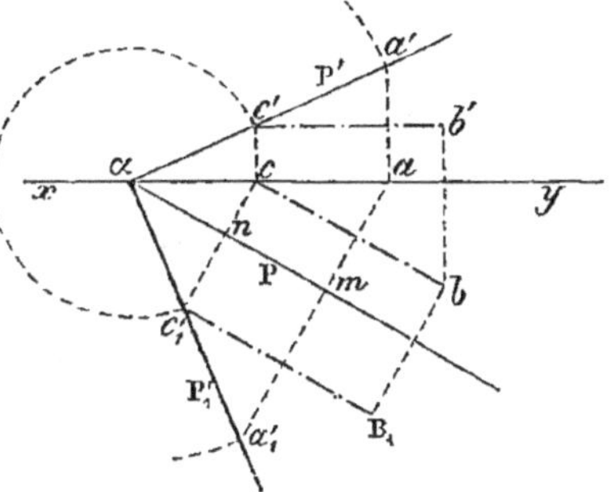

est perpendiculaire à $αP$; donc, après le rabattement du plan, le point (b, b') vient en B_1 au point d'intersection de la perpendiculaire bB_1 et de la parallèle c'_1B_1.

Remarque. L'emploi d'une horizontale est très-utile, surtout lorsqu'on doit déterminer le rabattement d'un grand nombre de points du même plan; cependant on a souvent recours au moyen suivant, surtout lorsqu'on ne connaît pas la trace verticale $αP'$ du plan à rabattre, c'est-à-dire lorsqu'on donne directement le point et l'horizontale qui doit servir d'axe de rotation.

107. 2° *moyen.* Soient A et NM le point et l'axe donnés; du pied B de la projetante AB, abaissons la perpendiculaire BC sur NM et joignons AC; cette ligne est perpendiculaire à MN en vertu du théorème des trois perpendiculaires [*Géométrie*, 301]; si on fait tourner le plan MAN autour de MN, le point A décrira une

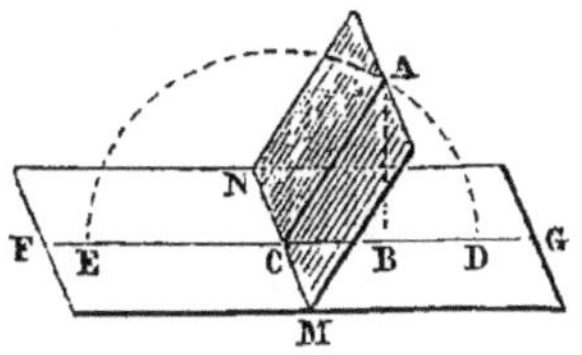

circonférence et viendra s'appliquer en D ou en E sur le prolongement de la perpendiculaire BC, de manière que $CD = AC$. Il en serait de même si l'on prenait un plan de projection parallèle au plan FG. Or AB est l'élévation ou la hauteur verticale du point A au-dessus de l'axe, CB est la distance horizontale du point A à l'axe; on peut donc formuler la règle suivante :

108. Règle pratique. *Pour rabattre un point sur le plan horizontal, on abaisse de sa projection horizontale une perpendiculaire sur l'axe, et, à partir du pied de cette perpendiculaire, on prend une longueur égale à l'hypoténuse d'un triangle rectangle ayant pour côtés la hauteur verticale et la distance horizontale du point relativement à l'axe.*

Exemple. Soit l'axe $(fc, f'c')$ situé sur le plan horizontal et

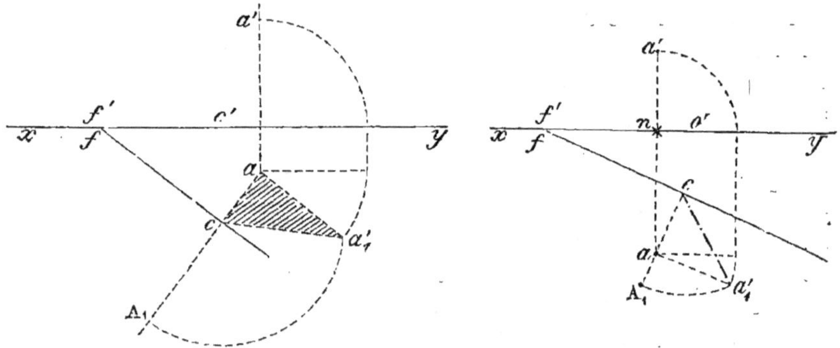

le point (a, a'). Abaissons la perpendiculaire ac; sur une parallèle à l'axe, prenons $aa'_1 = na'$; ca'_1 est l'hypoténuse cherchée, il suffit de porter sa longueur de c en A_1.

109. *Remarques.* I. Lorsque le rabattement doit avoir lieu au-

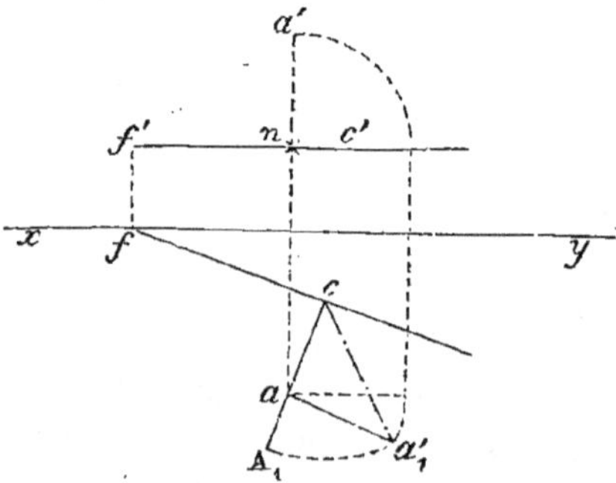

tour d'une horizontale quelconque FC, on procède comme ci-dessus; il suffit, en effet, de considérer $f'c'$ comme ligne de terre; mais dans la recherche des traces des droites, on ne tient pas compte de l'espace plan compris entre xy et $f'c'$.

II. Lorsque le plan des points à rabattre est perpendiculaire à l'un des plans de projection, la construction se simplifie : sur des perpendiculaires à la trace ab, il faut prendre $aA_1 = ma'$, $bB_1 = nb'$.

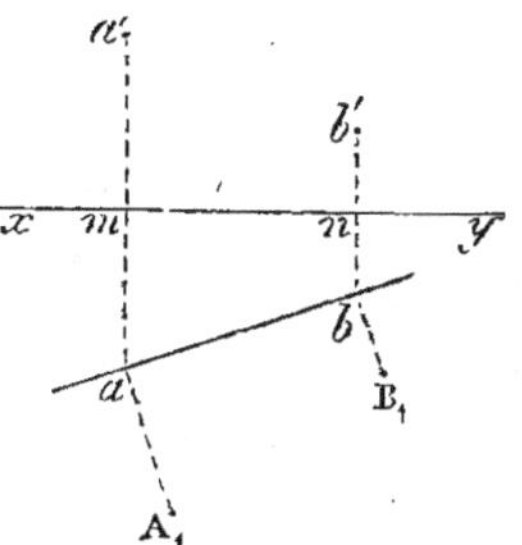

Ce cas s'est présenté dans la recherche de la vraie grandeur d'une droite [nᵒ 69].

Problème.

110. *Dans le rabattement d'un plan autour de l'une de ses horizontales, déterminer la nouvelle position d'une droite quelconque de ce plan.*

Soit à rabattre le plan déterminé par la droite $(ab, a'b')$, et par l'horizontale $(cf, c'f')$. Rabattre une droite, revient à déterminer la nouvelle position de deux de ses points; lorsqu'elle rencontre l'axe dans les limites de l'épure, il suffit de déterminer le rabattement A_1 d'un seul de ses points, en prenant $aa'_1 = na'$; car b, b' étant placé sur l'axe ne change pas.

Pour avoir le point D_1 qui correspond à (d, d'), il suffit de mener dD_1 parallèle à cA_1.

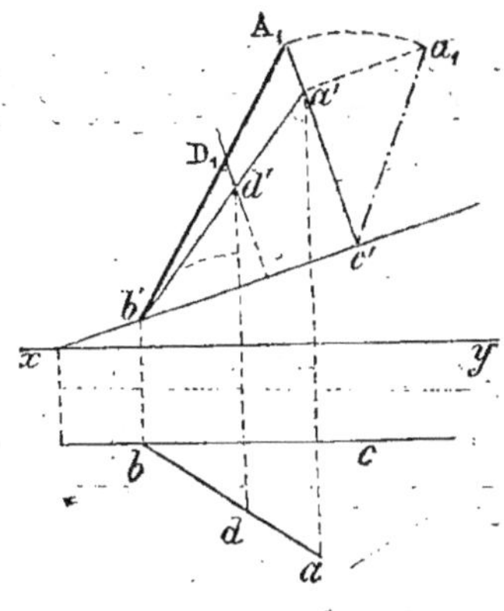

Remarque. On procède d'une manière analogue lorsqu'on rabat le plan ABC à l'aide d'une parallèle $(bc, b'c')$ au plan vertical.

Problème.

111. *Relever un plan rabattu, ainsi que des points situés dans ce plan.*

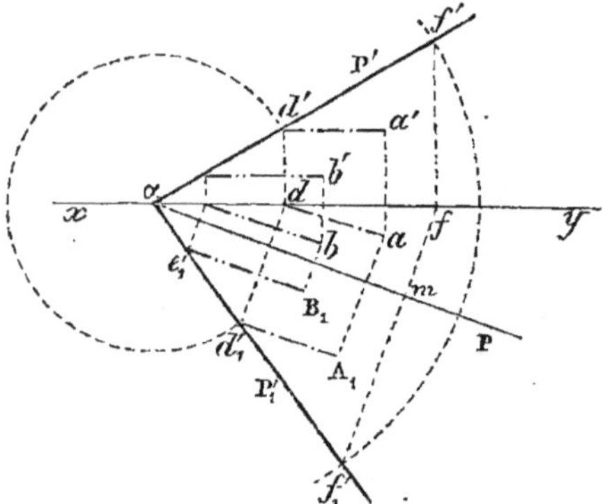

Soit PαP$'_1$ le plan rabattu et A$_1$, B$_1$, etc.; des points de ce plan, menons les horizontales A$_1d'_1$, B$_1c'_1$ et relevons ces lignes.

1º Pour avoir la trace verticale du plan, abaissons une perpendiculaire f'_1mf sur αP; et du centre α avec le rayon $\alpha f'_1$ coupons en f' la perpendiculaire menée à xy par le point f;

2º Pour relever les horizontales, A$_1d'_1$, par exemple, on abaisse du point d'_1 une perpendiculaire sur l'axe αP; ainsi d'_1 fait connaître d sur xy; la parallèle à αP menée par d, et la perpendiculaire menée par A$_1$ déterminent la projection horizontale a; d fait connaître d', d'ailleurs $\alpha d' = \alpha d'_1$, puis la parallèle $d'a'$ à xy et la perpendiculaire aa' déterminent la projection verticale.

Remarque. Pour relever f'_1 on peut faire les opérations inverses du nº 104.

Problème.

112. *La projection horizontale et le rabattement d'un point étant donnés ainsi que l'axe, déterminer la projection verticale de ce point.*

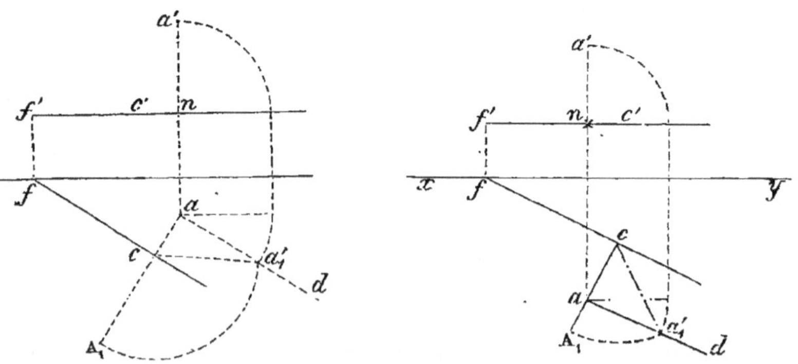

Il faut que les données a et A$_1$ soient sur une même perpendiculaire à l'axe fc [n° 107]; on élève une perpendiculaire ad; du centre c, on la coupe par un arc $A_1 a'_1$, la grandeur aa'_1 est la *hauteur verticale* du point A au-dessus de l'axe; on porte donc aa'_1 de n en a'.

Problème.

113. *D'un point donné, mener une droite qui en rencontre une autre sous un angle donné.*

Soient AB et C la droite et le point donnés. Par (c, c') menons l'horizontale qui rencontre AB. Pour cela, il suffit de prendre $c'b'$ parallèle à xy et de joindre cb [n° 47, 2°]. Rabattons le plan ABC à l'aide de CB; (a, a') devient A_1 [n° 108]. Par le point c menons une droite CD_1 faisant avec bA_1 l'angle donné m, et relevons le point D_1. La droite $(cd, c'd')$ satisfait à la question. Il y aurait une seconde solution donnée par cE_1.

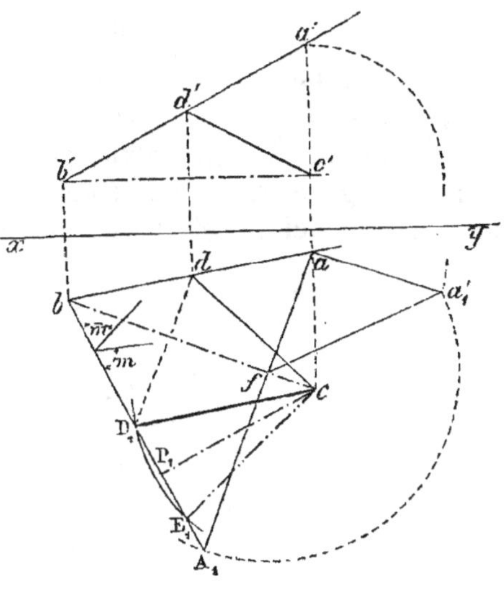

Remarque. cP_1 est la distance du point à la droite donnée. [Voir n° 78.]

Problème.

114. *Trouver la distance d'un point à un plan donné par deux droites.*

Soient les droites BC, BD et le point A donnés. Menons une horizontale du plan en prenant $c'd'$ parallèle à xy. Par le point A menons un plan perpendiculaire au plan CBD et au plan horizontal [n° 67], sa trace aef doit être perpendiculaire à l'horizontale cd; on peut considérer ce plan comme étant le plan projetant

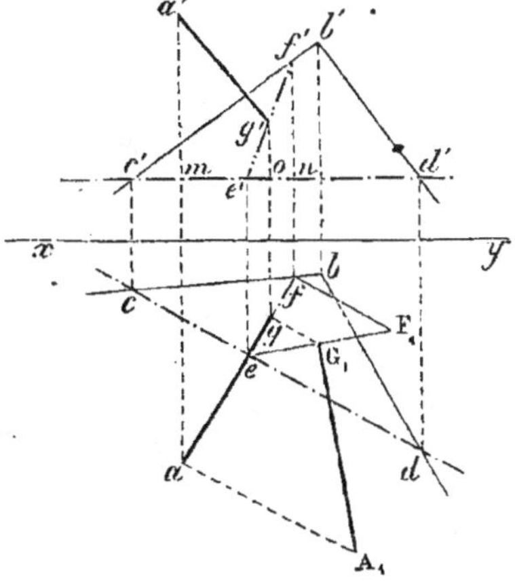

de la droite mesurant la distance cherchée; il coupe l'horizontale CD au point (e, e'), et la ligne CB au point (f, f'); rabattons-le vers la droite, il faut prendre $fF_1 = nf'$, eF_1 est l'intersection du plan donné et du plan perpendiculaire; dans le rabattement le point donné vient en A_1, à une distance $aA_1 = ma'$; la perpendiculaire A_1G_1 abaissée sur eF_1 est la distance cherchée.

Si l'on demande les projections de la perpendiculaire, on détermine g, puis g'; d'ailleurs og' doit égaler gG_1.

Remarque.

115. A l'aide des rabattements, toute question de géométrie plane peut être résolue dans un plan placé d'une manière quelconque par rapport aux plans de projection; car il suffit de rabattre la figure, faire les constructions indiquées par les éléments de géométrie, et relever les points obtenus.

CHAPITRE IV

DES ANGLES

---

§ I. — ANGLES DES DROITES ET DES PLANS

Problème.

116. *Déterminer la vraie grandeur des angles formés par une droite avec chaque plan de projection.*

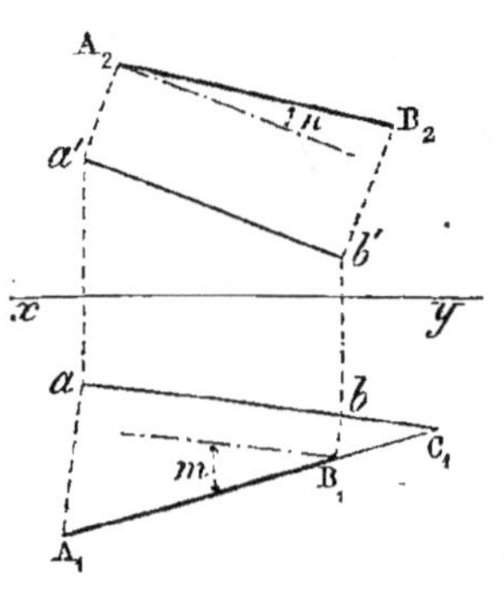

Soit la droite $(ab, a'b')$.

1er *Moyen.* Rabattons la droite sur le plan horizontal en A_1B_1 [n° 109, II]; par le point B_1 menons une parallèle à ab; m est l'angle que la droite forme avec le plan horizontal, car il égale l'angle que ABC forme avec sa projection horizontale abc. [Voir aussi n° 70.]

En rabattant la droite sur le plan vertical, on obtient l'angle n qu'elle forme avec ce plan vertical.

2e Moyen. Rendons la droite parallèle au plan vertical, soit $(ab_1, a'b'_1)$ cette nouvelle position; m est l'angle qu'elle forme avec le plan horizontal, car cet angle se projette en vraie grandeur sur le plan V. [Voir n° 72.]

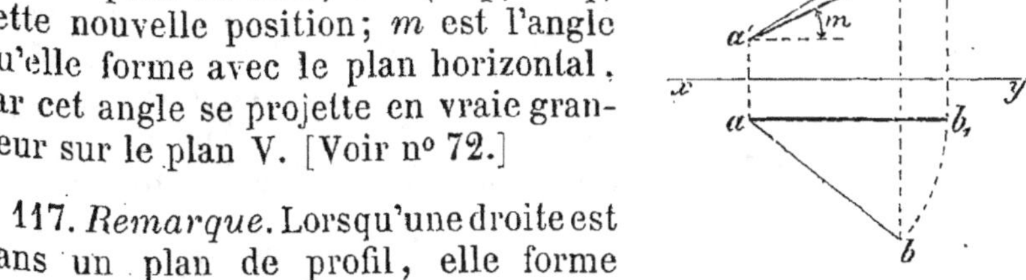

117. *Remarque.* Lorsqu'une droite est dans un plan de profil, elle forme avec ses projections un triangle rectangle; donc la somme des angles m et n qu'elle fait avec les plans de projection égale un droit; dans tous les autres cas, la somme des angles m et n est $< 90°$; en effet $m + p = 90°$, car le triangle abb' est rectangle en b; mais l'angle formé par une droite avec sa projection est le plus petit angle que cette droite puisse former avec une autre ligne droite menée par son pied dans le plan [*Géométrie*, 340]; donc $n < p$, et par suite $m + n < 90°$.

Problème.

118. *Trouver la vraie grandeur de l'angle de deux droites.*

Lorsque les droites données ne sont pas situées dans un même plan, on nomme *angle de deux lignes* l'angle formé par l'une d'elles et par la parallèle à la seconde menée par un point quelconque de la première; il suffit de considérer des lignes concourantes.

1er Moyen. Soient les droites AB et AC; on mène une horizontale BC du plan des deux droites, et l'on rabat le point d'intersection (a, a') autour de cette horizontale. Pour cela, il suffit de déterminer A_1 [n° 108], car $(bc, b'c')$ ne change point, et de joindre A_1 aux points b et c; bA_1c est l'angle demandé.

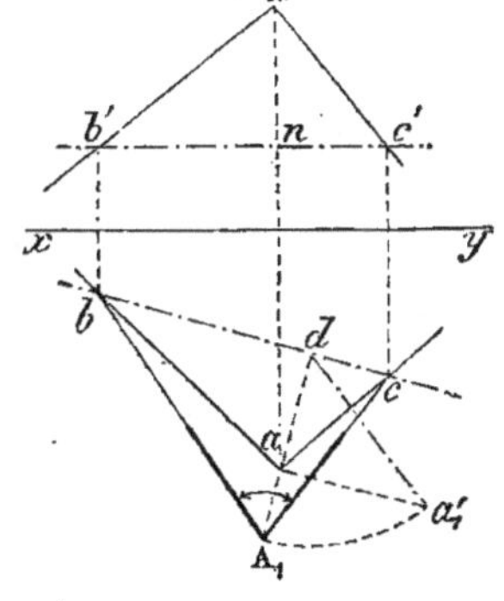

Remarque. On emploie autant que possible la droite qui joint les traces de même nom des lignes données, par exemple, la ligne qui passe par les traces horizontales.

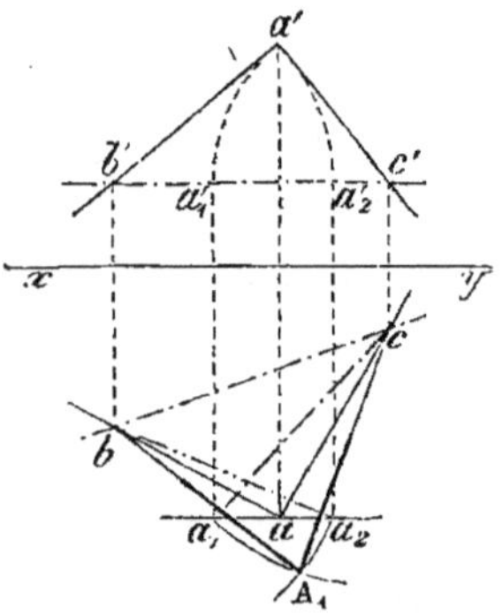

119. 2° *Moyen.* On cherche directement la vraie grandeur des côtés AB, AC, on peut les amener à être parallèles au plan horizontal. AB devient $(ba_2, b'a'_2)$, etc., et du centre b avec le rayon ba_2 on coupe l'arc décrit du centre c avec le rayon ca_1; A_1 est l'angle cherché.

Vérification. La droite aA_1 doit être perpendiculaire à bc.

120. Cas particulier. *Une des droites* $(ac, a'c')$ *est horizontale.*

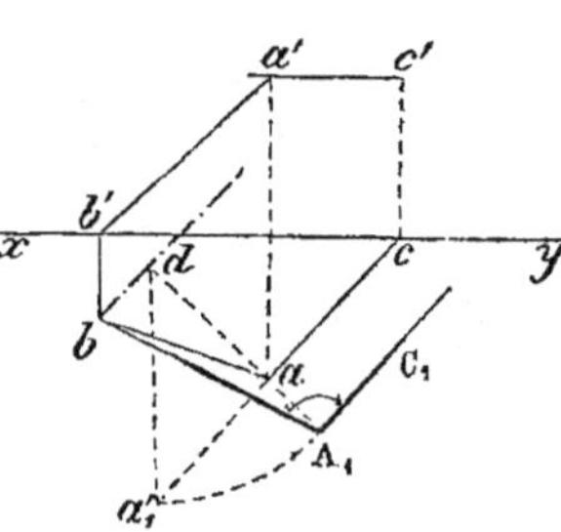

1er *Moyen.* Par la trace horizontale b, menons une parallèle bd à ac; la ligne bd sera contenue dans le plan horizontal; à l'aide de cette droite rabattons le point (a, a'), puis par A_1 menons A_1C_1 parallèle à ac, car l'horizontale reste parallèle à elle-même dans le mouvement de rotation autour de bd; l'angle bA_1C_1 est l'angle demandé.

2e *Moyen.* On peut opérer le rabattement du plan des droites à l'aide de l'horizontale donnée [n° 109].

Problème.

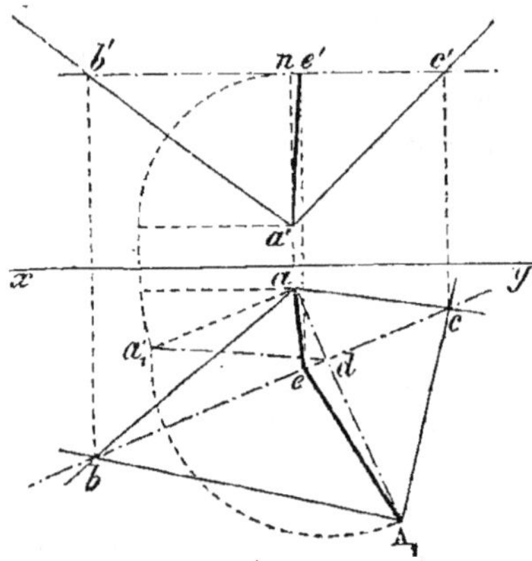

121. *Déterminer la bissectrice de l'angle de deux droites.*

Soient les droites AB, AC qui deviennent bA_1, cA_1, après le rabattement; l'angle A_1 étant en vraie grandeur, menons la bissectrice A_1e; le point e, appartenant à l'horizontale BC, fait connaître e'; la bissectrice a pour projections ae et $a'e'$.

Problème.

122. *Déterminer l'angle d'une droite et d'un plan.*

L'angle d'une droite et d'un plan est l'angle formé par cette

droite et sa projection sur ce plan ;
cet angle est le complément de celui
que forme la ligne donnée avec la perpendiculaire au plan, on se borne à
chercher directement ce dernier.

Soient AB et P la droite et le plan
donnés ; d'un point quelconque A de
la droite, abaissons la perpendiculaire
AC sur le plan PαP' [n° 63] ; pour avoir
l'angle des deux droites AB, AC, menons l'horizontale BC et rabattons le
point (a, a'), m est l'angle des deux
lignes, et son complément n ou cA_1E_1
est l'angle de la droite et du plan.

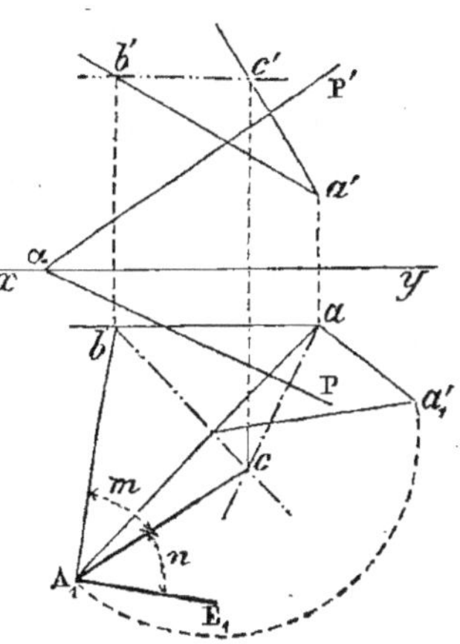

Problème.

123. *Déterminer l'angle des traces d'un plan.*

Il suffit de prendre un point (a, a') sur la trace verticale du
plan et de le rabattre en A_1 [n° 104] ; m est l'angle demandé.

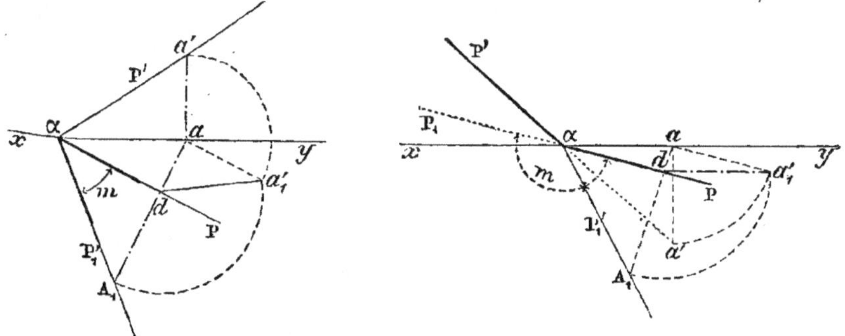

Remarque. Lorsque les traces rabattues du plan forment un
angle obtus, l'angle obtenu PαP'$_1$ est l'angle formé par $\alpha a'$ et
αP ; dans l'exemple donné, cet angle se trouve dans le quatrième
dièdre. La partie plane située dans le premier dièdre correspond
à l'angle obtus supplémentaire P$_1\alpha$P'$_1$.

Problème.

124. *Déterminer l'angle qu'un plan donné forme avec chaque
plan de projection.*

1° Lorsque le plan est perpendiculaire à l'un des plans, au

plan vertical, par exemple, l'angle que forme sa trace verticale avec la ligne de terre est l'angle que le plan forme avec le plan horizontal ; et quand il est perpendiculaire au plan horizontal, sa trace horizontale indique l'angle qu'il forme avec le plan vertical. [N° 30, 5°.]

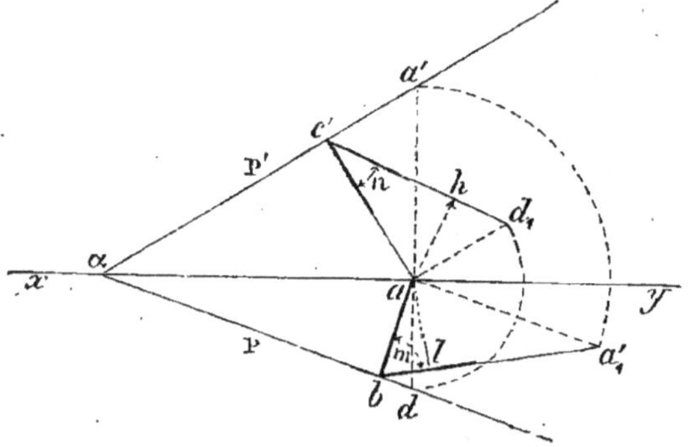

2° Soit P un plan quelconque ; menons un plan vertical perpendiculaire au plan donné, et par suite à la trace αP [n° 67], et rabattons-le sur le plan H ; aa' devient aa'_1 [n° 104] par rapport à la droite ab perpendiculaire à αP.

Le plan mené étant perpendiculaire à l'arète αP du dièdre formé par le plan P avec le plan horizontal, aba'_1 ou m est l'angle cherché. De même n est l'angle du plan P avec le plan vertical.

125. *Remarques.* I. On peut donner aux constructions une disposition qui facilite la résolution du problème inverse.

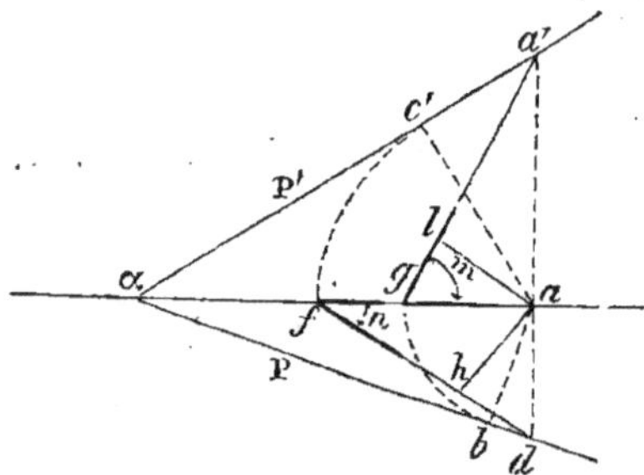

da' est perpendiculaire à xy, or au n° 124 l'angle m est donné par la construction d'un triangle rectangle ayant pour côtés de l'angle droit aa' et ab ; portons ab sur xy et l'angle $aga' = m$; de même portant ac' de a en f, on a $afd = n$.

Les perpendiculaires al, ah sont égales, car chacune d'elles indique la distance du point a de xy au plan donné PαP'.

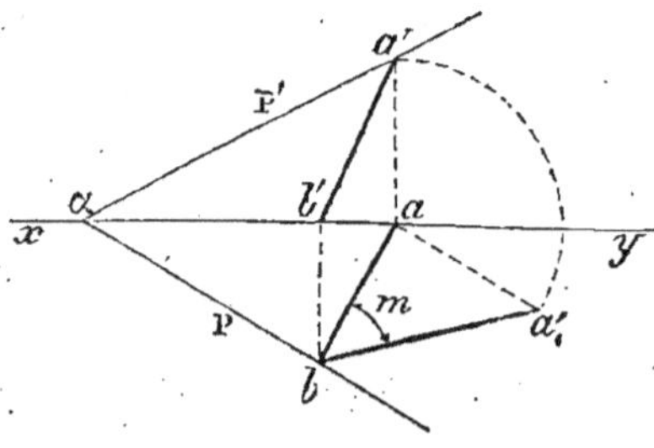

II. La droite AB, dont la projection horizontale ab est perpendiculaire à αP, est elle-même perpendiculaire à cette trace horizontale ; en vertu du théorème des trois perpendiculaires, cette ligne AB est la ligne de *plus grande pente* du plan P par rapport au plan horizontal, car toute autre ligne de PαP′ fait avec H un angle plus petit que m. [*Géométrie*, 343.] La ligne de plus grande pente suffit pour caractériser un plan ; car par le point b on peut mener αP perpendiculaire à ab, puis joindre α à la projection a'.

III. Lorsque deux plans non perpendiculaires se coupent, ils forment entre eux un angle aigu et un angle obtus supplémentaires ; l'angle aigu est l'angle qui mesure l'inclinaison des deux plans, par suite on a toujours [n° 124] $m+n<180°$; et lorsque le plan donné ne doit être perpendiculaire ni au plan V ni au plan H, on a $m<90°$, $n<90°$; d'ailleurs on doit avoir $m+n+90°>180°$, car les trois dièdres d'un trièdre ont une somme plus grande que deux angles droits ; donc il faut $m+n>90°$, sauf le cas où le plan est parallèle à la ligne de terre.

Problème.

126. *Déterminer l'angle dièdre de deux plans quelconques.*

1ᵉʳ *Moyen.* D'un point quelconque on peut abaisser une perpendiculaire sur chaque plan, l'angle des deux perpendiculaires est le supplément de l'angle demandé. [*Géométrie*, n° 331.]

2ᵉ *Moyen.* On mène un plan perpendiculaire à l'arête du dièdre, et les deux faces sont coupées suivant les droites qui forment l'angle plan cherché.

Soient AE, AB, AF les trois arêtes d'un trièdre coupées par un plan EMF perpendiculaire à l'arête AB, et soit Ab la projection de AB sur la face EAF.

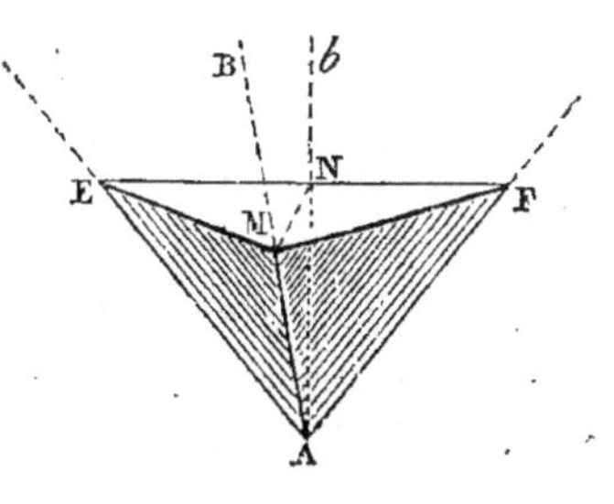

1° AB étant perpendiculaire au plan EMF, sa projection Ab est perpendiculaire à la trace EF de ce plan. [N° 32.]

2° La droite NM située dans le plan projetant MAN et dans le plan EMF, est à la fois perpendiculaire à AM et à EF ; en effet, AM perpendiculaire au plan EMF, l'est par suite à MN ; EF perpendiculaire à Ab, l'est au plan projetant ANM et par suite à NM.

3° Les droites EM, MF sont perpendiculaires à AM.

Pour construire le triangle EMF, on pourrait déterminer les longueurs des perpendiculaires EM, MF, mais généralement on détermine la hauteur MN.

2*

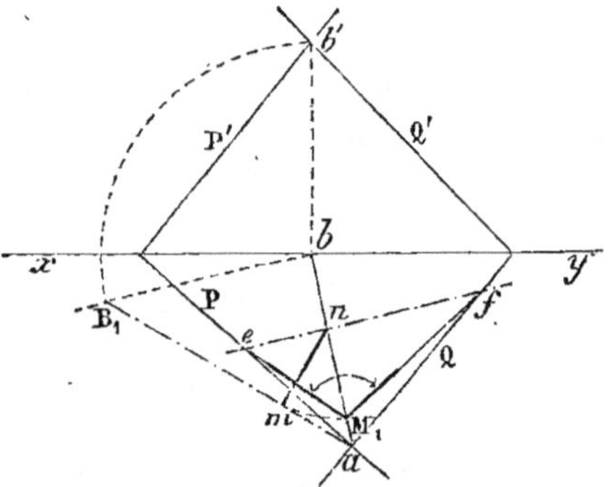

Épure. Soient P et Q les plans donnés, *ab* la projection horizontale de leur intersection, et *ef* une perpendiculaire quelconque à cette ligne; du point *n* il faut abaisser une perpendiculaire *nm* sur l'intersection rabattue en $a\text{B}_1$; cette ligne *mn* est la hauteur du triangle dont *ef* est la base; on porte *mn* de *n* en M_1 afin d'obtenir le rabattement $e\text{M}_1f$ du triangle; M_1 est l'angle demandé.

127. Cas particulier. 1° *Les deux plans ont deux traces de même nom parallèles.*

Coupons les plans donnés par un plan *cdaa′* perpendiculaire à leurs traces parallèles et par suite à leur intersection AE; les traces des plans P et Q sur le plan auxiliaire rabattu font connaître l'angle demandé *ced*.

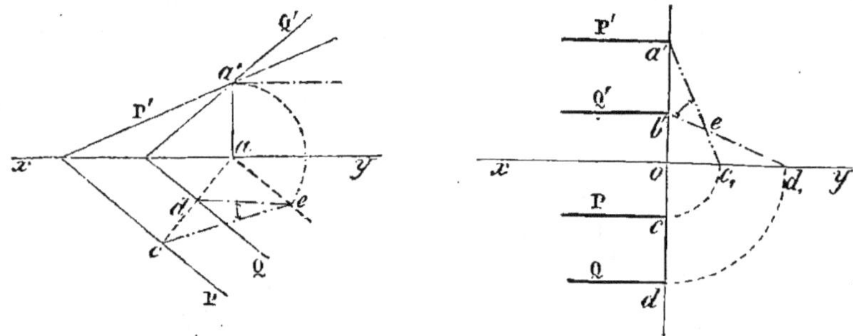

2° *Les plans sont parallèles à la ligne de terre.*

Sur un plan de profil les plans se coupent suivant $a′c_1$, $b′d_1$; donc *a′eb′* est l'angle demandé.

Problème.

128. *Par un point donné mener une droite qui fasse des angles donnés avec chaque plan de projection.*

Soit $(c, c′)$ le point donné; *m* et *n* l'angle formé par la droite avec le plan horizontal et le plan vertical, et tels qu'on ait $m+n<90^\circ$ [n° 117]; il suffit de trouver les projections *ab*, *a′b′* d'une ligne droite formant les angles voulus et de mener par $(c, c′)$ une parallèle CD à AB.

Soit donc le problème résolu et AB la ligne cherchée; pour avoir l'angle m qu'elle forme avec le plan horizontal, il faut amener a en a_1, on trouve ainsi l'angle ba_1b'; et $b'a_1$ est la vraie grandeur de la droite [n° 71]. Or la projection verticale inconnue $a'b'$, l'éloignement aa' du point A et la vraie grandeur de AB,

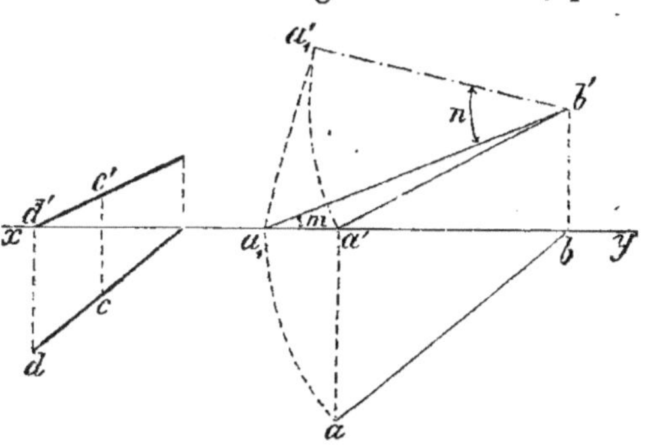

forment un triangle rectangle ayant n pour angle adjacent à la projection verticale; donc, connaissant la vraie grandeur $b'a_1$ et l'angle n que la droite forme avec le plan vertical, on peut construire ce triangle et déterminer la projection inconnue. De cette remarque on déduit la construction suivante : Par un point (b,b') pris sur le plan vertical, menons $b'a_1$ faisant avec xy l'angle m; puis sur a_1b' au point b', formons l'angle n, abaissons la perpendiculaire $a_1a'_1$; $b'a'_1$ est la longueur de la projection verticale; donc du centre b' avec le rayon $b'a'_1$ coupons xy en a'. élevons une perpendiculaire $a'a$ jusqu'à la rencontre de l'arc décrit du centre b avec la longueur ba_1 de la projection horizontale pour rayon.

Vérification. La perpendiculaire aa' doit égaler $a_1a'_1$.

Problème.

129. *Par un point donné mener un plan qui rencontre chaque plan de projection suivant des angles donnés* m *et* n.

Résolvons le problème pour un point (a, a') pris sur le plan vertical; puis par le point donné, il suffira de mener un plan parallèle à celui que nous aurons obtenu. Il faut $m < 90°$; $n < 90°$ et $m + n > 90°$. [N° 125, III.]

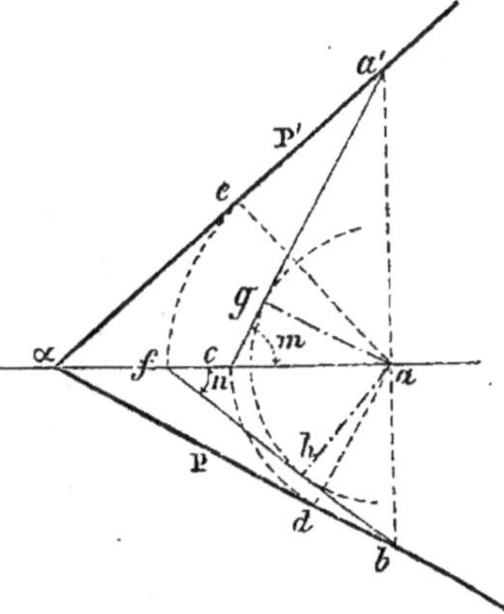

D'après la remarque I [n° 125], par a' menons $a'b$ perpendiculaire à la ligne de terre et $a'c$ formant avec xy l'angle m que le plan P doit former avec le plan horizontal, puis abaissons la perpendiculaire ag, cette ligne est la distance du point a de la ligne de terre au plan cherché [n° 125, I]. Du centre a, avec cette grandeur ag pour rayon, décrivons un arc et menons une tangente hf, faisant avec xy l'angle n que le plan doit former avec le plan vertical ; le point b se trouve déterminé par la tangente fhb et la perpendiculaire $a'ab$. Pour avoir la trace P, il faut mener par b une tangente $b\alpha$ à l'arc décrit avec ac pour rayon , puis mener $\alpha a'$.

Vérification. L'arc décrit avec le rayon af doit être tangent à αP'.

Remarque. La détermination des traces par des tangentes telles que $bd, a'e$ offre peu de précision, mais on peut mener une droite faisant avec chaque plan un angle complémentaire de celui que l'on donne; puis par le point donné mener un plan perpendiculaire à la droite ainsi déterminée.

§ II. — TRIÈDRES *

130. Désignons par a, b, c les faces d'un trièdre [*Géométrie*, 351], par A, B, C les dièdres opposés, par a', b', c' les faces du trièdre supplémentaire, et par A', B', C', les dièdres opposés, on a par définition [*Géométrie*, 348] $a + A' = 2$ droits, etc.

1° Chaque face d'un trièdre est plus petite que la somme des deux autres. [*Géométrie*, 349.]

2° La somme des faces est moindre que quatre droits. [*Géométrie*, 350.]

3° La somme des trois dièdres est comprise entre deux droits et six droits.

4° La différence entre le plus petit dièdre et la somme des deux autres est moindre que deux droits. [*Géométrie*, 352.]

Il y a six cas principaux qu'on peut ramener à trois.

1° a, b, c.   On donne les trois faces.

2° A, b, c.   On connaît deux faces et le dièdre A compris.

3° b, c, C.   On connaît deux faces et le dièdre C opposé à l'une d'elles.

4° a, B, C.   On donne une face et les deux dièdres adjacents.

5° B, C, c.   Id.   deux dièdres et la face opposée à l'un d'eux.

6° A, B, C.   On donne les trois dièdres.

* Ce paragraphe n'appartient pas au programme de l'enseignement secondaire spécial et peut être omis.

Par la considération du trièdre supplémentaire, le sixième cas se ramène au premier, le cinquième au troisième, et le quatrième au second; en effet, pour le quatrième, par exemple, posons $A' = 180 - a$; $b' = 180 - B$; $c' = 180 - C$. Nous aurons à construire un trièdre, connaissant deux faces b', c' et le dièdre compris A'; puis nous déterminerons la face inconnue a', nous en déduirons le dièdre inconnu du quatrième cas en posant $A = 180° - a'$, et de même B', C' du trièdre supplémentaire feront connaître b et c qui ne sont pas directement donnés.

Premier Cas.

131. *Construire un trièdre, connaissant les trois faces, et déterminer les dièdres opposés à chacune d'elles.*

Soient les faces a, b, c réalisant les conditions rappelées et placées consécutivement sur un même plan. Prenons des grandeurs égales SF, SF_1 sur les côtés extrêmes; les points F, F_1 ainsi obtenus sont les rabattements d'un même point de l'espace appartenant à la troisième arête du trièdre, c'est-à-dire à l'intersection des faces a et c.

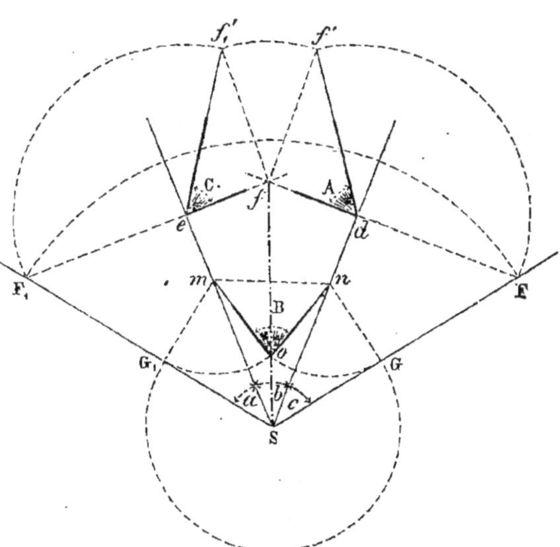

En relevant le plan dSF, le point F décrit un arc de cercle dont le plan est perpendiculaire à l'axe Sd; il en est de même de F_1 par rapport à Se; donc les perpendiculaires abaissées de F et F_1 sur les axes respectifs, déterminent la projection horizontale f du point de l'espace. Pour relever le point F, il suffit de décrire du centre d avec le rayon dF un arc Ff' jusqu'à la rencontre de la ligne ff' parallèle à l'axe Sd [n° 104]; de même par rapport à Se, le point F_1 vient en f'_1. ff' doit égaler ff'_1, puisque c'est le même point relevé par rapport à des axes différents situés dans le même plan. En menant df' et ef'_1 on obtient les dièdres A et C, car en considérant fF comme ligne de terre, on reconnaît que le plan Sdf' est perpendiculaire au second plan de projection; donc [n° 124, 1°] A indique la grandeur du dièdre de cet angle. Pour le troisième dièdre, on pourrait procéder comme au n° 126; mais généralement on détermine la vraie grandeur des côtés du triangle. Pour cela on prend des longueurs égales SG, SG$_1$, puisqu'on veut un même point de l'intersection; les perpendiculaires élevées à l'arête commune, dans chaque face, restent après les rabattements perpendiculaires à l'intersection, donc il faut élever les perpendiculaires Gn, G$_1m$; la droite mn doit être perpendiculaire à la projection Sf de l'arête [n° 126]; du centre n, avec le rayon nG, on coupe l'arc décrit du centre m avec le rayon mG$_1$. L'angle mon mesure le troisième dièdre.

Vérification. Le point o doit se trouver sur Sf.

Deuxième Cas.

132. *Construire un trièdre, connaissant deux faces et le dièdre compris, et déterminer les autres éléments de l'angle solide.*

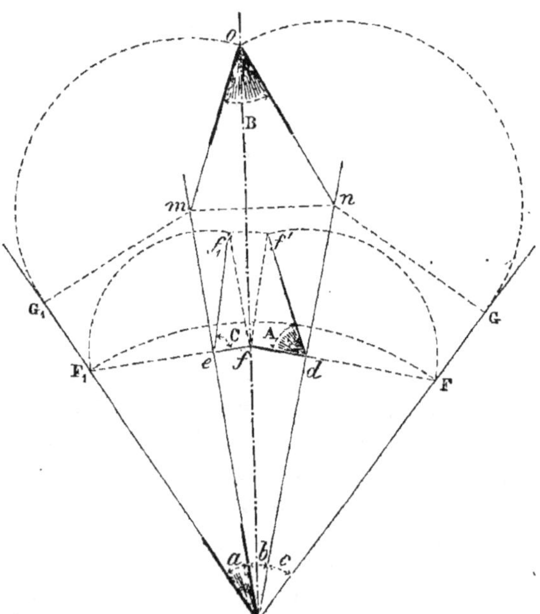

Soient b,c les faces données, et le dièdre A disposé après son rabattement autour d'une perpendiculaire Fd menée à Sd. Du centre d, avec le rayon dF coupons en f' le côté du dièdre donné; par rapport à la ligne de terre fF, f' se projette en f et fait connaître la projection horizontale fS de la troisième arête.

Du point f abaissons une perpendiculaire sur Se, prenons la perpendiculaire ff'_1 égale à ff'', menons ef'_1 et le second dièdre est déterminé; puis portons ef'_1 de e en F$_1$ pour avoir la face a. Les trois faces étant connues, on peut déterminer le dièdre B comme dans le cas précédent, en prenant $SG = SG_1$.

Vérification. SF_1 doit égaler SF.

Troisième Cas.

133. *Construire un trièdre, connaissant deux faces et le dièdre opposé à l'une d'elles.*

Soient les faces b,c et le dièdre C rabattu autour d'une perpendiculaire hd à l'arête Si. Par le point d élevons une perpendiculaire Fdi à l'arête Sd; en prenant cette droite comme ligne de

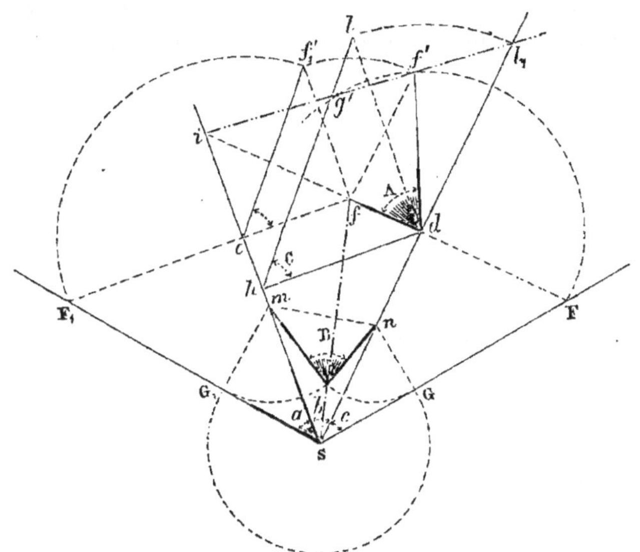

terre, cherchons la trace du plan Shl [n° 90]. La trace horizontale Sh ne change point, i appartient donc à la nouvelle trace verticale; en outre la perpendiculaire dl indique l'élévation d'un point l de l'espace au-dessus du plan horizontal; or, quelle que soit la ligne de terre menée par d, la hauteur ne varie point, donc il faut prendre $dl_1 = dl$, et il_1 est la nouvelle trace verticale du plan Shl. Lorsqu'on relève dSF, le point F décrit dans le plan dil_1 un arc de cercle ayant d pour centre et dF pour rayon; il coupe la trace il_1 en f' et g'; chacun de ces points correspond à un trièdre ayant les données voulues. En se bornant à celui que donne le point f', il faut abaisser la perpendiculaire $f'f$, et l'on retombe sur le cas précédent. fS est la projection de la troisième arête ; du point f on abaisse la perpendiculaire fe, on prend $ff'_1 = ff''$, et $eF_1 = ef'_1$.

Vérifications. ef'_1 doit être parallèle à hl, car les angles e, h, mesurent le même dièdre ; et SF_1 doit égaler SF.

Remarque. Suivant que l'arc Ff' coupe la trace il_1 en deux points, lui est tangent, ou ne la rencontre pas, il y a deux solutions, une seule ou aucune.

Quatrième Cas.

134. *Construire un trièdre, connaissant une face et les deux dièdres adjacents.*

Soient b la face connue, A et C les dièdres adjacents, rabattus suivant des perpendiculaires aux arêtes Sm, Sm'.

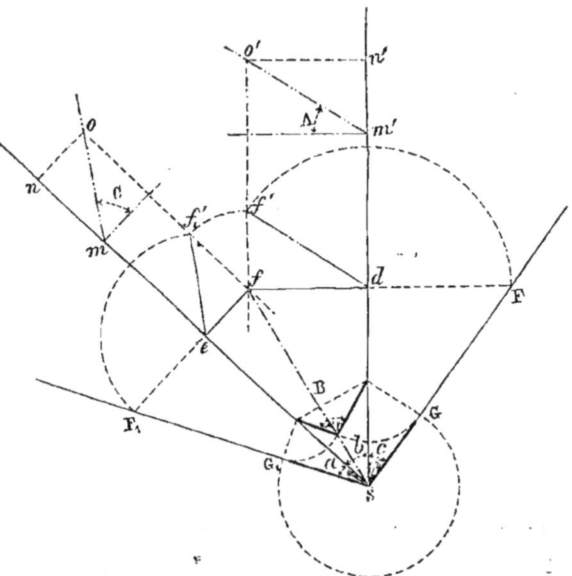

Menons un plan parallèle à celui de la face b ; si mn est la distance de ce plan au plan de projection, le côté supérieur du dièdre C sera rencontré en o ; prenons $m'n' = mn$; le côté de A est rencontré en o'.

Quelle que soit la position des dièdres donnés, les distances no, $n'o'$ ne dépendent que des angles et de la hauteur mn ; donc si par o et o' on mène des parallèles of, $o'f'$ aux deux arêtes, elles déterminent la projection horizontale f d'un point de la troisième arête éloigné de la face b de la longueur mn. Abaissons les perpendiculaires fe, fd, prenons $ff'_1 = ff' = mn$; l'angle $fef'_1 = C$, et l'angle $fdf' = A$; pour avoir les deux faces inconnues il suffit de prendre $dF = df'$; $eF_1 = ef'_1$.

Le troisième dièdre se trouve comme dans les cas précédents.

Remarque. Pour le cinquième cas ainsi que pour le sixième, on peut recourir au trièdre supplémentaire.

Problème.

135. *Réduire un angle à l'horizon.*

Réduire un angle à l'horizon, c'est déterminer le dièdre formé par les plans verticaux menés par les côtés de l'angle donné; en d'autres termes, c'est déterminer l'angle formé par les projections horizontales des côtés de l'angle donné dans l'espace. Cet angle est l'angle au sommet d'un triangle dont deux côtés sont les projections des côtés de l'angle, et la base, la droite qui joint leurs traces horizontales.

Pour réduire un angle à l'horizon, il faut connaître non-seulement l'angle des deux lignes données de l'espace, mais encore l'angle que chacune d'elles forme avec la verticale passant par le sommet.

Prenons pour plan vertical le plan mené par un des côtés de l'angle de l'espace, le côté $a'd$, par exemple; m indique l'angle que ce côté forme avec la verticale; supposons que le plan

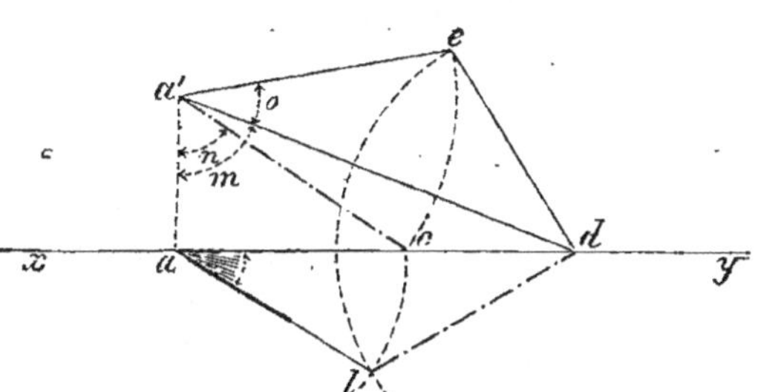

vertical mené par le second côté soit aussi rabattu sur le plan de $a'd$, et que le côté $a'c$ fasse avec aa' l'angle voulu n. En supposant le problème résolu et al la projection du second côté, on reconnaît que ld est la distance des traces horizontales des côtés et appartient à un triangle de l'espace dont on connaît les deux côtés et l'angle compris que l'on doit réduire; on peut donc construire ce triangle et déterminer ld; pour cela faisons l'angle o égal à l'angle donné, prenons $a'e = a'c$, et de est le côté cherché.

Le problème est donc ramené à construire un triangle dont on connaît les trois côtés. Des extrémités a et d avec des rayons respectivement égaux à ac et de, on décrit des arcs qui se coupent en l; l'angle lad est l'angle cherché.

CHAPITRE V

APPLICATIONS

---

§ I. — CIRCONFÉRENCE

Problème.

136. *On donne le centre et le rayon d'une circonférence qui doit être située dans un plan donné, déterminer les projections de cette circonférence.*

La projection d'une circonférence est une ellipse. [*Géométrie*, 524.] Le diamètre parallèle au plan de projection se projetant en vraie grandeur, sera le grand axe de cette ellipse; le petit axe est donné par la projection du diamètre perpendiculaire au premier.

1er Cas. *Le plan donné PαP′ est vertical.*

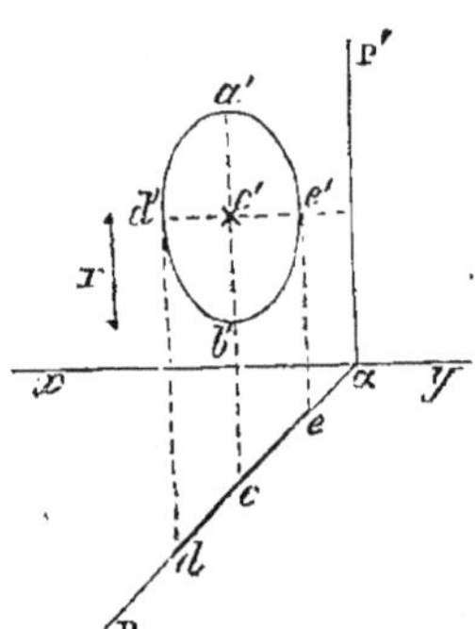

Le plan étant perpendiculaire au plan H, la projection horizontale de la circonférence sera sur αP [n° 31, I]; il faut prendre à partir du point c deux longueurs cd, ce égales au rayon donné; le diamètre de est la projection horizontale cherchée. La projection verticale de ce diamètre est parallèle à xy, et se détermine à l'aide des points d, e. Pour le diamètre vertical, il se projette en vraie grandeur, puisque PαP′ est vertical; donc il faut prendre $c'a' = c'b'$, égal au rayon.

On connaît les axes de l'ellipse, et par suite la courbe peut être construite par points. [*Géométrie*, 527, 532.]

Remarques. I. Pour trouver directement d'autres points de la courbe, on peut rabattre le plan donné sur le plan vertical; pour cela, on rabat le centre (c, c') en C_1, puis on décrit la circonférence C_1A_1. Un point quelconque F_1 a pour projections f et f'.

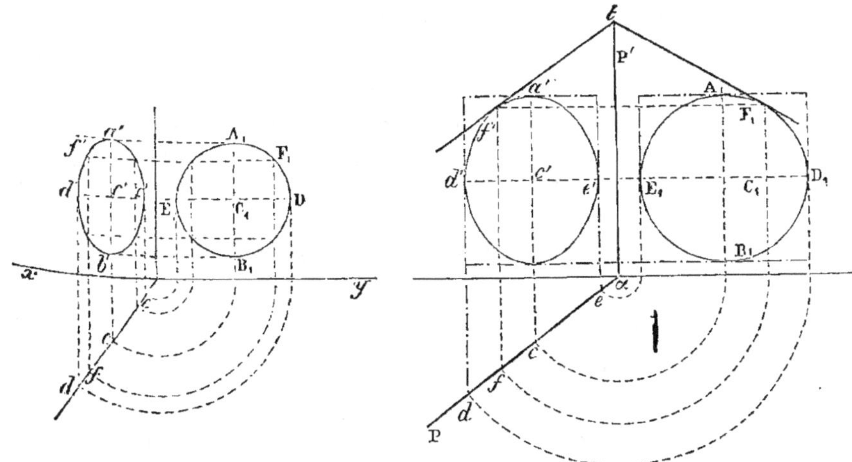

II. Pour tracer une courbe par points, il est surtout utile de connaître quelques tangentes et le point de contact. Dans l'exemple cité, à la circonférence A_1C_1, on peut circonscrire un carré ayant deux côtés parallèles à xy, et l'on obtiendra un rectangle circonscrit à la courbe demandée. Pour avoir la tangente en un point quelconque (f, f'), il faut mener la tangente F_1t et joindre le point t à f'.

137. *Déterminer les projections d'une circonférence dont le plan est quelconque, connaissant le centre et le rayon.*

Le diamètre horizontal se projette en vraie grandeur sur le plan horizontal; menons donc par le centre donné (c, c') l'horizontale $(ce, c'e')$, et prenons $ca = cb = r$; le petit axe est sur la perpendiculaire ij; pour le déterminer, rabattons le plan qui le projette horizontalement; le centre (c, c') se rabat en C_1; donc iC_1

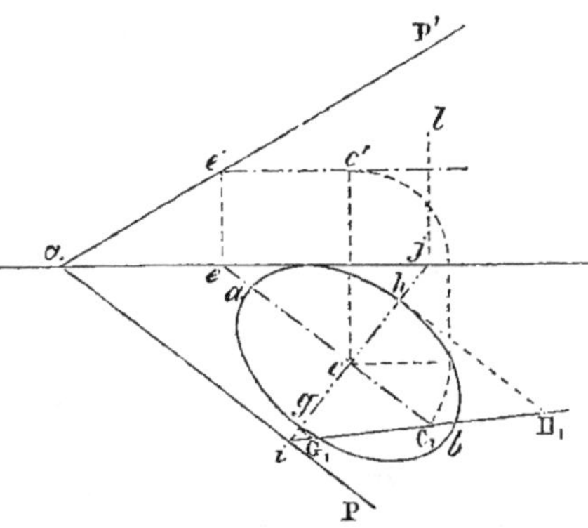

est le rabattement de l'intersection du plan donné et du plan projetant considéré; prenons $C_1G_1 = C_1H_1 = r$, et projetons H_1 et G_1 en h et g.

On procède d'une manière analogue pour le plan vertical.

138. *Déterminer les projections de la circonférence lorsque le plan est donné par deux droites.*

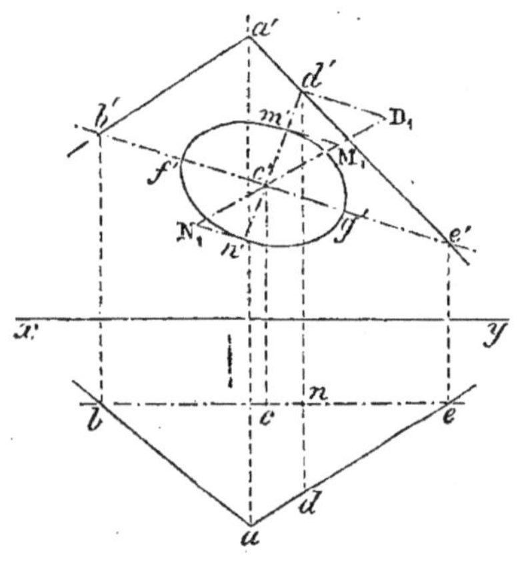

Soient les droites AB et AE, et c la projection horizontale du centre ; déterminons c' à l'aide d'une parallèle au plan vertical ; pour cela, prenons bc parallèle à xy. Le grand axe de la projection verticale sera sur $b'e'$; prenons $c'f' = c'g' = r$.

Le petit axe est sur la perpendiculaire menée à $b'c'$ au point c' ; pour avoir la longueur de ce petit axe, on peut rabattre le plan qui le projette ; pour cela, prenons $d'D_1 = nd$, puis $c'M_1 = c'N_1 = r$; projetons M_1 et N_1 en m' et n'.

Remarque. L'épure est plus simple lorsque le point de con-

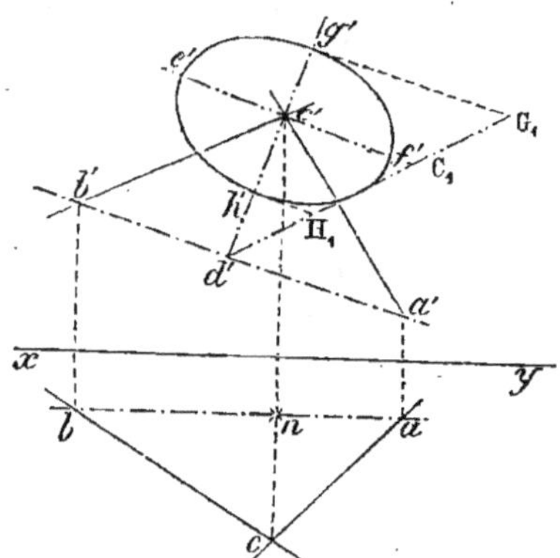

cours des droites données doit être le centre du cercle. On prend $c'C_1 = nc$.

Problème.

139. *Par trois points donnés, non en ligne droite, faire passer une circonférence.*

Soient A, B, C les points donnés ; faisons passer un plan P par ces points au moyen des lignes qui joindraient l'un d'eux à chacun des autres [n° 50] ; rabattons ce plan sur le plan horizontal ainsi que les points qu'il contient [106], faisons passer une circonférence par $A_1B_1C_1$; on peut déterminer d et d' au moyen d'une horizontale D_1F_1.

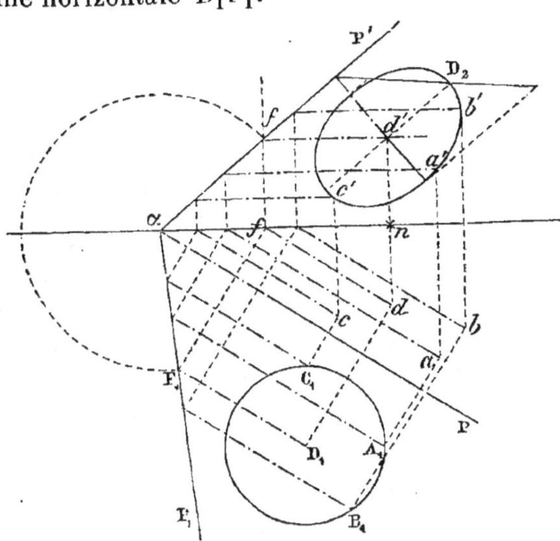

On relèverait de la même manière un nombre quelconque de points, mais il est préférable de déterminer les axes ; on a pris $d'D_2 = nd$.

Problème.

140. *Déterminer les côtés et les angles d'un triangle (abc, a'b'c').*

Par c' menons une parallèle à xy, afin d'avoir une horizontale du plan de ce triangle ; soit $(ce, c'e')$ cette ligne, rabattons la figure en $A_1B_1C_1$, ce qui donnera la longueur des côtés et celle des angles. Si l'on veut inscrire une circonférence, on mène les bissectrices, etc.

Pour relever le centre, on peut employer ces mêmes bissectrices, puis déterminer les axes de chaque projection ; il convient aussi de déterminer les projections des points de contact.

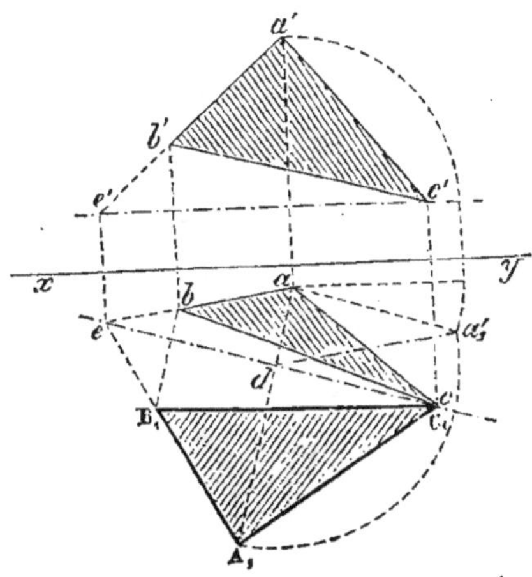

3

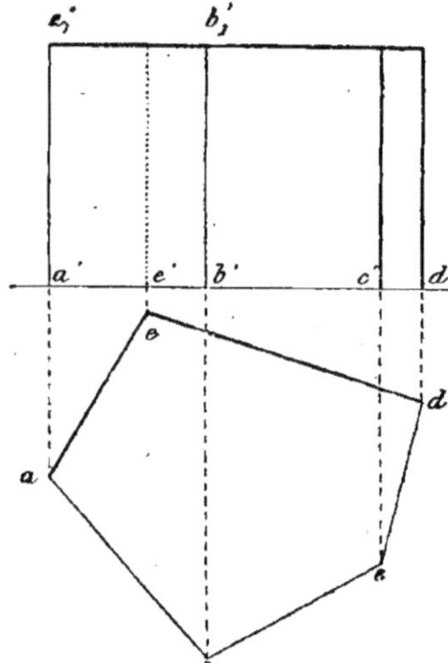

§ II. — REPRÉSENTATION DES CORPS

Problème.

141. *Dessiner un prisme droit ayant la base sur le plan horizontal.*

Le prisme étant droit et la base sur le plan horizontal, les arêtes latérales sont verticales, les deux bases du prisme ont même projection horizontale; donc il faut tracer la base *abcde*, abaisser de chaque sommet une perpendiculaire sur xy, et prendre $a'a'_1 = b'b'_1$ égale à la hauteur donnée.

Problème.

142. *Représenter un cube placé sur un plan perpendiculaire au plan vertical.*

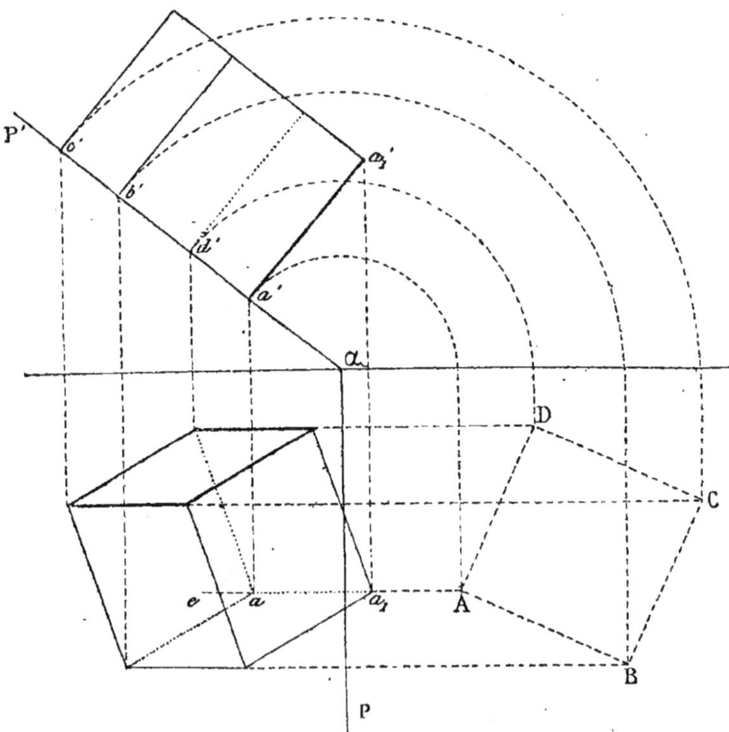

Soit le plan donné PαP'; sur ce plan rabattu vers la droite, la base du cube sera en vraie grandeur ABCD. En remontant le plan dans sa première position PαP′, A donne a', et l'arête perpendiculaire à la base au point A se projette sur la ligne Ac perpendiculaire à la trace αP; d'ailleurs, sur le plan vertical, cette arête est perpendiculaire à αP′ et se projette en vraie grandeur; donc il faut prendre $a'a'_1 = AB$, et projeter a' et a'_1 en a et a_1.

On procède de même pour les autres sommets.

Problème.

143. *Tracer les projections d'un prisme droit situé sur un plan quelconque* PαP; *on connaît la hauteur du prisme et la projection horizontale* abc *de sa base.*

A l'aide d'horizontales du plan on détermine $a'b'c'$. Puisque le prisme doit être droit, par c et c' il faut mener des droites respectivement perpendiculaires aux traces P et P′; puis il suffit de prendre le point (d, d') tel que CD égale la hauteur donnée [n° 73]. Pour cela, on procède comme il suit :

Le plan projetant dc étant rabattu sur le plan H, donne le point C et CE, trace du plan projetant sur PαP′; on élève une perpendiculaire CD égale à la hauteur donnée, et l'on mène Dd parallèle à αP.

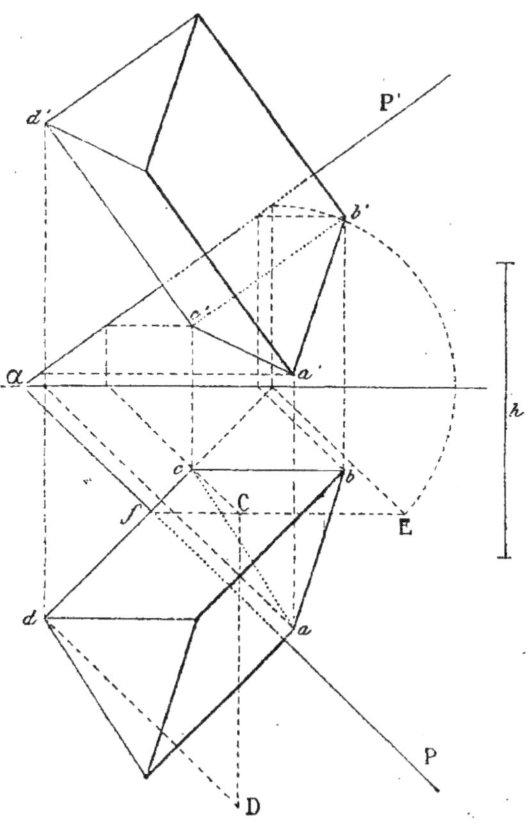

144. *Remarque.* Si l'on donnait le plan PαP′, la base et la hauteur, on tracerait la base en vraie grandeur au-dessous de αP,

en considérant cette région comme le rabattement du plan PαP',
puis, à l'aide de fE ou du rabattement de αP', on relèverait la
base afin d'obtenir ses projections abc, $a'b'c'$ [n° 111].

Problème.

145. *Construire une pyramide triangulaire, connaissant
les six arêtes.*

Sur le plan horizontal traçons le périmètre abc de la base à

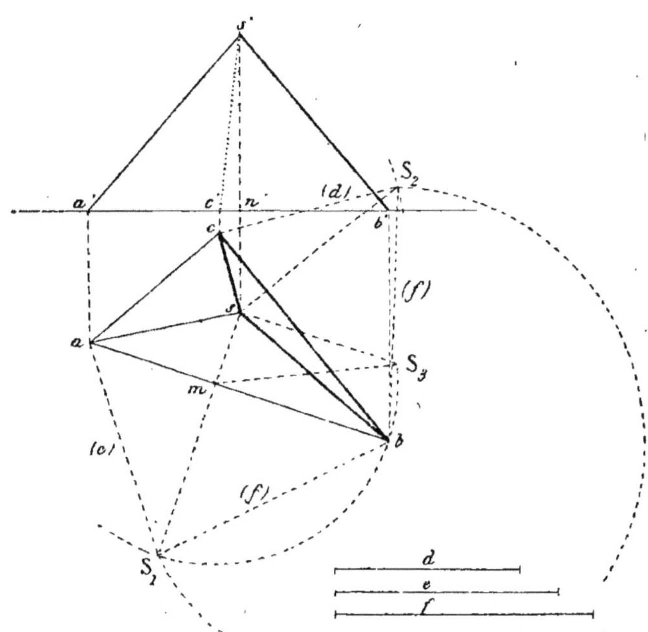

l'aide de trois arêtes consécutives ; soient d, e, f les trois arêtes
latérales.

En rabattant la face (asb, $a's'b'$) sur le plan horizontal, le
sommet S décrit un arc de cercle dont le plan est perpendiculaire à l'axe de rotation ab, et les deux arêtes latérales e, f
viennent se placer en vraie grandeur sur le plan horizontal ; construisons le triangle aS_1b avec e et f ; la perpendiculaire abaissée du sommet S_1 sur ab passe par la projection inconnue s du
sommet ; de même, construisons le triangle cS_2b avec les arêtes
f et d, la projection s sera déterminée par les perpendiculaires
S_1s et S_2s. Pour avoir la hauteur $n's'$, rabattons le triangle rectangle formé par cette hauteur dont ms est un côté de l'angle
droit et dont mS_1 est l'hypoténuse ; du point m comme centre, il
faut couper en S_3 la perpendiculaire sS_3 et porter sS_3 de n' en s'.

146. *Remarque.* Une pyramide est déterminée lorsqu'on connaît sa base et trois arêtes latérales; par exemple, celles qui

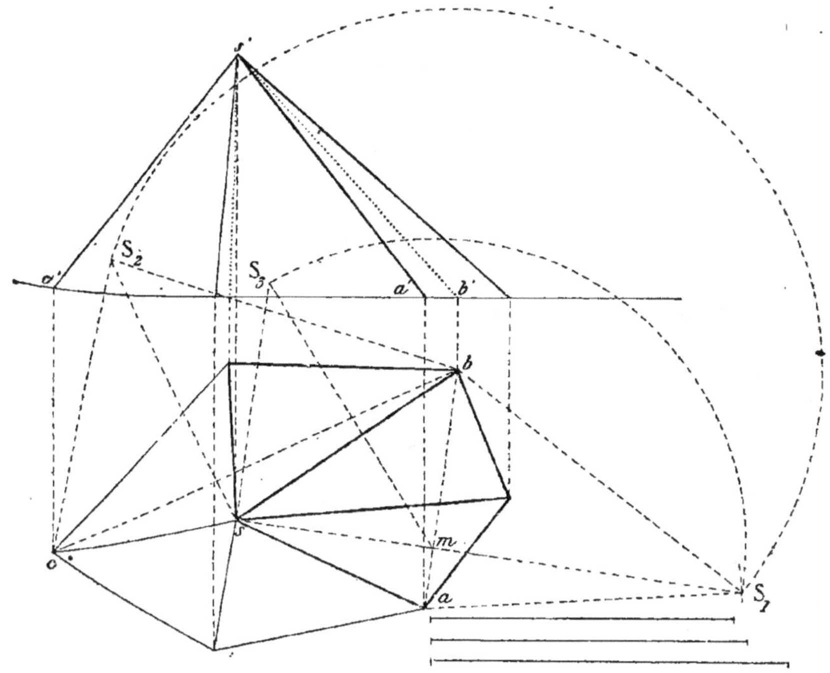

aboutissent à trois sommets donnés, *a*, *b*, *c*; on peut donc déterminer comme précédemment *s* et *s'*, puis joindre ces points aux projections de tous les sommets de la base.

Problème.

147. *Construire un tétraèdre régulier, connaissant l'arête et le plan sur lequel repose ce tétraèdre.*

Soit le plan PαP' sur lequel doit reposer le tétraèdre.

A l'aide du point (*a*, *a'*) rabattons le plan en PαP'$_1$, et traçons un triangle équilatéral BCD ayant le côté donné; en employant des horizontales on détermine les projections *bcd*, *b'c'd'* de cette base [no 111].

Au point E, centre de la base, et sur la bissectrice DE, élevons une perpendiculaire ES telle que DS = DC; la ligne ES est la hauteur du tétraèdre, le point E relevé donne *e*, *e'*. Les projections de la hauteur sont perpendiculaires aux traces du plan [no 37].

En rabattant vers la droite le plan vertical projetant, le point
(e, e') devient E_1; comme précédemment [n°s 143 et 145], il

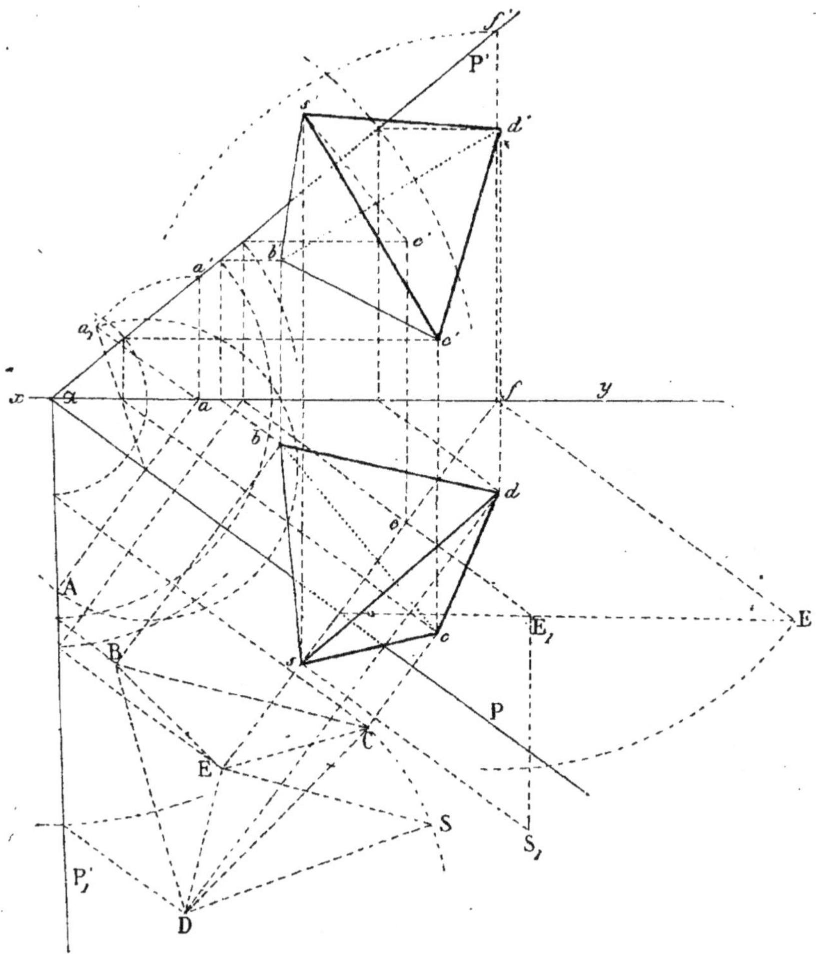

suffit d'élever la perpendiculaire $E_1 S_1 = ES$. Le point S_1 permet de
déterminer s, et par suite s', ce dernier point devant se trouver
sur la perpendiculaire abaissée de e' sur $\alpha P'$.

§ III. — SECTIONS PLANES

148. *Déterminer la section d'un prisme droit par un plan
quelconque.*

Soient le prisme droit $(abcde, a'a'_1)$ et le plan $P\alpha P'$.

Remarquons d'abord que *abcde* est la projection horizontale de l'intersection; le problème est donc ramené à déterminer

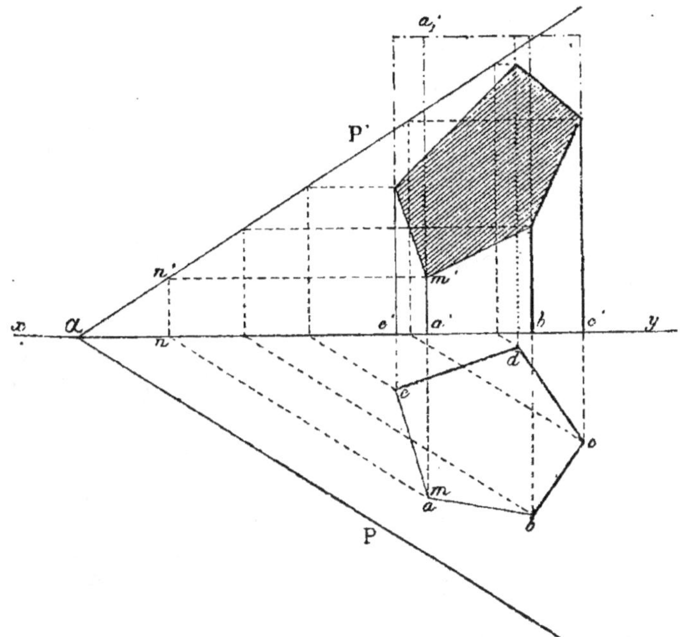

la projection verticale *m′* d'un point d'un plan PαP′, lorsqu'on connaît la projection horizontale *m* de ce point. Il suffit de mener l'horizontale *mn*, *m′n′* du plan, et l'on trouve *m′*.

Remarques. I. On peut considérer l'horizontale (*mn*, *m′n′*) comme l'intersection du plan donné par un plan vertical mené par l'arête (*a*, *a′a′₁*), parallèlement à αP.

II. En rabattant PαP′ sur un des plans de projection, on obtiendrait la vraie grandeur de la section.

Problème.

149. *Déterminer la section d'une pyramide régulière coupée par un plan perpendiculaire au plan vertical.*

Soit le plan PαP′, coupant une pyramide régulière pentagonale.

La projection verticale de la section se trouve sur αP′ [n° 31]. *f′* fait connaître *f*, *j′* fait connaître *j*, etc. Quant à l'arête (*sb*, *s′b′*), il suffit de la rendre parallèle au plan vertical, en la faisant tourner autour de la hauteur [n° 71]; g' détermine g'_1, et par suite g_1; une rotation opposée à la première amène g_1 en g.

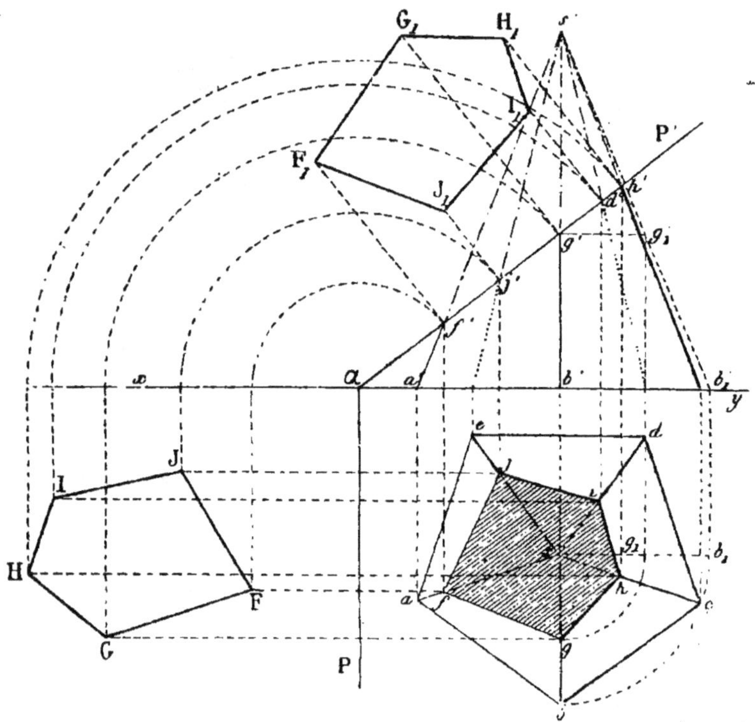

Vraie grandeur de la section. Pour obtenir la vraie grandeur de la section, on peut rabattre le plan $P\alpha P'$ sur un des plans de projection. FGHIJ est le rabattement sur le plan horizontal, $F_1 H_1 J_1$ est le rabattement sur le plan vertical.

Problème.

150. *Déterminer la section d'une pyramide coupée par un plan quelconque.*

1° On peut prendre un nouveau plan de projection perpendiculaire au plan donné, et retomber ainsi dans le cas précédent; 2° parfois on détermine directement le point où chaque arête perce le plan donné; 3° enfin il est possible de déterminer directement l'intersection de chaque face de la pyramide et du plan sécant.

1er *Moyen.* Soient le plan $P\alpha P'$ et la pyramide $(s\,.\,abc,\ s'\,.\,a'b'c')$.

Prenons $x'y'$ perpendiculaire à αP, et déterminons la nouvelle trace $\beta P'_1$ du plan donné, ainsi que la projection $s'_1\,.\,a'_1 b'_1 c'_1$

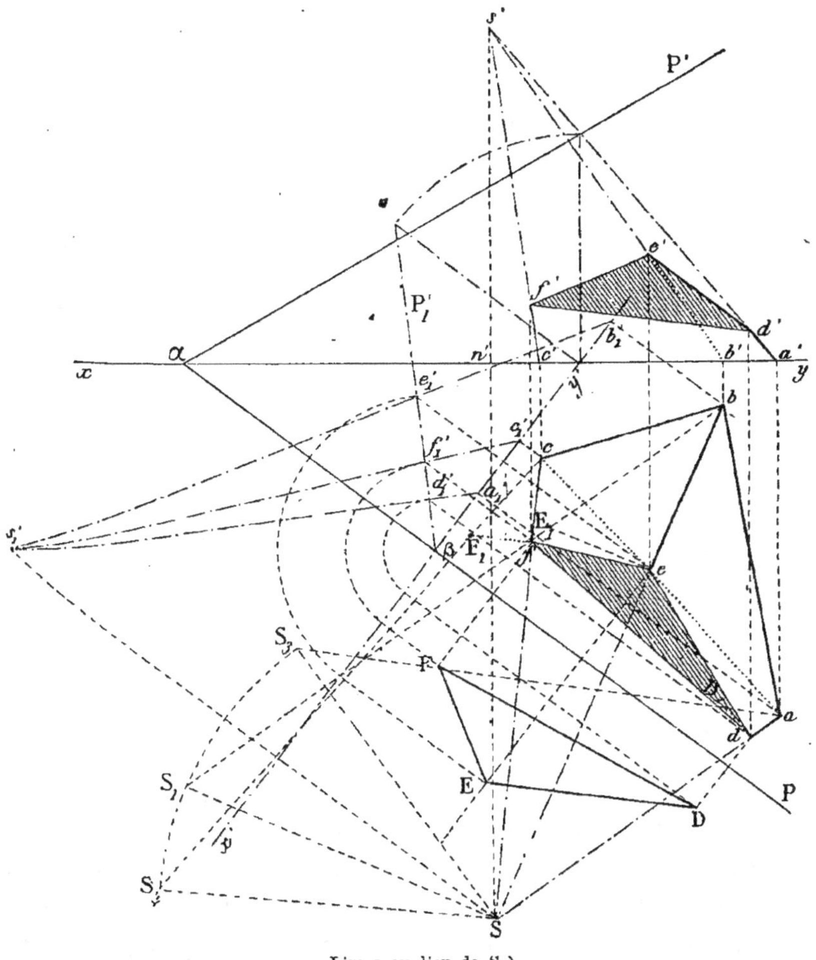

Lire s au lieu de S.)

de la pyramide; nous sommes ramenés au n° 149. d'_1 fait connaître d, et par suite d', etc.; donc la section a pour projection def et $d'e'f'$.

Vraie grandeur de la section. En utilisant le plan vertical auxiliaire, on trouve, par un rabattement sur le plan horizontal, **DEF** pour la vraie grandeur de la section.

151. *Développement.* Il faut d'abord connaître la longueur de chaque arête. Pour trouver celle de $(sb, s'b')$, par exemple, on peut élever la perpendiculaire sS_1 égale à $n's'$ (fig. précédente); on obtient bS_1 pour longueur de l'arête, et bE_1 pour longueur de

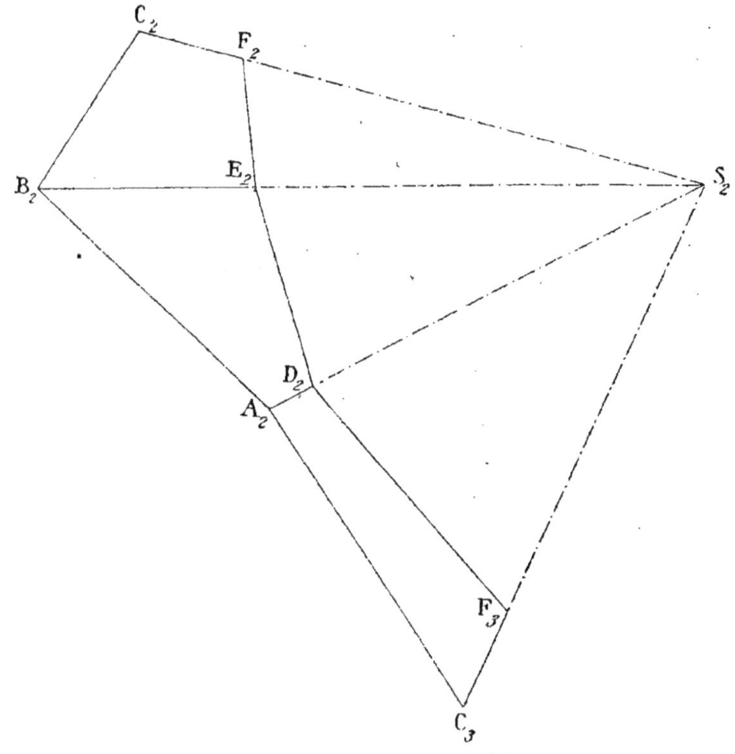

la partie $(be, b'e')$. Puis on construit successivement les faces latérales de la pyramide; ainsi le triangle $S_2C_2B_2$ a pour côtés bS_1, cS_1 et bc; ainsi des autres : $C_2F_2 = cF_1$, $B_2E_2 = bE_1$.

Dans le développement, $S_2F_2E_2D_2F_3$ correspond à la partie de la pyramide comprise entre le sommet et le plan sécant.

152. **2ᵉ** *Moyen.* On peut déterminer directement le point où chaque arête perce le plan donné PαP'.

Pour l'arête $(as, a's')$ considérons le plan projetant sur le plan horizontal; il coupe PαP' suivant $(gh, g'h')$; donc d' est la projection verticale cherchée, et fait connaître d.

Ce moyen est très-simple; mais parfois des lignes telles que

$(sc, s'c')$ et $(mn, m'n')$ se coupent sous un angle trop aigu pour que le point (f, f') soit bien déterminé.

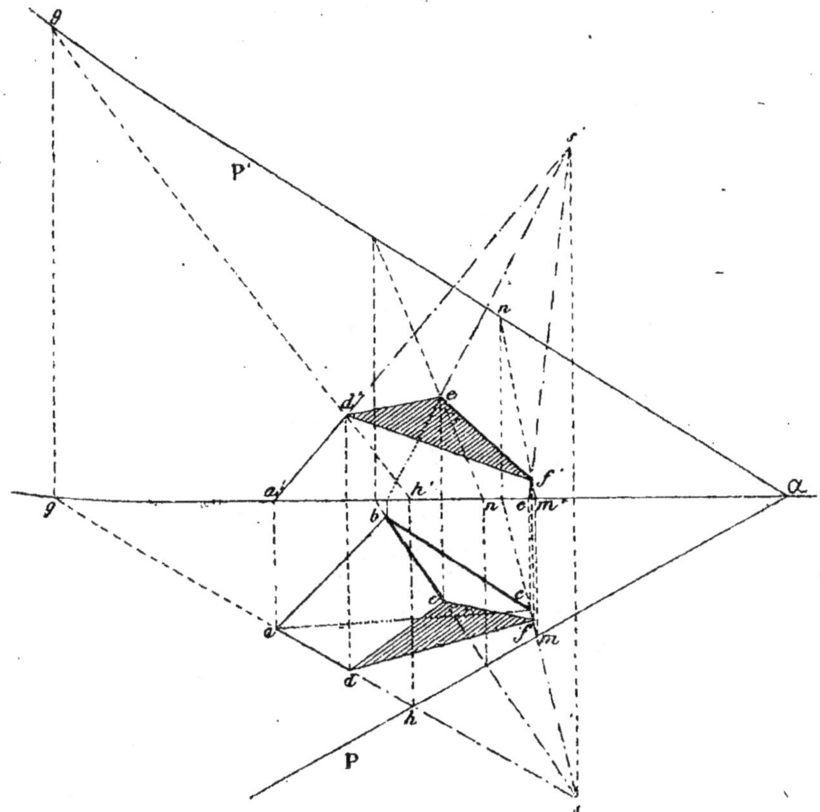

Pour avoir la vraie grandeur de la section, il faudrait rabattre PαP′ sur un des plans de projection.

153. 3e *Moyen, appliqué à une pyramide pentagonale.* Déterminons directement l'intersection de la face SAB et du plan donné.

Les traces horizontales ab et αP se coupent au point f; un plan horizontal auxiliaire donne l'horizontale $(hi, h'i')$ du plan, et coupe l'arête AS au point (g, g'). Il suffit de mener gi parallèle à bf, puisque cette dernière ligne est une horizontale de la face SAB. Les deux horizontales ainsi déterminées se coupent au point i; donc $fijk$ est la projection horizontale de l'intersection du plan PαP′ par le plan illimité de la face SAB. Pour le problème à résoudre, il suffit de conserver jk et de déterminer $j'k'$.

Les autres côtés de la section s'obtiennent très-rapidement, quel que soit le nombre des faces de la pyramide; car si l'on prolonge bc, le point l appartient à l'intersection de PαP′ et de

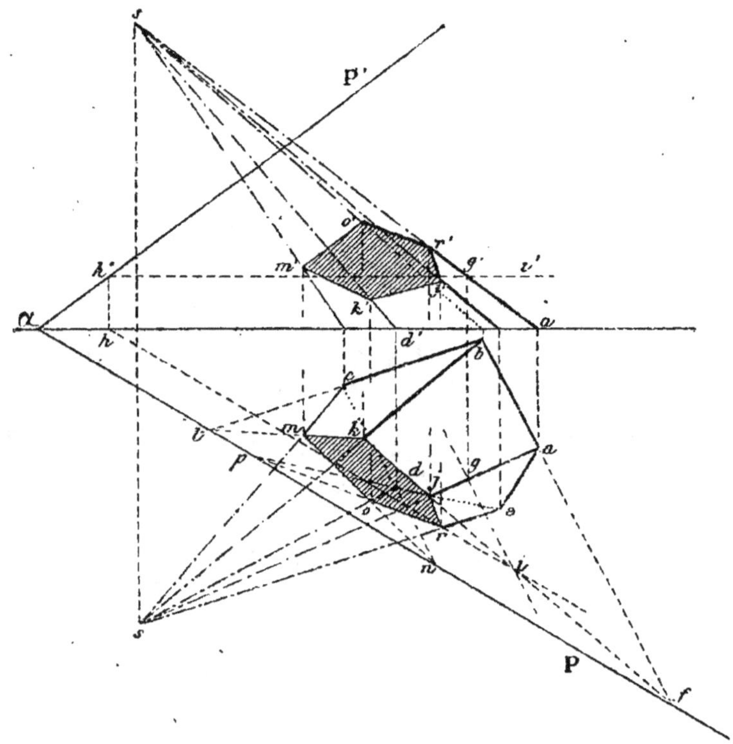

la face SBC, or on connaît déjà le point k de cette face; donc il suffit de mener lmk, puis nom, n étant sur le prolongement de cd, et enfin por. Comme vérification il faut que jr et ae se coupent sur αP.

Problème.

154. *Déterminer la section droite d'un prisme quelconque.*

Soit un prisme pentagonal dont les arêtes latérales soient parallèles au plan vertical. La section droite étant déterminée par un plan perpendiculaire aux arêtes, le plan PαP′ sera perpendiculaire au plan vertical, la section aura sa projection verticale sur αP′; ainsi f' est déterminé directement et fait connaître f,

g' fait connaître g, etc. La vraie grandeur FGHIJ de la section

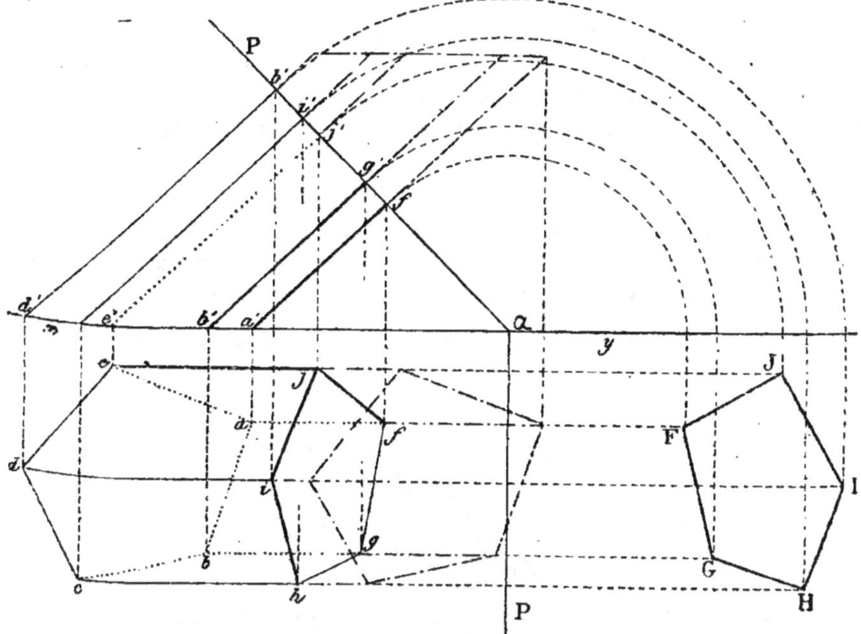

a été obtenue par le rabattement de PαP′ sur le plan horizontal.

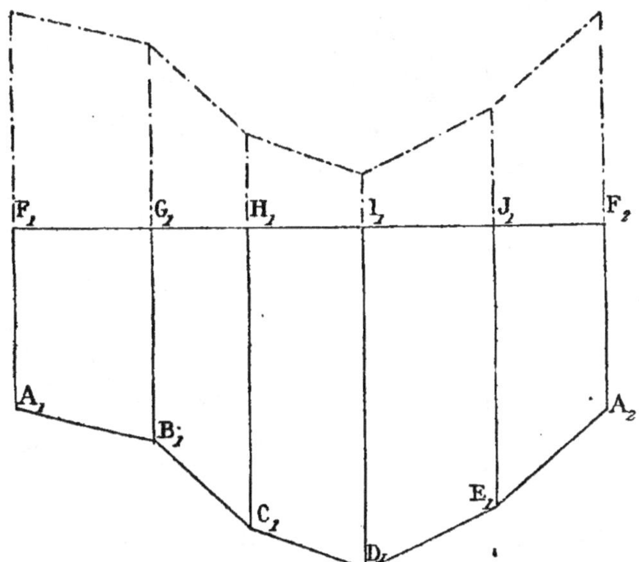

155. *Développement.* Il faut porter sur une droite les côtés

du périmètre FHJ, puis prendre F_1A_1 égal à la vraie grandeur $a'f''$, et B_1G_1 égal à $b'g'$, etc.

Remarque. Si le prisme avait une position quelconque par rapport aux plans de projection, on le projetterait sur un plan vertical auxiliaire perpendiculaire au plan de la section droite, et l'on opèrerait comme précédemment [n°s 150 et 154].

Problème.

156. *Déterminer la section d'un prisme pentagonal régulier reposant sur le plan horizontal par une de ses faces latérales, ce prisme étant coupé par un plan quelconque.*

Mettons d'abord le prisme en projection. Soient cc_1 et dd_1 les

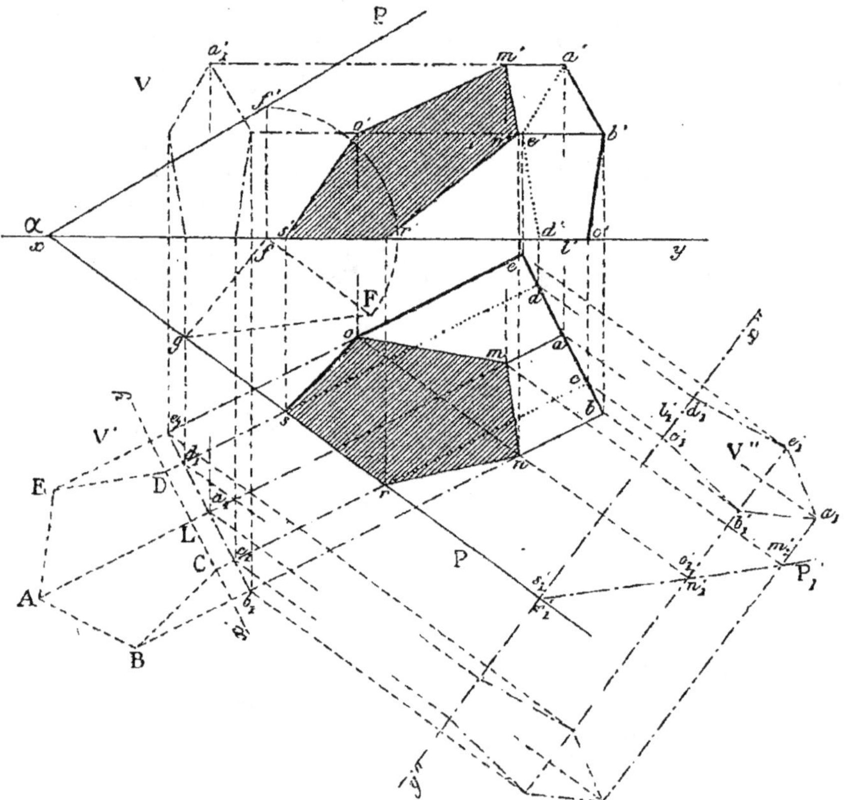

arêtes latérales placées sur le plan H; prenons $x'y'$ perpendiculaire aux lignes données, et construisons le pentagone régulier ABCDE; il représente, sur un plan auxiliaire, la projection de la base; déterminons les projections horizontales bb_1, ee_1, aa_1 des arêtes latérales, puis les projections verticales correspondantes; en prenant $l'a' = $ LA; etc., e' et b' doivent se trouver sur une parallèle à xy; c' et d' sont sur la ligne de terre.

Si le prisme est coupé par le plan PαP', on projette le solide sur un nouveau plan vertical déterminé par la perpendiculaire $x''y''$ menée à Pα; on prend $l'_1 a'_1 = l'a'$, etc. c'_1 et d'_1 sont sur la nouvelle ligne de terre.

Sur le plan V'', déterminé par $x''y''$, la section a sa projection sur P'$_1$; donc m'_1 est un des points et fait connaître la projection horizontale m; cette dernière, à son tour, détermine m'; de même n'_1 donne n, puis on trouve n'; de o'_1 on déduit o et o', sur l'arête menée par (e, e').

Remarques. I. Pour avoir la nouvelle trace P'$_1$ du plan donné, il suffit de mener une parallèle à la ligne gF, obtenue en rabattant (f, f').

II. Actuellement, on aurait pu traiter l'*intersection des polyèdres*; mais cette question a été renvoyée au chapitre V de la deuxième partie [n°s 221, 222 et 223].

EXERCICES SUR LA PREMIÈRE PARTIE

Chapitre I.

1. Lorsque les projections d'un point sont sur les projections d'une droite contenue dans un plan de profil, on ne peut pas affirmer directement que le point appartient à la droite.

2. Sans recourir à un rabattement, comment reconnaître qu'un point appartient à une droite contenue dans un plan de profil et donnée par les projections de deux de ses points?

3. 1° Deux droites perpendiculaires à xy en des points différents; 2° une perpendiculaire à xy et une oblique; 3° une oblique et un point ne peuvent être les projections d'une même droite.

4. Si les projections d'une droite sur chaque plan de projection sont respectivement perpendiculaires aux traces de même nom d'un plan, la droite est perpendiculaire au plan.

5. Sur une même perpendiculaire à xy, et à des distances égales de cette droite, on prend deux points; l'un est désigné par e, f, et l'autre par g, h'; les autres projections se trouvent sur xy: quelle figure forment les droites qui dans l'espace joignent deux à deux les points correspondants?

6. Une droite est donnée par ses projections: déterminer les points de cette

ligne qui appartiennent aux plans bissecteurs des angles dièdres que forment les plans de projection.

(*a*) La droite est horizontale.

(*b*) La droite est quelconque.

(*c*) La droite est perpendiculaire à l'un des plans de projection.

(*d*) La droite appartient à un plan de profil.

7. Dans quel cas une droite donnée par ses projections appartient-elle à l'un des plans bissecteurs ?

8. Comment reconnaît-on, à l'inspection de ses projections, qu'une droite est parallèle à l'un des plans bissecteurs ?

9. Comment reconnaît-on qu'elle est perpendiculaire à l'un des plans bissecteurs sans recourir au rabattement du plan de profil qui la contient ?

10. Toute horizontale non parallèle à xy rencontre les deux plans bissecteurs.

11. Dans quels cas, à la simple inspection de leurs traces, peut-on reconnaître que deux plans sont perpendiculaires l'un à l'autre ?

12. Comment reconnaît-on qu'une droite est située dans un plan déterminé par la ligne de terre et un point donné par ses projections ?

13. Lorsque les projections d'une droite se trouvent sur les traces de même nom d'un plan quelconque, la droite n'appartient pas au plan.

Quels sont les cas particuliers des plans tels que la droite dont les projections sont sur les traces de même nom du plan considéré appartient au plan ?

14. Par rapport à un plan de projection, quelles positions faut-il donner à un triangle isocèle pour que les côtés égaux aient des projections égales ?

Déduire de cette étude les cas où la projection de la bissectrice d'un angle est la bissectrice des projections des côtés de l'angle.

15. Sans recourir au rabattement, comment reconnaître que deux plans parallèles à xy sont parallèles entre eux ?

16. Deux droites situées dans deux plans parallèles sont parallèles lorsque deux projections de même nom sont parallèles.

17. Deux droites peuvent-elles avoir deux de leurs projections parallèles et les deux autres concourantes ?

18. Les projections sur deux plans rectangulaires suffisent-elles dans tous les cas pour caractériser les figures de l'espace ?

Que peuvent représenter deux carrés égaux ayant des côtés parallèles à xy et les autres compris entre les mêmes perpendiculaires à xy ? un de ces carrés est sur le plan horizontal et l'autre sur le plan vertical. Que représentent deux cercles égaux dont les centres sont sur la même perpendiculaire à xy ?

19. Un point situé dans un plan perpendiculaire à un des plans de projection n'est pas déterminé par sa projection de même nom.

20. Excepté pour un plan de profil, un point n'appartient pas à un plan lorsque ses projections sont sur les traces correspondantes du plan.

Chapitre II, § 1 et 2.

21. Par un point donné mener une droite telle que ses deux traces soient à égale distance de xy.

22. Par un point donné mener une droite telle que sa trace verticale soit deux fois plus éloignée de xy que sa trace horizontale, et, plus généralement, mener une droite telle que le rapport des distances de ses traces à xy égale un rapport donné $\dfrac{m}{n}$.

23. Chercher les traces d'un plan déterminé par deux sécantes dont on ne peut avoir les traces.

24. Déterminer les traces horizontales de deux plans, connaissant les traces verticales de ces plans et ces lignes sont parallèles; on connaît en outre un point de l'intersection des deux plans.

25. On donne la projection horizontale d'un polygone plan et la seconde projection de deux côtés adjacents : déterminer la projection verticale des autres côtés.

26. Même problème pour une courbe plane dont on connaît la projection verticale; on connaît en outre la projection horizontale de trois points de la courbe.

27. Résoudre le problème de l'intersection de deux plans dans la plupart des cas qui peuvent se présenter.

En désignant comme il suit les cas qui peuvent se présenter :

a Plan de profil,

b Plan à deux traces concourantes quelconques,

c Plan dont les traces en ligne droite se coupent obliquement sur xy,

d { Plan perpendiculaire au plan horizontal,

d' { Plan perpendiculaire au plan vertical,

e Plan à deux traces parallèles à xy,

f { Plan horizontal,

f' { Plan parallèle au plan vertical,

g Plan mené par xy et par un point donné,

h Plan donné par deux droites parallèles ou concourantes autres que les traces,

étudier les principales combinaisons que présentent ces plans pris deux à deux; ainsi ab indique qu'on prend un plan de profil et un plan à traces concourantes quelconques; ac indique un plan de profil et un plan à traces en ligne droite; ad est l'intersection d'un plan de profil et d'un plan perpendiculaire au plan horizontal..., etc.

Il est peu utile de considérer d'une manière spéciale d' et f', parce que leur intersection avec un des autres plans donne des résultats analogues à ceux que présentent d et f. Pour faciliter les recherches, désignons par un numéro spécial la combinaison d'un plan donné avec chacun des autres.

27. a Plan de profil combiné avec chacun des autres plans.

28. b Un premier plan a deux traces concourantes quelconques.

29. c —   a deux traces en ligne droite qui coupent xy obliquement.

30. d —   est perpendiculaire au plan horizontal.

31. e —   est parallèle à xy; il a deux traces.

32. f —   est horizontal ou parallèle au plan vertical.

33. g —   est donné par xy et par un point (g, g').

34. Quelle disposition présentent les traces des plans qui se coupent : 1° suivant une droite contenue dans un plan de profil ; et comme cas particuliers de l'énoncé précédent :

2° La droite est en outre dans un plan parallèle au plan bissecteur du premier dièdre.

3° La droite est dans le plan bissecteur du premier dièdre.

4° La droite est dans un plan parallèle au plan bissecteur du deuxième dièdre.

5° La droite est dans le plan bissecteur du deuxième dièdre.

35. Déterminer le point où une droite perce un plan, dans les cas particuliers suivants :

    a - La droite est quelconque; le plan est mené par *xy* et un point.

    b - La droite est perpendiculaire au plan vertical; le plan est donné par *xy* et un point.

    c - La droite est située dans un plan de profil; le plan est quelconque.

    d - La droite est perpendiculaire au plan horizontal; le plan a ses traces en ligne droite.

36. Déterminer le point où trois plans se rencontrent.

La ligne de plus grande pente d'un plan par rapport à un plan donné est une droite située dans le premier plan et perpendiculaire à l'intersection des deux plans. La ligne de plus grande pente d'un plan par rapport au plan horizontal est une droite contenue dans le plan donné et perpendiculaire à la trace horizontale de ce plan. Cette droite et sa projection horizontale étant perpendiculaires à la trace horizontale, l'angle qu'elles forment entre elles mesure le dièdre que le plan donné fait avec le plan horizontal. [*Géométrie*, 343, 341; *Géométrie descriptive*, 124.]

37. Déterminer les traces d'un plan, connaissant les projections de la ligne de plus grande pente de ce plan par rapport au plan horizontal.

38. Les traces de la ligne de plus grande pente d'un plan par rapport au plan horizontal étant hors des limites de l'épure, déterminer néanmoins les traces du plan.

39. Un plan est donné par ses traces, un point A de ce plan est donné par une de ses projections; mener par ce point la ligne de plus grande pente par rapport au plan horizontal; déterminer la vraie grandeur de cette droite et l'angle qu'elle forme avec le plan horizontal.

40. Déterminer les traces d'un plan, connaissant la projection horizontale de sa ligne de plus grande pente et l'angle dièdre que le plan forme avec le plan horizontal.

41. Déterminer la projection verticale d'un point situé dans un plan, lorsqu'on connaît la projection horizontale de ce point, la trace horizontale du plan et l'angle que ce plan forme avec le plan horizontal.

42. Même problème, mais on connaît la projection verticale du point et l'on suppose que, par suite des dimensions de l'épure, il n'est pas possible de déterminer la trace verticale du plan.

43. Déterminer l'intersection de deux plans, chacun d'eux étant donné par sa ligne de plus grande pente relativement au plan horizontal.

44. Trouver le point où une droite perce un plan donné par sa ligne de plus grande pente, sans recourir aux traces du plan.

45. Par un point donné mener une droite qui en rencontre deux autres non situées dans le même plan.

46. Mener une droite qui rencontre deux droites données non situées dans le même plan, et qui soit parallèle à une troisième droite donnée.

47. Mener par un point donné une droite parallèle à un plan donné et qui rencontre une droite donnée.

Chapitre II, § 3 et 4.

48. Trouver la vraie grandeur d'une droite limitée :

    1° Lorsque les deux projections partent d'un même point de la ligne de terre.

    2° Lorsque les projections se coupent au même point de la ligne de terre.

    3° Lorsque la droite est située dans le quatrième dièdre.

    4° Lorsqu'elle est située en partie dans deux dièdres différents.

49. Trouver la vraie grandeur d'une droite contenue dans le plan de profil et connue :

1° Par ses traces ;

2° Par deux de ses points ;

3° Par l'un de ses points et l'angle qu'elle fait avec l'un des plans de projection ;

4° Par l'un de ses points et la distance de cette droite à la ligne de terre.

50. Sur une droite limitée, donnée par ses projections, trouver un point :

1° Également éloigné des extrémités ;

2° Au tiers de la ligne ;

3° Dont les distances aux deux extrémités soient dans un rapport donné $\dfrac{m}{n}$.

51. Joindre un point donné à un point de la ligne de terre, de manière que la droite comprise entre ces deux points ait une longueur donnée.

52. On donne une circonférence sur le plan horizontal et un point sur le plan vertical : trouver sur la circonférence un point distant du point donné d'une longueur donnée. (Saint-Cyr.)

53. Trouver la distance d'un point à un plan :

1° Le plan est parallèle à xy ;

2° Le plan est déterminé par xy et un point ;

3° Le plan a ses deux traces en ligne droite.

54. Trouver la vraie distance d'un point donné :

1° A la ligne de terre ;

2° A une parallèle à la ligne de terre ;

3° A une ligne située dans le plan vertical ;

4° A une horizontale quelconque.

55. Étant données deux droites perpendiculaires au plan horizontal et un point sur l'une d'elles, trouver sur l'autre un point distant du premier d'une longueur donnée. (Saint-Cyr.)

56. Une droite limitée à ses deux traces étant donnée, mener un plan perpendiculaire à cette ligne au point qui est au tiers de sa longueur à partir de sa trace horizontale.

57. 1° Déterminer la plus courte distance d'un des plans bissecteurs des dièdres formés par les plans de projection, et d'une droite parallèle à ce plan bissecteur.

2° D'une manière générale trouver la distance d'une droite à un plan qui lui est parallèle.

58. 1° Sur une droite donnée trouver un point dont l'ordonnée soit double de l'éloignement [n° 14].

2° Même problème lorsque le point doit appartenir à un plan donné.

3° Quel est le lieu des points du plan dont l'ordonnée et l'éloignement sont entre eux dans un rapport donné ?

59. Trouver la distance d'un point donné de la ligne de terre à une droite donnée.

60. Déterminer la plus courte distance de la ligne de terre à une droite quelconque.

61. Par un point pris dans un plan donné, on mène une suite de droites de longueur constante r ; pour quelles positions de la droite obtiendra-t-on la projection horizontale 1° la plus longue, 2° la plus courte. Questions analogues pour l'autre projection.

62. Mêmes données. Pour quelles positions de la droite les deux projections seront-elles égales entre elles ?

63. Par la ligne de terre mener un plan parallèle à une droite donnée et déterminer l'angle que fait ce plan avec le plan horizontal.

64. Par la ligne de terre mener un plan perpendiculaire à un plan donné.

65. Par un point donné mener un plan parallèle à un plan :
1° Dont les traces sont parallèles à xy ;
2° Dont les traces sont en ligne droite ;
3° A un plan déterminé par deux droites concourantes ;
4° A un plan déterminé par deux parallèles, et sans recourir aux traces.

66. Par la droite qui a pour projections les traces d'un plan donné, abaisser un plan perpendiculaire sur ce plan, et déterminer l'intersection des deux plans.

67. Par une droite donnée mener un plan perpendiculaire à un plan déterminé par la ligne de terre et un point. Trouver l'intersection des deux plans.

68. Placer dans un plan donné une droite parallèle au plan horizontal ou au plan vertical, à une distance assignée de l'un ou l'autre de ces plans.

69. Mener un plan parallèle à un plan donné et distant de ce plan d'une longueur donnée.

70. Trouver sur la ligne de terre un point distant d'une quantité donnée l d'un plan donné.

71. Généraliser le problème précédent : la droite donnée est quelconque, ou même on a une ligne quelconque donnée par ses projections.

72. On donne la trace horizontale d'un plan perpendiculaire au plan vertical, un point de l'espace, et la distance de ce point au plan : déterminer la trace verticale du plan. (Saint-Cyr.)

73. Par un point donné mener un plan qui passe à égale distance de deux points donnés.

74. Par un point donné mener un plan qui passe à égale distance de trois points donnés.

75. Par trois points donnés mener trois plans parallèles et équidistants.

76. Par deux points et une droite donnés faire passer trois plans parallèles et équidistants.

77. Par quatre points quelconques de l'espace faire passer quatre plans parallèles et équidistants ; combien peut-on avoir de solutions ?

78. Mener un plan équidistant de deux droites non situées dans le même plan.

79. Étant donnés trois points et un plan, trouver un point du plan qui soit à égale distance des points donnés.

80. Sur une droite donnée trouver un point également éloigné de deux points donnés.

81. Trouver un point également éloigné de quatre points donnés. [Voir Exercice 249.]

Chapitre III. — Méthodes diverses.

82. On donne la trace horizontale d'un plan, les projections d'un point et la distance de ce point au plan : déterminer l'autre trace du plan.

83. Étant donnés deux points et un plan, trouver sur ce plan un point tel qu'en le joignant aux deux premiers on ait un triangle équilatéral.

84. Déterminer, sur un plan quelconque, un point qui soit à une distance l d'un autre point du plan et à une distance l' d'un point donné de l'espace.

85. On donne deux points et une droite non situés dans un même plan, trouver le chemin minimum qui joint les deux points en rencontrant la droite.

86. Deux points et une droite horizontale non situés dans le même plan étant donnés, trouver sur la droite un point dont la différence des distances à chacun des points donnés soit maximum.

87. Faire tourner, d'un angle donné, une droite autour d'une horizontale.

88. Faire tourner, d'un angle donné, un plan autour d'une horizontale quelconque par rapport à ce plan, ou autour d'une parallèle au plan vertical, mais non située dans le plan donné.

89. Faire tourner, d'un angle donné, une droite autour d'une autre droite quelconque.

90. Trouver la plus courte distance de deux droites quelconques, à l'aide de deux rotations, de deux changements de plan, ou en combinant les deux méthodes.

Les questions relatives aux angles, aux vraies grandeurs, etc., sont une application continuelle des méthodes du chapitre III.

Chapitre IV. — Angles.

91. Trouver l'angle de deux droites sécantes, l'une d'elles étant dans un plan de profil et l'autre étant : 1° quelconque ; 2° parallèle à l'un des plans de projection ; 3° parallèle à la ligne de terre.

92. Trouver l'angle de deux droites non sécantes, chacune d'elles étant parallèle à l'un des plans de projection.

93. Connaissant les traces et les projections horizontales de deux sécantes, ainsi que la vraie grandeur de l'angle qu'elles forment, trouver les projections verticales de ces droites.

94. Connaissant la projection horizontale d'une droite, les projections d'un de ses points, et l'angle qu'elle fait avec le plan horizontal, trouver la projection verticale de cette droite. (Saint-Cyr.)

95. Par un point situé dans un plan mener une droite qui coupe une droite donnée de ce plan sous un angle donné.

96. Un point étant donné, mener par ce point une droite qui rencontre le plan horizontal sous un angle donné, et telle que sa trace horizontale soit deux fois plus éloignée de la ligne de terre que ne l'est la trace verticale.

97. Étant donnés un point et un plan parallèle à la ligne de terre, faire passer par le point donné un nouveau plan parallèle à xy, mais incliné sur le premier d'un dièdre donné.

98. Par une droite tracée sur le plan vertical, faire passer un plan tel que l'angle de ses traces ait une valeur donnée.

99. Déterminer l'angle que forme un plan avec la ligne de terre.

100. Déterminer la trace verticale d'un plan, connaissant la trace horizontale et l'angle que ce plan forme avec xy.

101. Déterminer la trace verticale d'un plan dont on connaît la trace horizontale et la distance d'un point donné de la ligne de terre à ce plan.

102. Déterminer les traces d'un plan, connaissant la distance d'un point donné de la ligne de terre à ce plan ; l'angle que ce plan forme avec le plan horizontal et un point de l'une des traces.

103. Trouver l'angle d'un plan quelconque avec le plan de profil.

104. Déterminer la trace verticale d'un plan, connaissant la trace horizontale et l'angle qu'il forme avec l'un des plans de projection.

105. 1° Trouver les angles d'un plan avec chaque plan de projection, lorsque les traces du plan sont en ligne droite ou sont rabattues l'une sur l'autre.

2° Déterminer l'angle des traces de ce plan.

106. Par un point pris sur xy mener un plan tel que ses traces soient en ligne droite et fassent entre elles dans l'espace un angle donné.

107. Par une droite contenue dans un plan mener un second plan qui rencontre le premier sous un angle donné.

108. Mener la bissectrice de l'angle formé par une perpendiculaire au plan vertical et par une droite dont les projections font des angles de 45° avec la ligne de terre.

109. Par un point pris dans un plan donné mener dans ce plan une droite qui coupe le plan horizontal sous un angle donné.

110. Par une droite donnée mener un plan qui rencontre le plan horizontal sous un angle donné.

111. Mener le plan bissecteur du dièdre que forment deux plans donnés.

112. Par un point donné mener un plan qui coupe chaque plan de projection sous un même angle donné.

113. Par un point donné mener un plan également incliné sur chaque plan de projection, et tel que l'angle des traces ait une valeur donnée.

114. Une droite limitée, située sur le plan vertical, a une de ses extrémités sur xy. Par cette droite mener un plan tel que l'aire du triangle compris entre les traces et le plan de profil mené par la seconde extrémité de la ligne donnée ait une valeur donnée.

115. Par une droite donnée, mais quelconque par rapport aux plans de projection, faire passer un plan tel que l'angle de sa trace horizontale et de la ligne donnée ait une grandeur donnée.

116. Mener le plan bissecteur de chaque dièdre formé par un plan avec les plans de projection, et déterminer les projections de l'intersection de ces deux plans bissecteurs.

117. Trouver les points équidistants des trois faces du trièdre tri-rectangle déterminé par les plans de projection et un plan de profil, et déterminer sur chaque face le lieu géométrique des projections des points équidistants.

Chapitre IV, § 2. — Trièdres.

118. Construire un trièdre rectangle, connaissant une des faces du dièdre droit et le dièdre opposé à la face connue.

119. Sur un des plans de projection on donne deux droites concourantes : déterminer les projections d'un point de l'espace, connaissant sa distance à chacune de ces droites, et faire connaître les angles que forme avec chaque ligne donnée la droite qui joint le point demandé au point de concours des deux premières.

120. Déterminer l'angle dièdre du tétraèdre régulier.

121. Déterminer l'angle dièdre de l'octaèdre régulier, ainsi que l'angle d'inclinaison d'une face sur le plan mené par l'extrémité de trois arêtes partant du même sommet.

122. Mêmes questions pour le dodécaèdre régulier.

123.   —   pour l'icosaèdre régulier.

124. Résoudre directement le cinquième cas de l'angle trièdre : on connaît deux dièdres et la face opposée à l'un d'eux.

125. On connaît la base d'une pyramide pentagonale régulière, ainsi que le dièdre que forment entre elles les faces latérales : déterminer la grandeur des faces latérales de la pyramide ainsi que leur inclinaison sur le plan de la base.

126. Mener un plan qui coupe un dièdre donné, de manière que le trièdre obtenu ait deux faces égales, et que la face interceptée sur le plan demandé ait une grandeur angulaire donnée.

127. Déterminer l'intersection des plans bissecteurs des trois dièdres formés par le plan horizontal et deux autres plans.

128. Déterminer l'intersection des plans bissecteurs des angles dièdres qui correspondent aux arêtes latérales d'une pyramide triangulaire dont la base est sur le plan horizontal. [Voir Exercice 250.]

129. Un triangle acutangle est donné sur le plan horizontal : déterminer un point de l'espace tel qu'en le joignant aux trois sommets du triangle, on obtienne un trièdre tri-rectangle.

130. On donne les deux projections du sommet d'un trièdre tri-rectangle ainsi que la direction de la projection horizontale de chaque arête : déterminer les projections verticales de ces arêtes.

Chapitre V, § 1. — Figures planes.

131. Déterminer les projections d'un cercle dont le centre et le rayon sont donnés ; le plan du cercle doit être perpendiculaire à la droite qui projette le centre sur la ligne de terre.

132. Déterminer les projections d'un cercle situé dans un plan parallèle à xy et tangent à chaque plan de projection.

133. Étant donné le côté d'un hexagone régulier rabattu sur le plan horizontal, déterminer les projections des sommets, connaissant le rabattement PαP$'_1$ de la partie angulaire du plan qui le contient.

134. Dans un plan on mène une droite qui rencontre les deux traces de ce plan : déterminer les projections du cercle inscrit dans le triangle formé par les deux traces et la ligne qui les coupe.

135. Déterminer les projections d'un carré, connaissant les deux projections de l'un des côtés et la direction de la projection horizontale de l'un des côtés adjacents.

136. Même énoncé, mais on connaît la droite sur laquelle se trouve la projection horizontale du côté opposé au premier.

137. Déterminer les projections d'un carré, connaissant celles d'un côté et l'inclinaison sur le plan horizontal du plan de ce carré.

138. Déterminer les projections d'un triangle équilatéral, connaissant les deux projections d'un côté et la direction de la projection horizontale d'un autre côté.

§ 2. — Construction des surfaces.

139. Déterminer les projections et le développement d'un tétraèdre régulier.

140. Même question pour l'octaèdre régulier ; une des arêtes doit être perpendiculaire au plan horizontal.

141. Même question pour le dodécaèdre régulier reposant sur le plan horizontal et dont un des côtés du pentagone inférieur est parallèle à xy.

142. Même question pour l'icosaèdre ayant une diagonale perpendiculaire au plan horizontal.

143. Construire un tétraèdre régulier, connaissant les projections d'un côté et la ligne de plus grande pente de la face qui le contient.

144. Déterminer la longueur de la diagonale d'un parallélipipède rectangle et l'angle qu'elle forme avec chaque arête, connaissant la longueur de chaque arête.

145. On donne trois droites illimitées non concourantes deux à deux, une verticale et deux horizontales dont les projections horizontales sont perpendiculaires l'une à l'autre : construire un parallélipipède rectangle ayant une arête sur chacune de ces droites, et déterminer la vraie longueur de la diagonale.

146. Étant données les directions des projections de trois arêtes contiguës d'un parallélipipède, ainsi que la longueur de ces arêtes, construire les projections du parallélipipède.

147. Construire un parallélipipède, connaissant le milieu de quatre arêtes.

148. Représenter les projections d'un cube en le supposant suspendu par un de ses sommets, de manière que la diagonale correspondante soit perpendiculaire au plan horizontal.

149. Déterminer les projections d'un parallélipipède rectangle, connaissant un sommet, la projection horizontale d'une arête, et les directions des projections horizontales des deux autres arêtes qui aboutissent au sommet donné.

150. Déterminer les projections d'un parallélipipède rectangle, connaissant une arête, la projection horizontale d'une arête adjacente et la longueur de la troisième arête.

151. Étant données les deux projections d'une arête d'un cube, ainsi que la direction de la projection horizontale d'une seconde arête contiguë à la première, déterminer les projections de ce cube.

152. Étant données les projections horizontales de deux arêtes adjacentes d'un cube, ainsi que la projection verticale du sommet auquel ces lignes aboutissent, déterminer les projections de ce cube (il faut résoudre préalablement l'exercice 165).

§ 3. — Sections planes, développement.

153. Étant donné un parallélipipède droit à base rectangulaire, le couper par un plan tel que la section soit un carré.

1° Le plan doit passer par un point donné sur une arête.

2°   —   par un point donné de l'espace.

154. Couper un cube par un plan qui passe par le milieu de trois arêtes non contiguës et non parallèles deux à deux, et déterminer la vraie grandeur de la section.

155. On donne un point sur l'arête d'un tétraèdre quelconque : on demande les projections du chemin minimum qu'il faut suivre sur les faces pour revenir au point de départ.

156. On donne une pyramide triangulaire régulière : quelle est la ligne brisée minimum qui, partant d'un sommet de la base, viendrait se terminer à un point donné sur l'arête correspondante après avoir rencontré deux fois chaque arête latérale intermédiaire.

157. L'intersection de deux plans donnés rencontre la ligne de terre et elle est située dans le premier dièdre : on demande la ligne brisée parcourue par un point qui, partant de la trace verticale la plus élevée, se meut suivant la ligne de plus grande pente de chaque plan pour arriver à la trace horizontale la plus éloignée de xy.

158. Même énoncé pour les deux plans, mais on demande la ligne brisée la plus courte pour aller, d'un point situé sur le plan vertical, à un point du plan horizontal ; chaque partie de la ligne brisée devant être sur un des plans donnés ou sur un des plans de projection.

159. Par un point donné mener un plan qui coupe les trois faces latérales d'une pyramide triangulaire sous des angles égaux.

160. Par un point donné mener un plan qui coupe les trois arêtes d'une pyramide triangulaire sous le même angle.

161. Par un point donné mener un plan qui coupe trois droites données non concourantes deux à deux, sous le même angle.

162. Par un point pris sur l'arête d'une pyramide triangulaire quelconque, faire passer un plan sécant donnant pour section un triangle isocèle, la longueur des côtés égaux étant donnée.

163. Couper une pyramide triangulaire quelconque par un plan tel que la section soit un triangle isocèle dont la base ait une longueur donnée et soit parallèle à une droite située sur une des faces de la pyramide.

164. Couper une pyramide quadrangulaire quelconque par un plan, de manière que la section soit un parallélogramme.

165. Un parallélipipède droit a pour base un parallélogramme quelconque : couper ce parallélipipède par un plan, de manière que la section soit un carré.

DEUXIÈME PARTIE

DES SURFACES COURBES

CHAPITRE I

DES SURFACES EN GÉNÉRAL

§ I. — CLASSIFICATION DES SURFACES

157. La géométrie descriptive permet de représenter toutes les surfaces que l'on peut rigoureusement définir. Les autres surfaces, par exemple celles d'un terrain, sont remplacées, dans les applications, par des surfaces conventionnelles qui s'en rapprochent autant que possible [*Arpentage*, 178 et 203]; par suite, il suffit de s'occuper des surfaces susceptibles d'une définition géométrique.

Toute surface peut être engendrée par une ligne qui se meut suivant une loi donnée.

On nomme *génératrice* la ligne qui engendre une surface. Dans un grand nombre de cas, la génératrice est assujettie dans son mouvement à glisser sur une ou plusieurs autres lignes nommées *directrices*.

158. Classification. On distingue deux classes de surfaces géométriques : les *surfaces réglées* et les *surfaces non réglées*. On considère aussi d'une manière spéciale les *surfaces de révolution*, c'est-à-dire celles qu'on obtient par la rotation complète d'une ligne autour d'un axe, bien que chaque surface de révolution rentre dans une des deux classes précédentes.

Surfaces réglées. Les surfaces réglées sont des surfaces qui peuvent être engendrées par une ligne droite. Exemple : cylindre, cône, hélicoïde. [*Géométrie*, n°s 421, 435, 614.]

Surfaces non réglées. Les surfaces non réglées sont des surfaces qui ne peuvent être engendrées par une ligne droite. Exemple : sphère, paraboloïde elliptique. [*Géométrie*, 453, 636.]

Les surfaces réglées se divisent en deux groupes : les *surfaces développables* et les *surfaces gauches*.

159. Les *surfaces développables* sont des surfaces qui peuvent s'étendre sur un plan sans déchirure ni duplicature. Pour qu'une surface soit développable, il faut que les génératrices soient deux à deux dans un même plan, c'est-à-dire soient parallèles ou concourantes.

1° *Surface cylindrique* ou *cylindre*. La surface cylindrique est engendrée par une droite qui se meut parallèlement à elle-même en glissant le long d'une *directrice*. [*Géométrie*, 421.]

Le plan peut être considéré comme une variété de la surface cylindrique; il correspond au cas où la génératrice est rectiligne.

Le cylindre est *de révolution* lorsque la directrice est une circonférence et que la génératrice est perpendiculaire au plan de cette circonférence.

2° *Surface conique* ou *cône*. La surface conique est engendrée par une droite qui passe constamment par un point donné en glissant le long d'une directrice. La génératrice étant illimitée, la surface engendrée se compose de deux parties nommées *nappes*; le point fixe est le *sommet* de la surface. [*Géométrie*, 435.]

Le plan peut être considéré comme une variété de la surface conique; il correspond au cas où la directrice est rectiligne.

Le cylindre est un cas particulier du cône; il suffit de considérer le point fixe comme situé à l'infini.

Le cône est *de révolution* lorsque la directrice est circulaire et que le sommet se trouve sur la perpendiculaire élevée au plan de la directrice par le centre de la circonférence. Dans les applications, le cône de révolution est souvent considéré comme engendré par une droite qui rencontre l'axe sous un angle constant.

3° La troisième espèce de surface développable est la surface engendrée par une droite qui reste constamment tangente à une ligne à double courbure, c'est-à-dire à une courbe dont tous les éléments ne sont pas dans un même plan. Exemple : l'hélicoïde développable. [*Géométrie*, 614.]

Le cylindre a toutes les génératrices parallèles entre elles; dans le cône toutes les génératrices passent par un même point; la troisième espèce est caractérisée par des génératrices qui se coupent deux à deux en des points différents.

160. *Surfaces gauches*. Les surfaces gauches sont des surfaces réglées non développables ; on peut citer : le *paraboloïde hyperbolique* [*Géométrie*, 635, 636], le *conoïde* [*Géométrie*, 680], l'*hyperboloïde à une nappe* [*Géométrie*, 635, appendice, exercice 1] ; cette dernière surface peut être de révolution.

161. Surfaces de révolution. On nomme surface de révolution la surface engendrée par la rotation d'une ligne quelconque autour d'un axe avec lequel elle est invariablement liée.

La géométrie élémentaire traite du cylindre, du cône de révolution [418, 433] et de la sphère [453] ; elle donne aussi la définition de l'ellipsoïde à deux axes égaux [534], des hyperboloïdes [562] et du paraboloïde elliptique [593].

Le *tore* est la surface engendrée par la rotation d'un cercle autour d'un axe situé dans son plan, et qui ne coupe point ce cercle. Dans les surfaces de révolution chaque point de la génératrice décrit une circonférence dont le plan est perpendiculaire à l'axe, et par suite tout plan perpendiculaire à cet axe coupe la surface suivant un cercle.

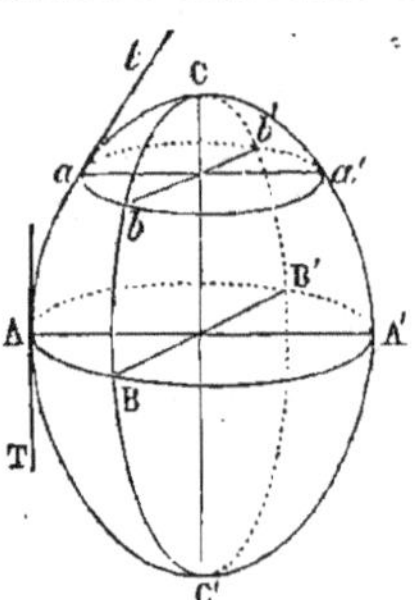

On nomme *méridien* la section obtenue par un plan passant par l'axe ; les méridiens sont égaux ; la rotation complète de la moitié CAC′ de l'un d'eux suffit pour engendrer la surface.

Lorsque l'axe est vertical, on nomme *méridien principal* le méridien ACA′C′ parallèle au plan vertical.

On appelle *parallèle* tout cercle aba′b′ déterminé par un plan perpendiculaire à l'axe ; les parallèles se projettent en vraie grandeur sur le plan horizontal.

La tangente *at* au méridien par un point donné *a* est plus ou moins inclinée, par rapport à l'axe, suivant le parallèle considéré ; elle est parallèle à cet axe aux sommets A et A′ ; dans ce cas, on nomme *équateur* le plus grand parallèle obtenu, et on appelle *collier* ou *cercle de gorge* le plus petit parallèle. L'ellipsoïde de révolution, la sphère, ont un équateur ; l'hyperboloïde de révolution à une nappe a un collier ; le tore a un équateur et un collier ; l'hyperboloïde à deux nappes, le paraboloïde de révolution, le cône, n'ont ni équateur ni cercle de gorge.

§ II. — PLANS TANGENTS

Le plan tangent en un point donné d'une surface courbe est le lieu géométrique des tangentes menées en ce point aux diverses lignes tracées sur la surface par le point considéré.

Théorème.

162. D'une manière générale, *les tangentes menées à une surface par l'un de ses points, se trouvent dans un même plan, qui est le plan tangent.*

En effet, soient deux courbes quelconques AB, AC, tracées sur la surface donnée, et une troisième courbe BC qui rencontre les deux autres ; on peut considérer la surface comme engendrée par la génératrice curviligne BC, assujettie à s'appuyer constamment sur les directrices AB et AC, la génératrice devant se rapprocher du point A ; or, lorsque les arcs sont très-petits, ils peuvent être regardés comme les limites vers lesquelles tendent les

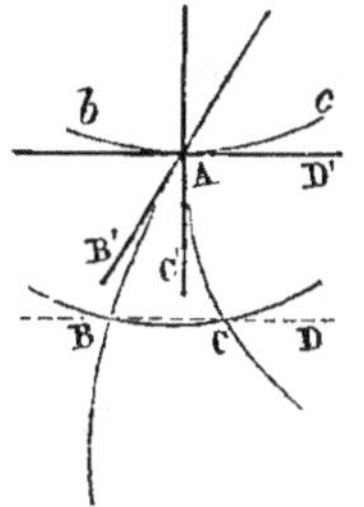

cordes AB, AC, BC, situées dans un même plan ; mais les deux premières lignes ont pour position limite les tangentes AB′, AC′, tandis que la troisième, toujours située dans leur plan, a pour limite la tangente AD′ menée à la courbe *bc*, position extrême de la génératrice BC ; donc les tangentes à trois courbes quelconques tracées sur la surface par un point A sont situées dans un même plan. *C. Q. F. D.*

Remarque. Il n'y a d'exception qu'aux points singuliers que présentent certaines surfaces ; ainsi le lieu des tangentes menées au cône par le sommet n'est autre que la surface convexe de ce cône.

Lorsque la génératrice d'une surface de révolution rencontre l'axe sous un angle aigu, le lieu des tangentes au point où l'axe rencontre la surface est un cône ; mais lorsque l'axe est normal à la génératrice on retombe dans le cas général : le lieu des tangentes est un plan.

163. **Scolies.** I. Pour mener le plan tangent à une surface en un point donné, il suffit de chercher le plan des tangentes à deux lignes menées par ce point sur la surface.

II. Lorsque la surface est réglée, le plan tangent en un point donné contient la génératrice rectiligne menée par ce point, car la tangente en ce point à la ligne considérée n'est autre que la droite elle-même.

Théorème.

164. *Le plan tangent en un point donné d'une surface développable est tangent à la surface en chaque point de la génératrice rectiligne menée par le point donné.*

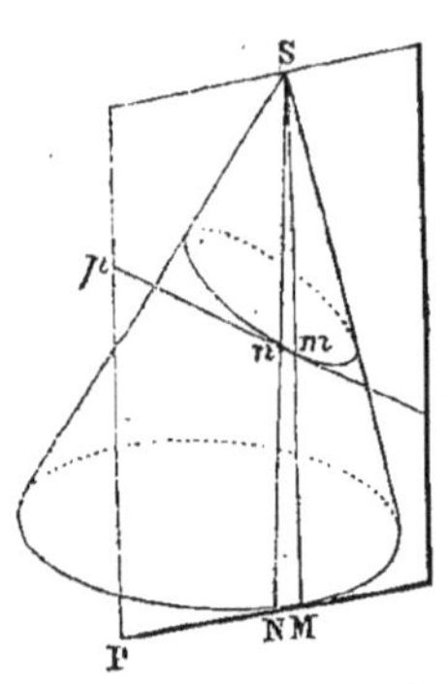

En effet, considérons une surface développable, un cône, par exemple, le plan tangent à la surface au point M doit contenir la génératrice SM [n° 163, II] et la tangente à la section P [n° 162]; il peut donc être considéré comme la limite des positions que prend un plan P mené par deux génératrices voisines SM, SN, qui se rapprochent indéfiniment. Ce plan contient la sécante MN, qui à la limite devient tangente à la section P au point M. Un raisonnement analogue conduirait au même résultat s'il s'agissait de déterminer le plan tangent en un point quelconque *m* de la même génératrice; car la sécante *mn* est dans le plan SMN; donc le plan tangent au point M est tangent au cône en chaque point de la génératrice SM.

165. *Remarques.* I. Le théorème est démontré pour le cylindre, puisque cette surface n'est qu'un cas particulier du cône; il l'est aussi pour toute surface développable, puisque deux génératrices infiniment rapprochées sont dans un même plan, et que le plan tangent en un point quelconque d'une génératrice est la limite des positions qui prend le plan mené par deux génératrices voisines.

II. Lorsqu'on coupe une surface développable et son plan tangent par un plan quelconque *p*, l'intersection *pm* du plan tangent est tangente à la section déterminée; car la tangente est la limite des positions que prend la sécante *mn* menée par deux points infiniment rapprochés. [*Géométrie*, 502.]

III. La tangente à une section plane en un point donné est l'intersection du plan tangent au point considéré et du plan sécant qui détermine la section.

Théorème.

166. *Lorsqu'on projette une courbe et sa tangente sur un plan non perpendiculaire à la droite, la projection de la tangente est tangente à la projection de la courbe.*

En effet, les projetantes de la courbe ABC et celles de la tangente BD forment un cylindre et un plan qui sont tangents suivant la projetante Bb; donc [nᵒ 164 et id., III] la trace du plan, c'est-à-dire la projection de la tangente BD ou bd est tangente à la courbe abc.

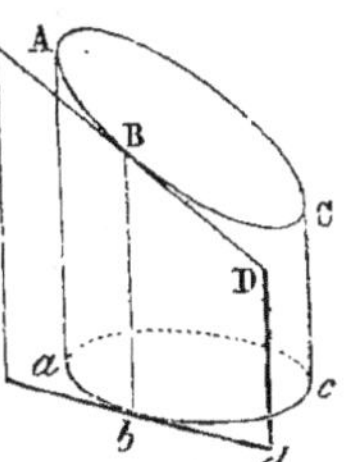

Le plan tangent à une surface réglée non développable n'est tangent qu'au point considéré, bien qu'il contienne la génératrice rectiligne menée par ce point.

167. **Règle pratique.** Pour mener le plan tangent en un point d'une surface réglée, on détermine la génératrice rectiligne qui passe par ce point, puis deux cas peuvent se présenter : 1º Si la surface est développable, on mène une tangente à une courbe quelconque de la surface au point où la génératrice de contact rencontre cette courbe. 2º Si la surface est gauche, on mène une tangente à une courbe tracée par le point donné : dans chaque cas, le plan déterminé par la tangente et la génératrice est le plan tangent demandé.

La *normale* à une surface courbe en un point donné A est la perpendiculaire menée en ce point au plan tangent à la surface au point A.

Théorème.

168. *Lorsque deux surfaces se coupent, la tangente en un point donné de la courbe d'intersection :*

1º *Est l'intersection des plans tangents à chaque surface au point considéré;*

2º *Elle est perpendiculaire au plan des normales menées par ce point à chaque surface.*

En effet : 1º La courbe d'intersection appartient à chaque surface; donc la tangente à cette courbe doit se trouver dans chacun des plans tangents [nᵒ 162]; donc la tangente est l'intersection des deux plans tangents aux surfaces données au point considéré.

2º Chaque plan tangent est perpendiculaire à la normale correspondante du point de contact; donc la tangente qui est l'intersection de ces plans se trouve perpendiculaire au plan déterminé par les deux normales.

Théorème.

169. *Le plan tangent à une surface de révolution est perpendiculaire au plan méridien du point de contact.*

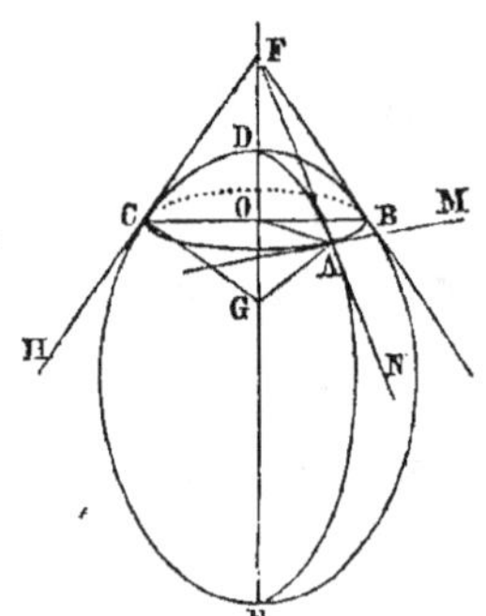

Soit A le point de contact; traçons le parallèle et le méridien de ce point, ainsi que les tangentes AM, AN à ces courbes; le plan tangent est déterminé par ces droites [nᵒ 167]; or AM est perpendiculaire au rayon AO de la circonférence, et ce rayon se trouve dans le plan du méridien; donc le plan tangent contenant AM est perpendiculaire au plan de ce méridien.

Théorème.

170. *La normale à une surface de révolution rencontre l'axe de cette surface.*

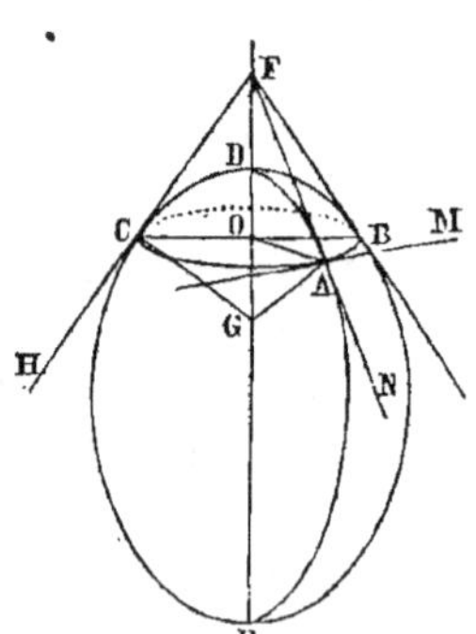

Dans le plan du méridien, la perpendiculaire AG à la tangente AN rencontre l'axe, et cette ligne AG est la normale de la surface de révolution, car elle est perpendiculaire au plan tangent, puisqu'elle est perpendiculaire à la tangente AN par construction, et à la tangente AM en vertu du théorème des trois perpendiculaires; car OG est perpendiculaire au plan CAB, et, dans ce plan, AO est perpendiculaire à AM; donc la normale AG en un point quelconque A rencontre l'axe EF.

Théorème.

171. *Les plans tangents dont les points de contact sont sur un même parallèle coupent l'axe au même point, et les lignes joignant ce point aux divers points de contact sont les génératrices d'un cône circonscrit à la surface de révolution.*

Soit F le point où le plan tangent au point A rencontre l'axe, AF est tangente au méridien DAE, et la perpendiculaire AG est normale à la surface. Dans la rotation de la figure contenue dans le plan méridien, la courbe DAE engendre la surface; le point A, extrémité de la normale, décrit le parallèle CAB; la tangente AF reste contenue dans le plan tangent et engendre un cône circonscrit; donc les plans tangents rencontrent l'axe au même point F, etc.

Corollaire. Les normales relatives à un même parallèle CAB rencontrent l'axe au même point G.

Théorème.

172. *Les plans tangents dont les points de contact sont sur un même méridien déterminent un cylindre circonscrit à la surface de révolution.*

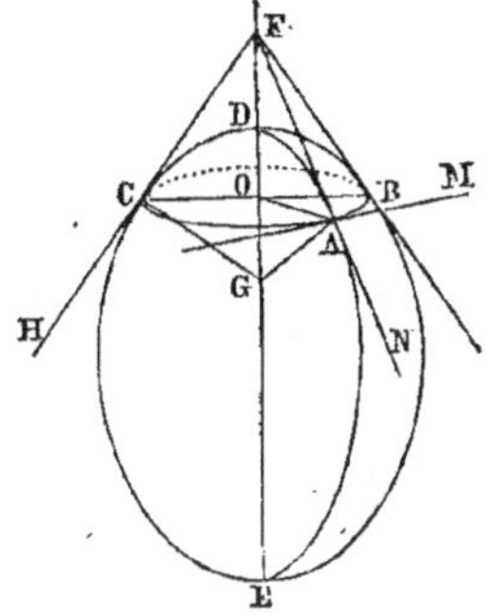

Les plans tangents aux divers points d'un même méridien contiennent une tangente telle que AM perpendiculaire au plan du méridien; ces divers plans sont perpendiculaires à ce méridien, et les tangentes telles que AM sont les génératrices d'un cylindre circonscrit à la surface de révolution suivant le méridien donné.

173. **Scolie général.** Des théorèmes précédents il résulte que le plan tangent à une surface de révolution en un point donné A peut être considéré sous les trois aspects suivants :

1° Le plan tangent est perpendiculaire à la normale AG menée par ce point;

2° Il est tangent au cône circonscrit à la surface suivant le parallèle CAB mené par ce point, et dont AF est la génératrice de contact;

3° Il est en outre tangent suivant le méridien DAE au cylindre circonscrit, et dont AM est la génératrice de contact.

Théorème.

174. 1° *Tous les plans tangents à un cône de révolution sont également inclinés sur les plans perpendiculaires à l'axe de ce cône;*

2° *Un plan tangent à un cône de révolution est tangent à une sphère de rayon quelconque inscrite dans ce cône.*

En effet : 1° Soit un plan P tangent suivant une génératrice quelconque, SC; tout plan perpendiculaire à l'axe SD coupe le plan et le cône suivant une droite MN et une circonférence ACB, qui sont tangentès [n° 164]; par suite MN est perpendiculaire au rayon CD; et à la génératrice CS en vertu du théorème des trois perpendiculaires (*Géométrie*, 301); ainsi l'angle constant DCS mesure l'inclinaison du plan tangent sur le plan ACB; donc tous les plans tangents sont également inclinés, etc.

2° Inscrivons une sphère quelconque dans le cône, la ligne de contact EGF est un cercle dont le plan est perpendiculaire à l'axe du cône; par suite on peut considérer le cône donné comme étant circonscrit à la sphère suivant le parallèle EGF; donc [n° 171 et 173, 2°] le plan dont CS est la génératrice de contact est tangent à la sphère au point G du parallèle EGF.

Remarque. Suivant le cas, on pourra substituer à la sphère un cône circonscrit [n° 197], ou réciproquement, pour mener un plan tangent à un cône de révolution, on pourra mener par le sommet S un plan tangent à une sphère inscrite. [Exercices, 251, 252, etc.]

§ III. — CONTOUR APPARENT

175. Le *contour apparent* d'une surface par rapport à un point donné est le lieu géométrique des points de contact des plans tangents menés à cette surface par l'œil de l'observateur supposé placé au point donné.

On appelle *cône circonscrit* à une surface le cône formé en joignant le point donné à chacun des points de contact des plans tangents; le contour apparent peut donc être considéré comme la ligne de contact de la surface donnée et du cône circonscrit.

Le contour apparent change avec la position de l'observateur; aussi, en géométrie descriptive, on suppose que l'œil est infiniment éloigné de la surface; par suite, les rayons visuels sont considérés comme parallèles.

Le *contour apparent* d'une surface par rapport à une direction donnée est le lieu géométrique des points de contact des plans tangents menés à cette surface parallèlement à la direction donnée.

On appelle *cylindre circonscrit* à une surface le cylindre formé par les droites menées par chaque point de contact parallèlement à la direction donnée; le contour apparent est donc la ligne de contact de la surface et du cylindre circonscrit.

176. Le *contour apparent* d'une surface *sur un plan de projection* est la projection sur ce plan du contour apparent de la surface ; c'est la trace du cylindre circonscrit, dont les génératrices sont perpendiculaires au plan de projection considéré.

Le contour apparent d'une surface sépare la partie visible de celle qui ne l'est point pour un observateur donné.

177. *Remarque.* La ligne de contour apparent d'une surface par rapport à un point étant le lieu géométrique des points de contact des plans tangents menés à cette surface par le point donné, il en résulte que tout plan tangent au cône circonscrit est tangent à la surface donnée en un point de la ligne de contour apparent.

Pour mener par un point un plan tangent à une surface donnée, il suffit de mener un plan tangent au cône circonscrit dont le point donné serait le sommet ; la seconde partie du nᵒ 174 n'est qu'un cas particulier du nᵒ 177. Ainsi, pour mener par une droite un plan tangent à une surface courbe quelconque, il faut mener un plan tangent commun à deux cônes circonscrits à cette surface, chaque cône ayant pour sommet un point de la droite donnée. La seule difficulté consiste à tracer la ligne de contact de chaque cône circonscrit ; car le plan tangent est déterminé par la droite AB et par le point C d'intersection des deux courbes de contour apparent.

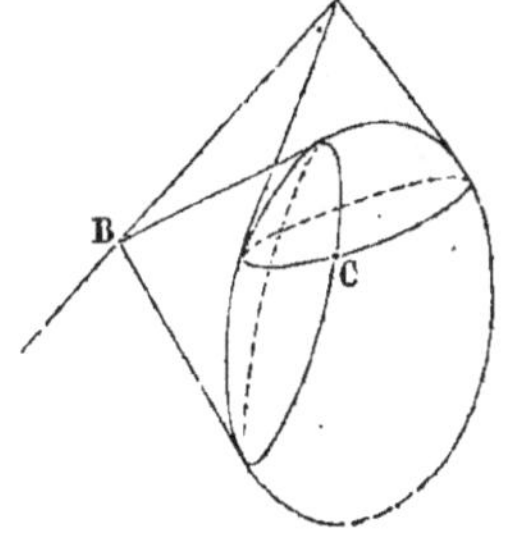

On pourrait aussi circonscrire à la surface courbe un cylindre ayant ses génératrices parallèles à la droite donnée, et par cette ligne mener un plan tangent au cylindre, le point de contact doit appartenir à la ligne de contour apparent.

CHAPITRE II

REPRÉSENTATION DES SURFACES

Une surface se représente ordinairement par son contour apparent sur chaque plan de projection ; mais dans les applications, il suffit que la surface soit déterminée [nᵒˢ 185, 188, 190,

196]. Les problèmes des numéros 178, 180, 186, 187, 189, 192 pourraient être traités sans le contour apparent.

§ I. — CYLINDRE

Problème.

178. *Un cylindre étant donné par sa trace horizontale et les projections d'une génératrice* AB, *trouver une des projections d'un point de la surface, connaissant l'autre projection de ce point.*

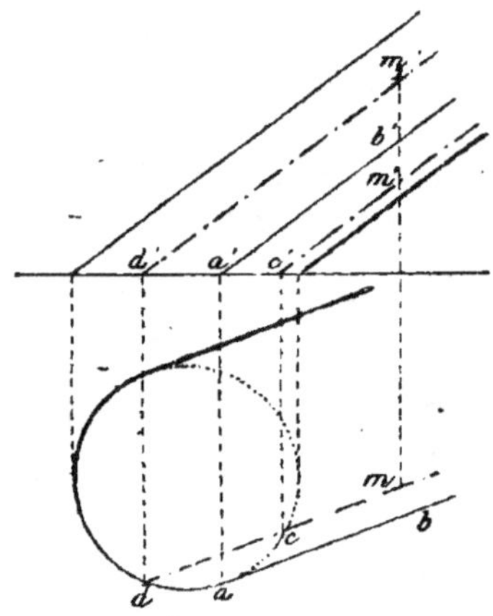

Il faut déterminer la génératrice qui passe par le point dont on connaît une des projections.

1° Soit m la projection horizontale donnée; menons mcd parallèle à ab; puis par c' une parallèle à $a'b'$, et déterminons m' de manière que M soit sur la génératrice CM.

Il y a généralement une seconde solution (m, m'_1) sur la génératrice $(dm, d'm'_1)$.

On opère d'une manière analogue lorsqu'on donne m'.

Problème.

179. *Déterminer le contour apparent d'un cylindre de révolution dont on connaît la direction de l'axe et le rayon.*

Soient $(ab, a'b')$ la direction de l'axe et r le rayon.

Pour avoir le contour apparent sur le plan horizontal, il faut déterminer la trace horizontale du cylindre, et mener à cette trace des tangentes parallèles à la projection horizontale de l'axe.

La trace est une ellipse [*Géométrie*, 618, 619]; le petit axe $= 2r$, il est perpendiculaire au grand axe, il faut donc mener ec perpendiculaire à ab. Pour avoir le grand axe de l'ellipse, il suffit de rabattre l'axe $(ab, a'b')$ du cylindre en aB; les génératrices extrêmes seraient tangentes à la circonférence décrite du centre a, avec r pour rayon; elles auraient pour direction gi, hj; elles coupent donc la trace du plan vertical qui les contient aux points i et j; on détermine ainsi les axes ce, ij.

Le contour apparent sur le plan horizontal, n° 176, se compose de la demi-ellipse *cie* et des projections horizontales *cd*,

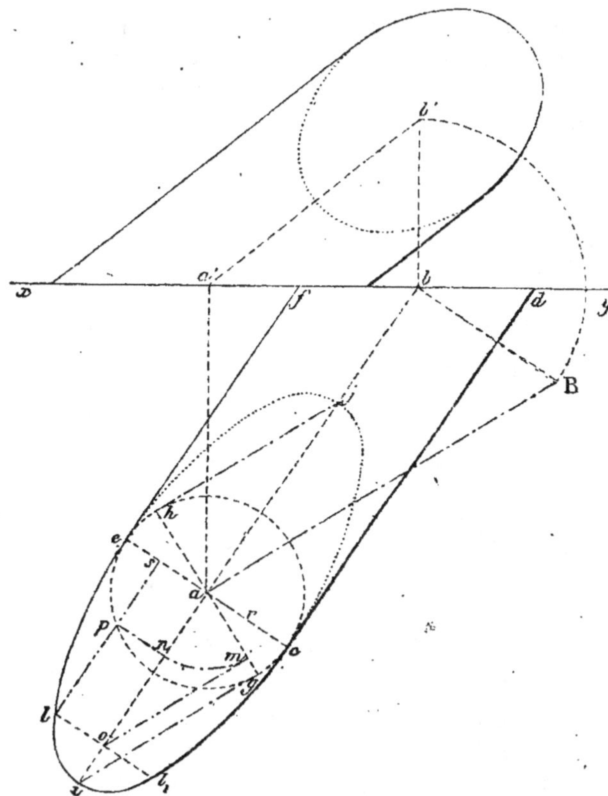

ef des génératrices extrêmes. On procède d'une manière analogue pour déterminer le contour apparent sur le plan vertical.

§ II. — CONE

Problème.

180. *Un cône étant donné, déterminer une des projections d'un point, connaissant l'autre projection de ce point.*

Il faut déterminer la génératrice qui passe par le point dont on connaît une des projections.

1ᵉʳ Cas. *La directrice* abc *est sur le plan horizontal.*

Soit *m* la projection horizontale donnée, menons *smba*, ce qui détermine les deux génératrices $(as, a's')$ et $(bs, b's')$; par suite, les points (m, m') et (m, m'_1) répondent à la question.

Si m' est donné, on mène $s'm'a'$, puis $a'a$ et as, afin de déterminer m. Généralement il y a deux génératrices $(as, a's')$, $(cs, c's')$, qui ont même projection verticale, et l'on a m et m_1 pour réponse.

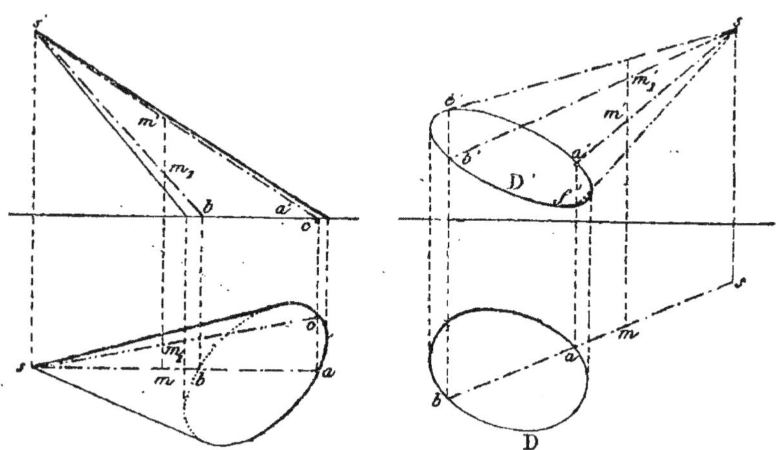

2e Cas. *La directrice est quelconque, et l'on connaît ses projections* D *et* D′.

On opère comme précédemment; mais quand la directrice est une courbe fermée, il faut connaître les parties qui se correspondent sur les deux plans de projection, sans cela on trouverait quatre points; car à la ligne sm on pourrait attribuer comme projection verticale, $s'a'$, $s'b'$, $s'f'$, $s'e'$; mais si les parties antérieures sont les projections l'une de l'autre, il n'y a que les deux solutions données par $s'a'$ et $s'b'$.

Problème.

181. *Déterminer le contour apparent d'un cône de révolution, connaissant les projections de l'axe et l'angle que cet axe forme avec les génératrices.*

La trace sur chaque plan est une section conique [*Géométrie,* 619]; un des axes de la courbe se trouve sur la trace du plan mené par l'axe perpendiculairement au plan de projection considéré; car la surface de révolution est symétrique par rapport à ce plan perpendiculaire.

Si BC représente le grand axe de la
section ayant D pour milieu, la section circulaire menée par D coupe l'axe
en un point E, obtenu en abaissant une
perpendiculaire DE sur SA. Or le cercle
et l'ellipse se coupent suivant IDJ ; pour
connaître cette longueur, il suffit de
décrire du centre E une circonférence
avec le rayon EF, et de mener par
le point D une corde perpendiculaire
à EF.

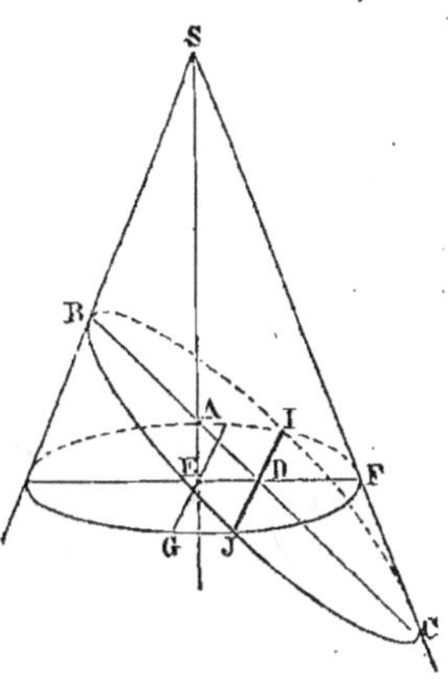

1ᵉʳ Cas. *L'axe du cône est parallèle
au plan vertical.*

Soient $(as, a's')$ et m l'axe et l'angle donnés ; construisons les

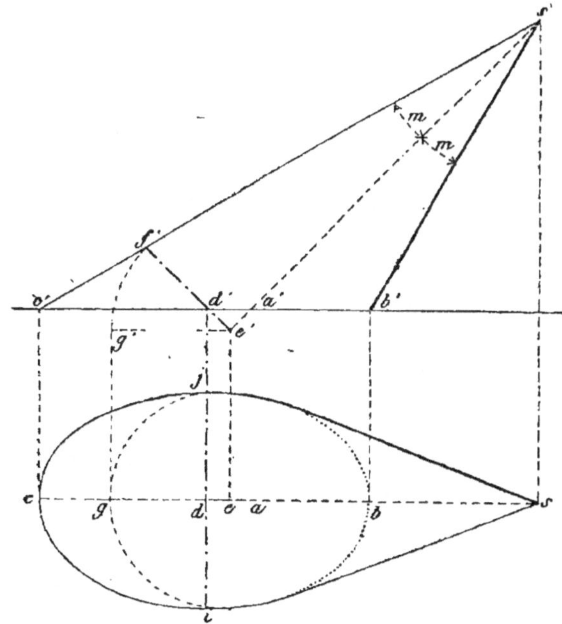

angles $a's'b'$ et $a's'c'$ égaux à l'angle m, on obtient ainsi les génératrices extrêmes ; ces lignes coupent le plan horizontal en b
et c ; donc bc est le grand axe de l'ellipse.

Le petit axe est perpendiculaire au point d, milieu de bc ;
donc il a d' pour projection verticale. Pour avoir sa longueur,
coupons le cône par un plan mené par d' perpendiculairement à
l'axe, la trace verticale $e'f'$ de ce plan détermine le rayon de la
section circulaire obtenue dans le cône, et dont le petit axe

cherché est la corde menée par (d, d'); donc du centre e avec le rayon $e'f'$, il faut décrire une circonférence, que fera connaître le petit axe ij demandé.

Le contour apparent sur le plan horizontal se compose des tangentes à l'ellipse menées par s, et d'une partie de la trace du cône.

182. **2e Cas.** *L'axe du cône est quelconque.*

Rabattons l'axe sur le plan horizontal, afin de déterminer les axes de la section; soit as'_1 l'axe rabattu; formons l'angle donné m; les génératrices $s'_1 b$, $s'_1 c$ font connaître le grand axe. Le petit axe est sur la perpendiculaire élevée au point d, milieu de bc. Par ce point d, il faut abaisser une perpendiculaire de' sur l'axe rabattu; $e'f'$ est le rayon de la section circulaire dont

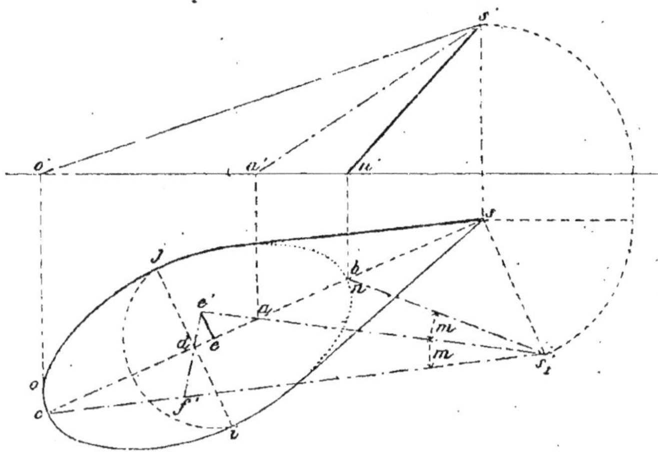

le petit axe est une corde; le centre de la section a pour rabattement c'; projetons donc ce point en e, et du centre c avec le rayon $e'f'$ décrivons une circonférence; elle détermine le petit axe ij.

Remarque. On peut déterminer les génératrices de contour apparent d'un cône de révolution sans recourir aux traces de ce cône [Exercice 167].

§ III. — SURFACES DE RÉVOLUTION

183. Une surface de révolution est généralement représentée par le méridien principal, et par l'équateur ou le cercle de gorge s'il y a lieu.

Dans la plupart des cas, l'axe de la surface de révolution est perpendiculaire au plan horizontal, et sur ce plan de projection tous les parallèles sont circulaires.

Problème.

184. Déterminer une des projections d'un point d'une surface de révolution, connaissant l'autre projection de ce point; la surface étant donnée par son contour apparent.

Il faut déterminer les projections du parallèle qui passe par le point dont on connaît une des projections.

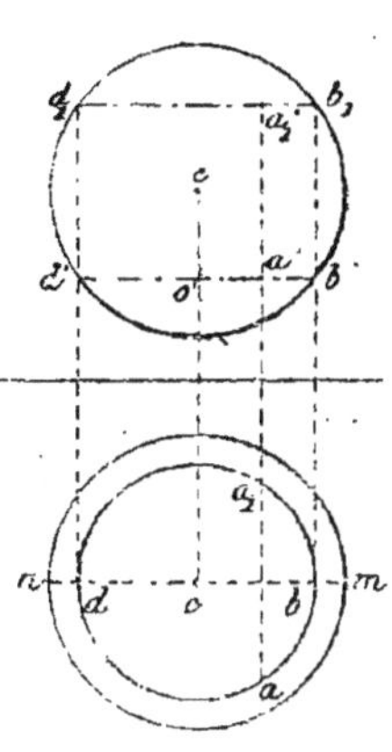

1° Soit a la projection horizontale donnée, décrivons le parallèle ca, sa projection verticale est une droite $b'd'$ parallèle à xy; puis a fait connaître a'.

Lorsque le point n'est pas sur l'équateur, il y a deux solutions (a, a') et (a, a'_1).

2° Soit a' la projection verticale donnée, menons le parallèle $b'd'$ et sa projection horizontale bad. On obtient généralement deux points a et a_1, qui correspondent à la projection verticale donnée a'.

Toute projection b' située sur le méridien principal correspond à une projection b placée sur mn.

Problème.

185. Un hyperboloïde de révolution à une nappe étant donné par son axe et par les projections d'une génératrice, trouver la projection d'un point de la surface, connaissant l'autre projection de ce point.

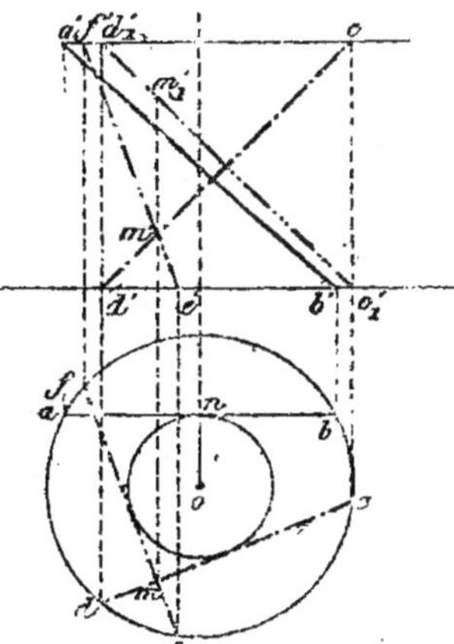

Soient $(ab, a'b')$ la génératrice, m la projection horizontale d'un point de la surface.

La perpendiculaire on est le rayon du collier; prenons $na = nb$, afin que les extrémités des projections horizontales des génératrices limitées que l'on considère soient sur une même circonférence, alors (a, a') et (b, b') décrivent des parallèles égaux.

Par m menons une tangente cd au

collier; elle a $c'd'$ pour projection verticale, et l'on trouve m' pour réponse.

Si l'on prenait $c'_1d'_1$ pour projection verticale de cd, on aurait m'_1.

(Pour les propriétés de l'hyperboloïde de révolution, voir *Géométrie*, appendice, exercice 1.)

Remarque. Par le point (m, m') on peut mener une génératrice $(ef, e'f')$ du second système; à cause de la symétrie de position des lignes DC et FE, par rapport à l'axe, on reconnaît immédiatement que ces génératrices engendrent la même surface.

CHAPITRE III

PLANS TANGENTS

§ I. — CYLINDRE

Problème.

186. *Par un point donné sur la surface, mener un plan tangent à un cylindre.*

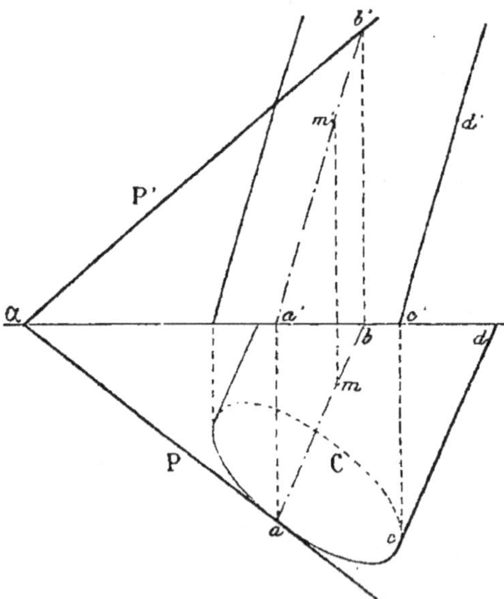

Le plan tangent doit contenir une génératrice, et la trace du cylindre doit être tangente à la trace du plan tangent [n° 165, II]; donc il faut mener la génératrice du point de contact, et par la trace de cette ligne mener une tangente à la trace du cylindre : le plan demandé sera déterminé par la tangente ainsi menée et par la génératrice.

Soit le cylindre déterminé par sa trace horizontale C et par la génératrice $(cd, c'd')$. Pour le point donné

(m, m'), on a la génératrice AB. Par a, il faut mener la tangente aP et joindre α à la trace verticale b' de la génératrice de contact ; on a ainsi le plan PαP'.

Remarque. Si le point n'est donné que par une de ses projections, a par exemple, on détermine a' [nᵒ 178], mais on trouve un second point (a, a'_1) et par suite un second plan tangent ; l'intersection des deux plans tangents doit être parallèle aux génératrices du cylindre.

Problème.

187. *Mener un plan tangent à un cylindre par un point extérieur* (a, a').

Le plan tangent doit contenir une génératrice, et par suite il contiendra la parallèle aux génératrices menée par le point donné ; la trace de cette parallèle sera donc un point de la trace du plan cherché ; par ce point on mènera une tangente à la trace correspondante du cylindre, afin de déterminer la génératrice de contact.

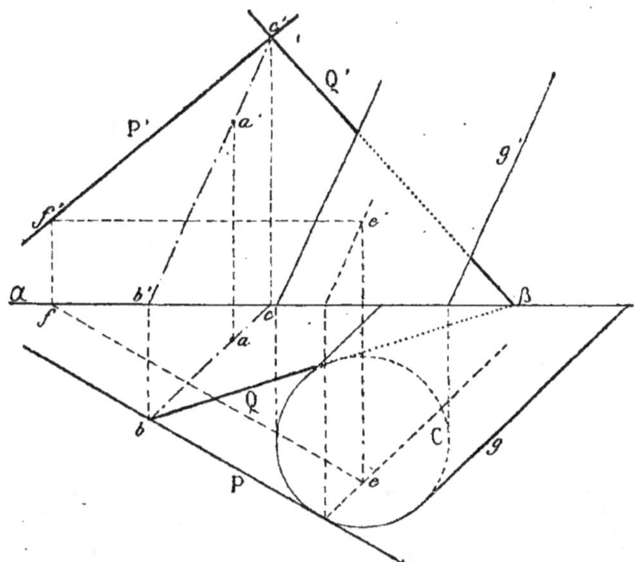

Soient le point (a, a') et le cylindre déterminé par sa trace horizontale C et par la direction (g, g') de ses génératrices.

Par le point A menons BC parallèle à la droite G ; par la trace b menons la tangente bP et joignons $\alpha c'$: le plan PαP' est tangent au cylindre.

Remarques. I. Il y a autant de solutions qu'on peut mener de tangentes à la trace C par le point *b*.

II. Lorsque la trace *c'* se trouve hors des limites de l'épure, on prend un point (e, e') sur la génératrice de contact, et l'on mène une horizontale $(ef, e'f')$ du plan tangent; on détermine ainsi directement un nouveau point de la trace verticale; il en serait encore ainsi dans le cas où αP ne couperait pas *xy* dans les limites de l'épure; d'ailleurs une nouvelle horizontale donnerait un second point de αP'.

La même remarque s'applique aux autres problèmes relatifs aux plans tangents.

Problème.

188. *Mener à un cylindre un plan tangent parallèle à une droite donnée* $(ab, a'b')$.

Le plan tangent doit contenir une génératrice [n° 163, II]; donc, par un point de la droite AB, il faut mener une parallèle

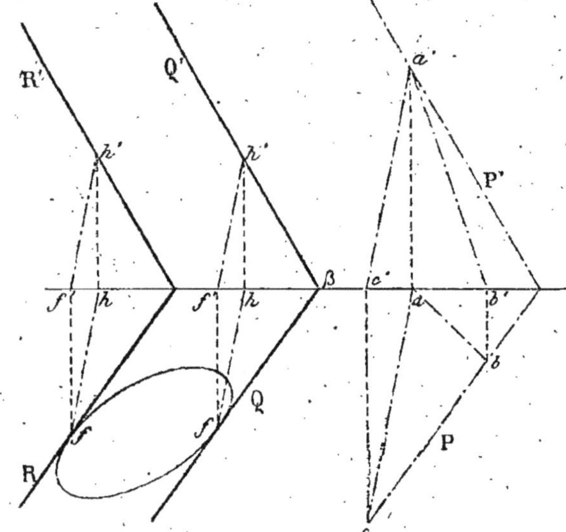

aux génératrices; et le plan tangent demandé devra être parallèle au plan déterminé par AB et par la parallèle aux génératrices.

Soit le cylindre déterminé par sa trace horizontale *ff* et par ses génératrices.

Par un point (a, a') de la ligne donnée, menons $(ac, a'c')$ parallèle aux génératrices; les plans R et Q parallèles à PαP', et dont la trace horizontale est tangente à la trace du cylindre, répondent à la question.

Vérification. Chaque plan tangent, R par exemple, doit contenir la génératrice de contact.

§ II. — CONE

Problème.

189. *Par un point pris sur un cône, mener un plan tangent à ce cône.*

Le plan tangent doit contenir la génératrice menée par le point donné (a, a'), et sa trace horizontale doit être tangente à la trace du cône [nᵒ 165, II].

Soit le cône déterminé par sa trace C et par son sommet (s, s').

Il faut mener la génératrice SAB, puis la tangente αP, et joindre α à la trace verticale c' de la génératrice de contact, le plan PαP′ est tangent au cône.

Remarque. Si la trace αP ne rencontre pas xy dans les limites de l'épure, on mène soit une horizontale FG du plan par un point (f, f') de la génératrice AS, soit une parallèle à cette génératrice par un point quelconque de la trace horizontale αP.

Problème.

190. *Par un point quelconque (a, a') mener un plan tangent à un cône dont on connaît le sommet et la trace horizontale.*

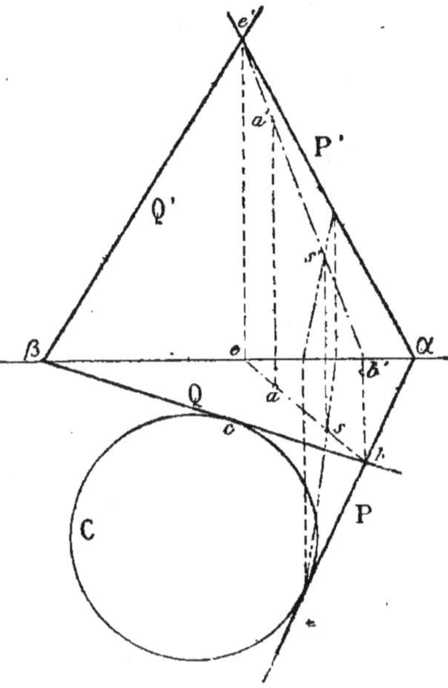

Soit le cône donné par sa trace C et par son sommet $(s' s')$.

Le plan demandé doit contenir le sommet S et le point donné A ; sa trace horizontale doit donc passer par la trace horizontale de la droite AS ; ainsi il faut mener la droite $(sa, s'a')$; par la trace b de cette ligne mener une tangente αbP à la trace du cône, et joindre α à la trace verticale e' de la droite AS ; PαP' est le plan tangent au cône.

Remarque. Il y a autant de solutions qu'on peut mener de tangentes à la trace du cône par le point b. Tous les plans tangents se coupent suivant la droite AS.

Problème.

191. *Mener à un cône un plan tangent parallèle à une droite donnée.*

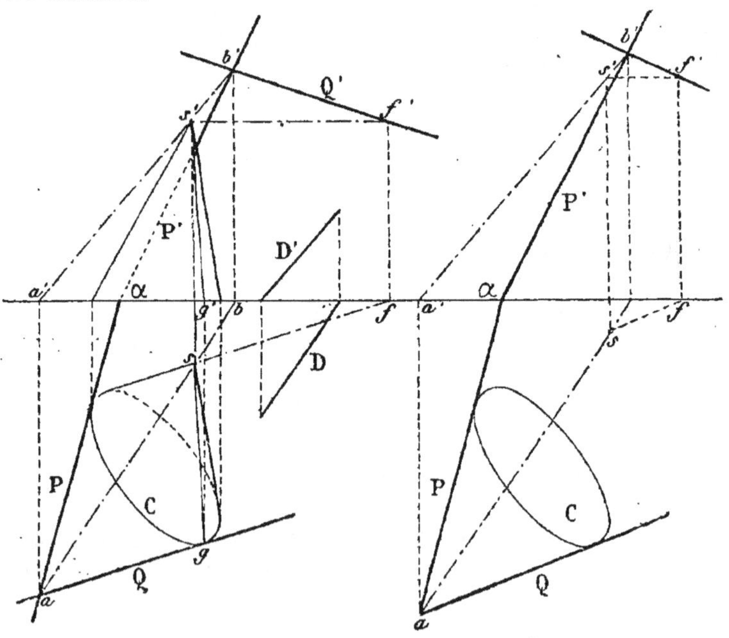

Soient (D, D′) la droite donnée et le cône défini par sa trace horizontale C et son sommet (s, s′).

Le plan doit contenir une parallèle à (D, D′) et passer par le sommet ; donc par le sommet il faut mener la droite (ab, a′b′) parallèle à la ligne donnée, et par la trace horizontale a mener la tangente aP ; enfin joindre α à la trace verticale b′ de la droite AB ; le plan PαP′ est tangent au cône.

Vérification. Le plan doit contenir la génératrice de contact. Il y a généralement autant de solutions qu'on peut mener de tangentes aP, aQ à la trace du cône.

Problème.

192. *Mener à un cône un plan tangent qui fasse un angle donné avec le plan horizontal.*

Les plans tangents à un cône de révolution à axe vertical, font avec le plan horizontal un angle constant (n° 174) ; la génératrice de contact est perpendiculaire à la trace horizontale du plan en vertu du théorème des trois perpendiculaires [*Géométrie,* 301], cette trace est perpendiculaire au rayon de la base du cône ; donc cette génératrice est la ligne de plus grande pente du plan tangent, et son inclinaison sur le plan horizontal mesure l'inclinaison du plan tangent ; par suite le plan demandé doit être tangent au cône donné et à un cône de révolution ayant même sommet que le premier, et dont les génératrices font avec le plan horizontal l'angle donné.

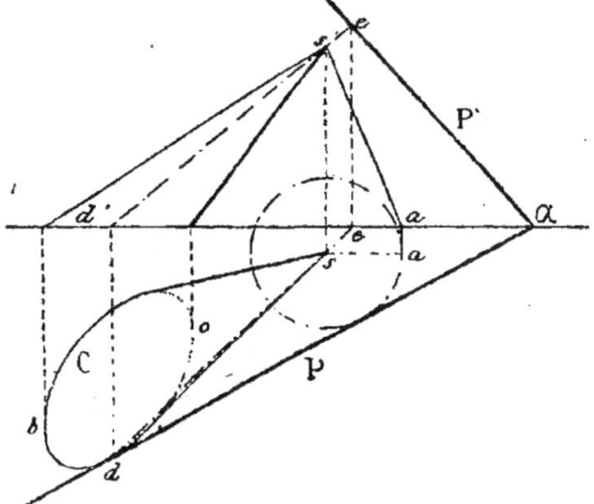

Épure. Soit le cône ayant C pour trace horizontale et (s, s′) pour sommet. Par (s, s′) il faut mener s′ a′ faisant l'angle voulu s′a′x ; décrire une circonférence avec le rayon as, mener une tangente commune αP aux traces des deux cônes ; la génératrice de contact (de, d′e′) détermine αP′, et le plan PαP′ remplit les conditions de l'énoncé. Il y a autant de solutions que de tangentes communes aux traces des deux cônes.

Problème.

193. *Mener à un cylindre un plan tangent faisant un angle donné avec le plan horizontal.*

Par le sommet d'un cône de révolution dont les génératrices rencontrent le plan horizontal en faisant l'angle donné, il faut mener une parallèle aux génératrices du cylindre, et par cette droite mener un plan tangent au cône; le plan ainsi déterminé est parallèle à celui que l'on demande; par suite, pour obtenir ce dernier, il faut mener au cylindre un plan tangent parallèle à la génératrice de contact du plan tangent au cône auxiliaire [n° 188].

Ces deux problèmes, 192 et 193, ne sont pas toujours possibles.

§ III. — SURFACES DE RÉVOLUTION

Problème.

194. *Par un point donné sur une surface de révolution, mener un plan tangent à cette surface.*

Soit la surface de révolution ayant pour contour apparent C et

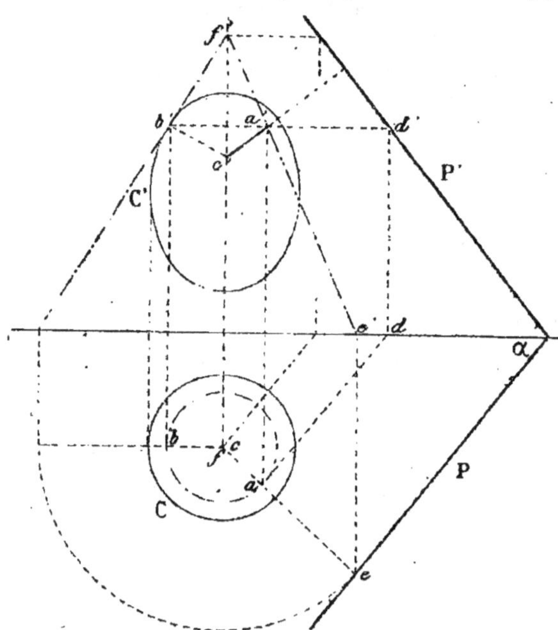

C', le plan demandé doit être perpendiculaire à l'extrémité de la normale du point donné (a, a') [n° 173, 1°]. Or les normales relatives à un même parallèle rencontrent l'axe au même point

[171, corollaire]; donc il faut mener $b'c'$ normale à la courbe méridienne, et joindre $(ac, a'c')$, cette ligne est la normale du point (a, a'). Par (a, a') il faut mener un plan perpendiculaire à $(ac, a'c')$ [n° 63]; on peut employer l'horizontale $(ad, a'd')$ pour déterminer un point de la trace du plan; on peut aussi utiliser le point f' qui appartient au plan et mener la génératrice $(ef, e'f')$ du cône circonscrit. PαP' est tangent à la surface, au point (a, a').

Problème.

195. *Mener à une surface de révolution un plan tangent parallèle à un plan donné.*

Soit la surface qui a C et C' pour contours apparents.

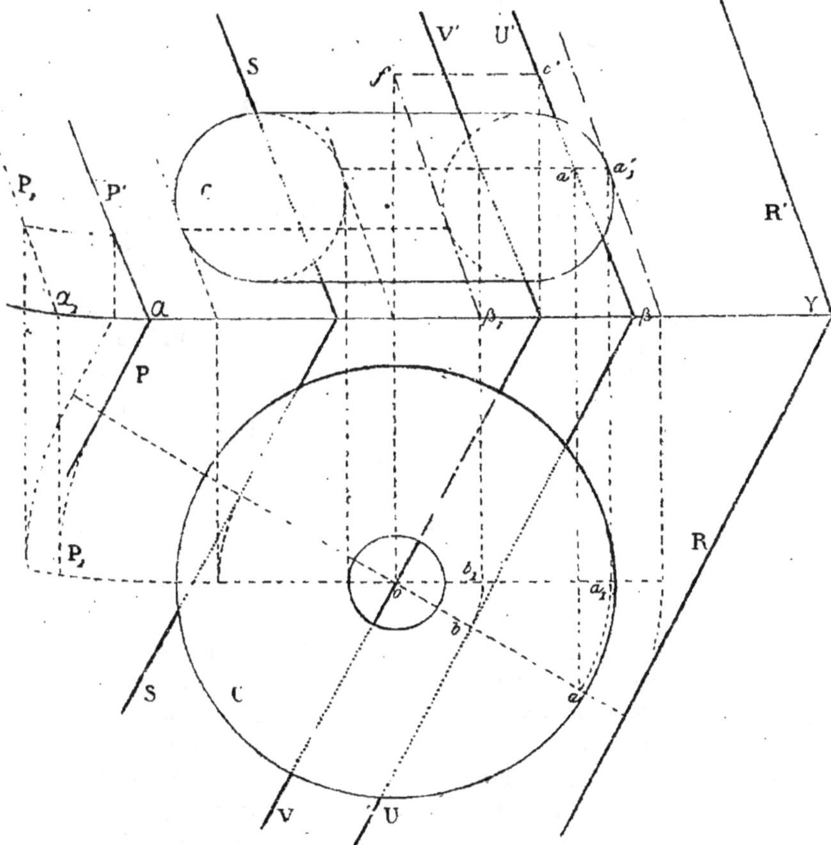

Si le plan donné était perpendiculaire au plan vertical, il suffirait de mener la trace verticale du plan demandé tangente au méridien principal et parallèle à la trace du plan donné, car le nouveau plan devrait être lui-même perpendiculaire au plan vertical. [N° 169.]

Lorsque le plan donné PαP′ est quelconque, il faut l'amener, par une rotation autour de l'axe de la surface de révolution [n° 98], à être perpendiculaire au plan vertical, puis lui mener un plan parallèle qui soit tangent à la surface, et, par une rotation de sens contraire, amener ce dernier plan à être parallèle à PαP′.

Ainsi PαP′ devient $P_1\alpha_1P'_1$; on détermine le plan parallèle $f\beta_1 b_1$ et on amène ce dernier plan à la position UβU′. [N° 98.]

Il y a généralement plusieurs solutions.

Problème.

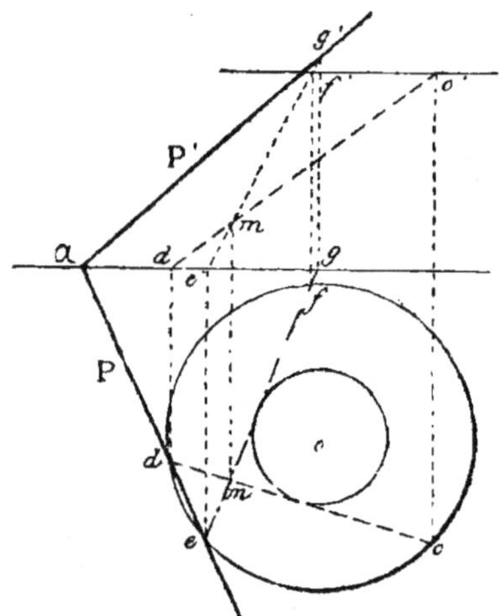

196. *Par un point pris sur la surface d'un hyperboloïde de révolution, mener un plan tangent à cette surface.*

Le plan tangent à une surface réglée contient la génératrice du point de contact [n° 163, II]. Il faut donc mener les deux génératrices rectilignes (cd, $c'd'$), (ef, ef'), qui passent par le point donné (m, m), [n° 185, *Remarque*]; le plan PαP′ qui passe par ces deux droites est le plan tangent demandé.

Problème.

197. *Par une droite donnée, mener un plan tangent à une sphère.*

Le plan demandé est tangent au cylindre circonscrit à la sphère et dont les génératrices sont parallèles à la droite donnée, et à tous les cônes circonscrits à la sphère et dont le sommet est sur la ligne donnée [n° 177]. La construction la plus simple est fournie par le cône circonscrit dont l'axe est horizontal ; car dans ce cas le parallèle de contact par rapport à l'axe du cône [n° 174, 2°], étant perpendiculaire au plan horizontal, se projette sur ce plan suivant un diamètre; il suffit de mener ensuite un plan passant par la droite et tangent au cône considéré.

Soient (c, c') et $(ab, a'b')$ la sphère et la droite données.

Pour déterminer l'axe du cône menons par le centre (c, c') un

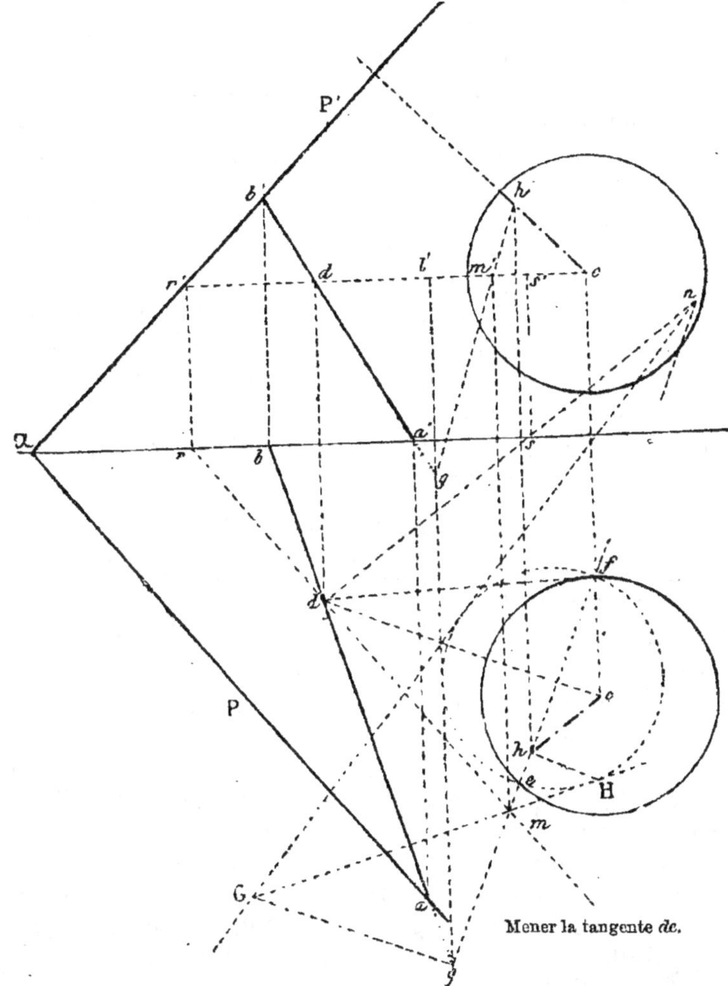

plan horizontal, il donne l'horizontale $(cd, c'd')$. Par la projection horizontale d du sommet menons les tangentes de, df à
l'équateur de la sphère. Le contact du cône et de la sphère est un
parallèle projeté horizontalement suivant son diamètre ef. Le plan
vertical de la courbe de contact coupe la droite au point (g, g').
Or si par ce point situé dans le plan de base du cône on mène une
tangente à la circonférence projetée en ef, la tangente ainsi menée
et la droite $(ab, a'b')$ détermineront le plan tangent au cône et
par suite à la sphère. Pour avoir la tangente cherchée, rabattons

le plan vertical conduit par *ef* sur le plan horizontal qui passe par le centre de la sphère ; la base du cône rabattue devient le cercle *e*H*f* dont *ef* est le diamètre ; (g, g') vient en G à une distance *g*G égale à $l'g'$; donc par le point G il faut mener la tangente GH ; cette droite rencontre le plan horizontal auxiliaire au point (m, m') ; donc $g'm'$ est la projection verticale de la tangente menée par le point (g, g') à la circonférence de base du cône. Le plan des droites $(ab, a'b')$, $(gm, g'm')$ est le plan tangent demandé. Pour avoir ses traces, il suffit de remarquer que αP doit passer par *a* et être parallèle à *dm*, car le plan tangent doit contenir l'horizontale $(dm, d'm')$.

La trace verticale passe par b'.

Vérification. r' doit se trouver sur αP' ; d'ailleurs H fait connaître les projections (h, h') du point de contact, et les traces du plan doivent être respectivement perpendiculaires aux projections $ch, c'h'$ du rayon qui passe par ce point. [N° 37.]

Remarque. La tangente G*n* fait connaître l'horizontale $(dsn, d's')$ d'un second plan tangent.

Problème.

198. 1° *Déterminer la ligne de contact d'une sphère et d'un cylindre circonscrit dont les génératrices sont parallèles à une droite donnée ; 2° déterminer la trace horizontale de ce cylindre.*

Par le centre de la sphère, on mène une parallèle à la droite donnée ; on obtient ainsi l'axe d'un cylindre de révolution dont on connaît le rayon, et le problème est ramené aux suivants : 1° trouver la section droite d'un cylindre placé d'une manière quelconque par rapport aux plans de projection [n° 205] ; 2° trouver les traces d'un cylindre de révolution [n° 179].

Le problème 198 s'énonce habituellement comme il suit :

Déterminer l'ombre propre d'une sphère éclairée par des rayons parallèles, et l'ombre portée par cette sphère sur le plan horizontal [n° 288].

Problème.

199. 1° *Déterminer la ligne de contact d'une sphère et d'un cône circonscrit dont on donne le sommet ; 2° déterminer la trace horizontale de ce cône.*

On joint le point donné au centre et l'on connaît l'axe du cône de révolution, en rendant cet axe parallèle à l'un des plans de projection et menant par le sommet des tangentes au contour apparent de la sphère ; on détermine l'angle que les génératrices du cône font avec l'axe, et la seconde partie du problème est ramenée au nᵒ 181 : Déterminer la trace d'un cône de révolution, connaissant l'axe et l'angle que cette ligne forme avec les génératrices.

Ordinairement le problème proposé [199] s'énonce comme il suit :

Déterminer l'ombre propre d'une sphère éclairée par un point lumineux, et l'ombre portée par cette sphère sur le plan horizontal [nᵒ 289].

CHAPITRE IV

SECTIONS PLANES

200. Surfaces réglées. Pour avoir les projections de l'intersection par un plan quelconque d'une surface réglée, on peut déterminer le point où chaque génératrice de la surface rencontre le plan. Dans les applications, on se borne à prendre un petit nombre de génératrices convenablement choisies, et l'on joint les points obtenus par un trait continu.

Surfaces de révolution. Lorsque la surface est de révolution, on cherche les points où quelques parallèles de la surface rencontrent le plan donné ; on détermine aussi les points où le méridien principal est coupé par le plan.

201. Tangentes à la courbe de section. La tangente à la courbe plane obtenue doit se trouver dans le plan sécant donné et dans le plan tangent à la surface au point considéré [nᵒ 165, III] ; il suffit donc de mener ce dernier plan et de chercher la droite suivant laquelle il est coupé par le plan qui détermine la section. Les projections de la courbe et celle de la tangente sont tangentes entre elles. [Nᵒ 166.]

202. Développement. Lorsque la surface coupée est développable [nᵒ 159], on l'ouvre suivant une de ses génératrices et on dessine sur l'épure la figure qu'on obtiendrait en développant sur un plan la surface étudiée.

La courbe obtenue par les divers points de la section se nomme la *transformée* de la courbe de section ; la tangente à la section donne une tangente au point correspondant de la transformée ; car, dans les deux cas, c'est la limite des positions que prend une sécante dont les points d'intersection se rapprochent indéfiniment ; par suite, *quelle que soit la modification subie par la surface développable, la tangente à une courbe tracée sur la surface fait avec la génératrice rectiligne du point de contact un angle constant.*

Remarque. Les questions relatives aux sections planes se simplifient lorsque le plan sécant est perpendiculaire à l'un des plans de projection, car la projection de la section sur ce plan se trouve sur la trace correspondante du plan sécant. [No 31.]

La vraie grandeur de la section s'obtient en rabattant le plan sécant sur l'un des plans de projection.

§ I. — CYLINDRE

Problème.

203. *Déterminer la section plane d'un cylindre de révolu-*

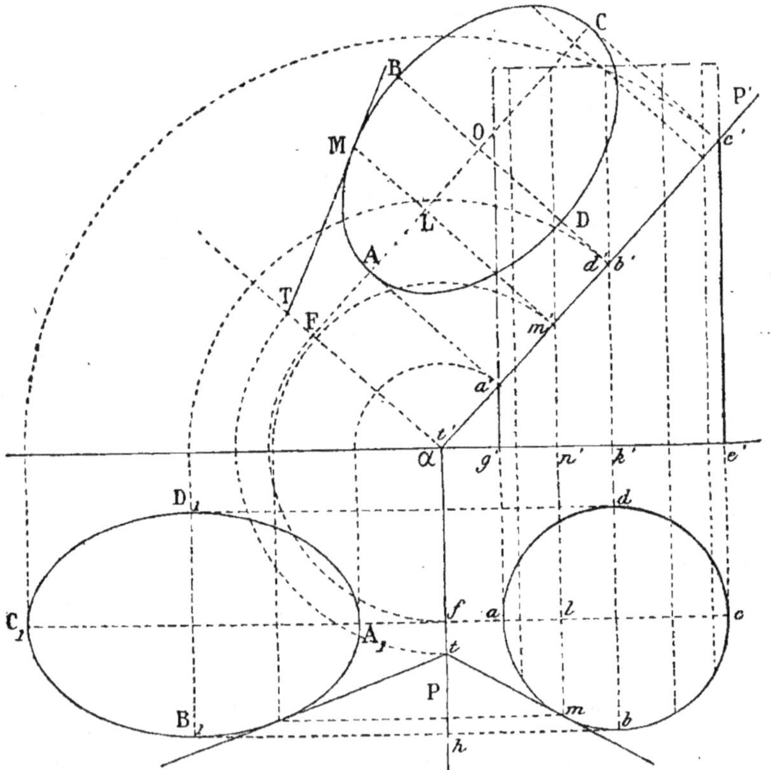

tion dont l'axe est vertical, par un plan perpendiculaire au plan vertical; trouver la vraie grandeur de la section et développer le cylindre.

Soit le plan $P\alpha P'$; la section est une ellipse ayant $a'c'$ pour grand axe et dont le petit axe égale bd. [*Géométrie,* 618.]

Le cylindre étant droit, toute section a pour projection horizontale la circonférence $abcd$; le plan $P\alpha P'$ étant perpendiculaire au plan vertical, la section a pour projection verticale $a'b'c'$.

En prenant un point quelconque m sur $abcd$, on détermine m' sur $a'c'$. Le plan tangent le long de la génératrice $(m, m'n')$ a pour trace horizontale mt, donc $(mt, m't')$ est la tangente à la section au point (m, m'). [N° 201.]

Vraie grandeur de la section. En rabattant le plan $P\alpha P'$ sur le plan vertical, αf devient αF, etc. AC est le grand axe de l'ellipse, $BD = bd$ en est le petit axe; pour un point quelconque (m, m') on a $LM = lm$. Lorsque le plan sécant est rabattu sur le plan horizontal, on obtient $A_1 B_1 C_1 D_1$.

204. *Développement.* Ouvrons le cylindre suivant la généra-

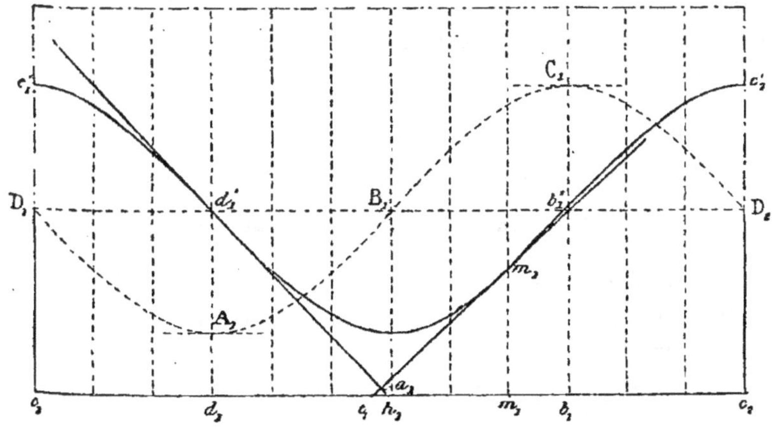

trice $(c, c'e')$. Traçons la droite $c_1 c_2$ égale à la circonférence $abcd$ rectifiée; les génératrices seront perpendiculaires à $c_1 c_2$; puis prenons $c_1 c'_1 = c_2 c'_2 = c'e'$; de même $d_1 d'_1 = k'd'$. Pour avoir un point quelconque de la transformée, on prend $a_1 m_1 = $ à l'arc rectifié am, puis $m_1 m'_1 = m'n'$.

Généralement on divise la circonférence $abcd$ en parties égales afin de simplifier les constructions.

On peut aussi recourir au calcul; on mesure le rayon, d'où $C = 2\pi R$; on en conclut la longueur des subdivisions de cette circonférence. En géométrie descriptive, on a surtout recours aux constructions graphiques : on peut utiliser celles qui sont indiquées en géométrie [n° 692].

Tangente. La tangente en un point m'_1 de la transformée fait avec la génératrice $m_1 m'_1$ l'angle que la tangente MT fait avec la génératrice MN du cylindre [n° 202] ; or la tangente MT de l'espace est l'hypoténuse d'un triangle rectangle ayant pour côtés de l'angle droit mt et $m'n'$ (fig. n° 203) ; donc il suffit de prendre $m_1 t_1 = mt$, $m_1 m'_1 = m'n'$ et de joindre t_1 à m'_1.

La construction de la tangente $t_1 m'_1$ ne présuppose point celle de la transformée, et même la courbe se trace plus exactement lorsqu'on connaît la tangente.

La tangente est horizontale aux sommets c'_1, a'_1 et c'_2, elle coupe la courbe aux points d'inflexion b'_1 et d'_1 ; ces points correspondent aux génératrices de contact des plans tangents au cylindre, plans qui sont en même temps perpendiculaires au plan sécant $P\alpha P'$.

En commençant le développement de la surface par la génératrice $(d, d'k')$, on obtient la transformée $D_1 A_1 B_1 C_1 D_2$ où l'on reconnaît plus facilement une *sinusoïde*. [*Trigonométrie*, 13. *Géométrie*, appendice, exercices, 103.]

Problème.

205. *Déterminer la section droite d'un cylindre quelconque.*

La section droite sera donnée par un plan perpendiculaire aux génératrices.

Pour simplifier la recherche de l'intersection, il suffit de prendre un nouveau plan vertical de projection perpendiculaire au plan sécant.

Soit le cylindre ayant pour trace horizontale la courbe $acbe$ et $c'd'$ pour projection verticale d'une de ses génératrices.

Menons αP perpendiculaire aux projections horizontales des génératrices, puis $\alpha P'$ perpendiculaire à $c'd'$. Avec la nouvelle ligne de terre $x'y'$ perpendiculaire à αP, on trouve $\beta P'_1$ pour nouvelle trace, car $\beta P'_1$ doit être parallèle à sR. [N° 106.]

Le plan sécant étant perpendiculaire à $P\alpha P'$, la nouvelle projection verticale $c'_1 d'_1$ du cylindre doit être perpendiculaire à $\beta P'_1$.

Une génératrice quelconque, par exemple celle qui a pour trace (n, n'_1), est coupée en m'_1 ; ce point fait connaître la projection horizontale m, et celle-ci fait connaître m'; d'ailleurs $l'm'$ doit égaler $l'_1 m'_1$. On détermine ainsi autant de points que l'on veut.

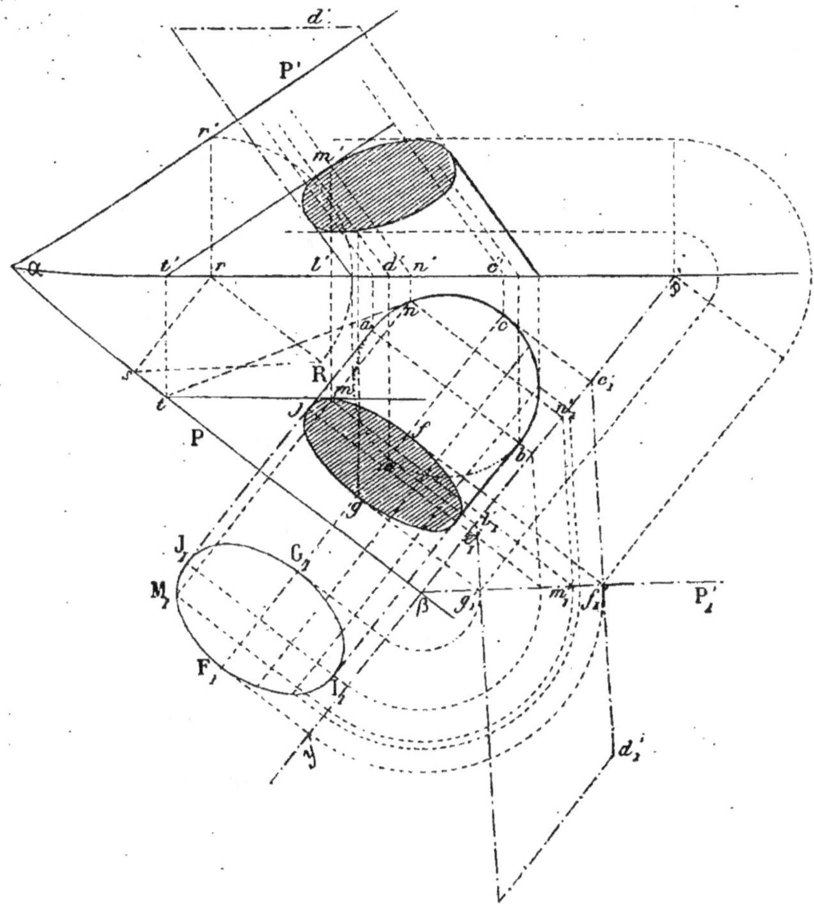

Il est particulièrement utile de chercher les points d'intersection de chaque génératrice du contour apparent.

206. *Tangente.* Le plan tangent suivant la génératrice $(mn, m'n')$ a pour trace horizontale la tangente nt à la trace horizontale du cylindre; or cette droite rencontre le plan $P\alpha P'$ au point t, donc tm est la projection horizontale de l'intersection du plan tangent au cylindre et du plan sécant; c'est-à-dire que tm est la projection de la tangente demandée. On projette t sur xy et l'on mène $t'm'$.

Vraie grandeur de la section. Le rabattement se fait sur le plan horizontal à l'aide de $\beta P'_1$; la tangente serait la ligne tM_1.

207. *Développement.* La section droite se développe suivant une droite $g_1 g_2$ égale à la courbe $F_1 G_1$ rectifiée. D'une manière générale on doit avoir $g_1 m_1 = \text{arc } G_1 M_1$; puis $Eg_1 = e'_1 g'_1$; $Nm_1 = n'_1 m'_1$.

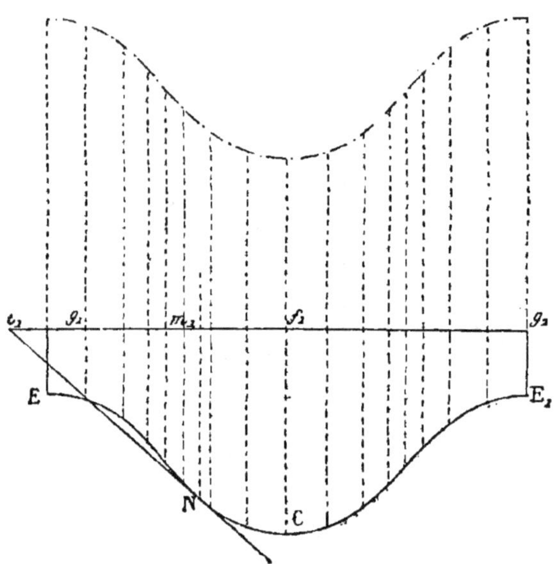

La courbe ECE_1 est la transformée de la trace horizontale du cylindre.

La tangente nt à cette trace devient Nt_1, en prenant $m_1 t_1 = mt$ et $m_1 N = m'_1 n'_1$.

§ II. — CONE

208. *Déterminer la section d'un cône de révolution par un plan.*

La courbe est une ellipse (**a**), une parabole (**b**) ou une hyperbole (**c**), suivant l'inclinaison du plan. [*Géométrie*, 619.]

D'ailleurs toute section plane d'un cône de révolution a pour projection sur le plan de la base une courbe de même nom que la proposée, et la projection du sommet du cône est l'un des foyers de la nouvelle courbe. [*Géométrie*, 632.]

Pour étudier les sections du cône, on admet généralement que l'axe de la surface est vertical et que le plan sécant est perpendiculaire au plan vertical.

209. (**a**) *Le plan coupe toutes les génératrices du cône* SAB, S'A'C'.

La section est une ellipse [*Géométrie*, 620] dont il suffit de déterminer les axes.

$a'b'$ est le grand axe de la section, et fait connaître ab grand

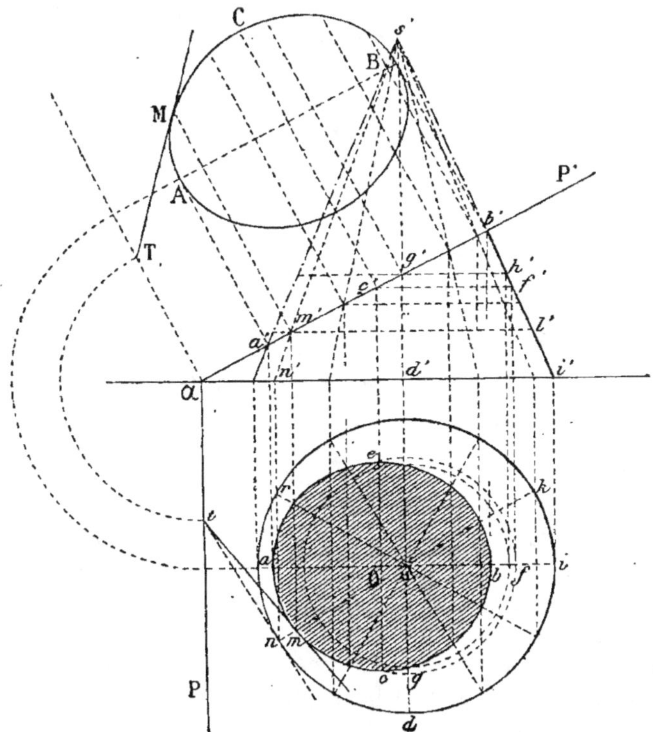

axe de la projection; le petit axe ce est perpendiculaire au milieu de ab, il égale la corde perpendiculaire à $b'a'$, du parallèle qui passe à égale distance de a' et b'; donc pour déterminer ce petit axe on mène une perpendiculaire Oc' au milieu de ab, elle passe au milieu de $a'b'$; on projette f' en f, et la circonférence décrite avec le rayon of donne ce pour petit axe.

Pour déterminer la courbe par points, sans recourir à ses axes, on mène diverses génératrices ($sn, s'n'$) par exemple, et m' fait connaître m. Cette construction ne peut pas être employée pour $(sd, s'd')$, mais le parallèle de rayon $g'h'$ détermine le point g.

Tangente. Le plan tangent au cône au point (m, m') contient la génératrice $(sm, s'm')$. Sa trace horizontale est tangente à la circonférence de base, donc il faut mener par le point n la tangente nt, t est la trace horizontale de cette ligne, donc tm est la tangente demandée. [N° 165, III.]

Vraie grandeur de la section. On procède comme pour le cylindre [n° 201].

210. *Développement.* Le développement du cône est un secteur circulaire ISI_1 ayant pour rayon la génératrice $i's'$ et dont l'arc

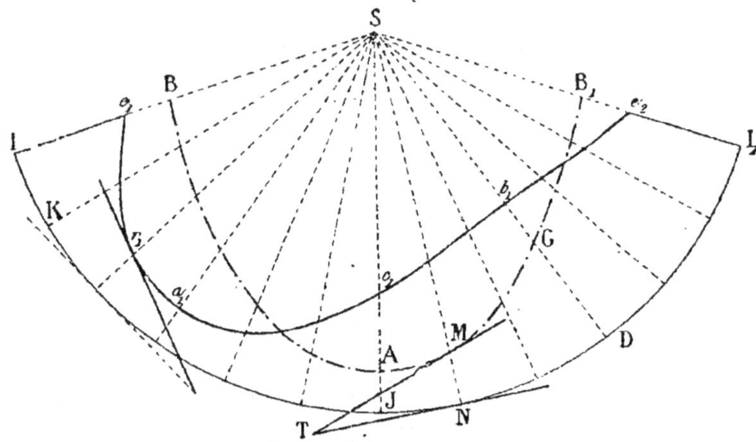

IJI_1 égale la circonférence de base. Pour obtenir la transformée, on prend l'arc $IK =$ l'arc ik; l'arc $JN =$ l'arc jn. Puis il faut prendre SM égale à la vraie grandeur de $(sm, s'm')$, c'est-à-dire à $s'l'$.

On obtient la transformée $e_1a_1b_1e_2$ lorsqu'on ouvre le cône suivant la génératrice se; et la transformée BAB en ouvrant le cône suivant $(bi, b'i')$.

Pour avoir la tangente, on prend $NT = nt$, car la tangente dans l'espace est l'hypoténuse d'un triangle rectangle ayant pour côtés de l'angle droit nt et la vraie grandeur $l'i'$ de $(mn, m'n')$.

211. (**b**) *Le plan est parallèle à une génératrice du cône.*

La section est une parabole [*Géométrie*, 622], et il en est de même de sa projection sur le plan de la base. Pour déterminer cette projection on peut employer des parallèles du cône. Ainsi le parallèle (G, G') fait connaître les points m et m_1, etc.

En rabattant le plan sur le plan vertical on a ABC pour la vraie grandeur de la section. Si on veut avoir le développement

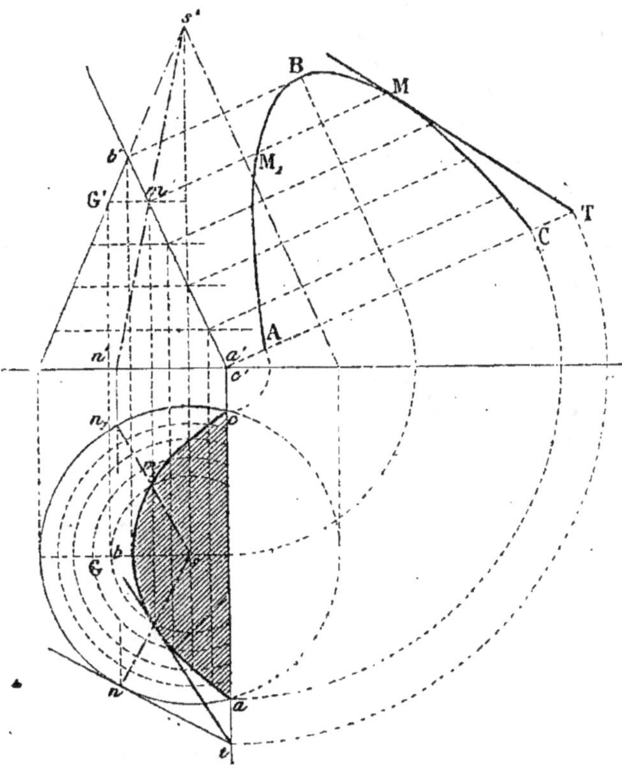

de la section, il faut mener les génératrices des points déterminés ; par exemple $(sn, s'n')$, $(sn_1, s'n')$ sont les génératrices des points (m, m') et (m_1, m'), etc.

212. (c) *Le plan sécant rencontre les deux nappes du cône.*

Dans ce cas, la section est une hyperbole. [*Géométrie*, 624.]

La courbe a pour asymptotes les droites menées par son centre, parallèlement aux génératrices que détermine dans le cône un plan mené par le sommet, parallèlement au plan sécant. (*Géométrie*, 627.)

On peut déterminer la projection horizontale, en cherchant le point où chaque génératrice rencontre le plan sécant, ou bien en menant des parallèles de la surface de révolution ; on peut aussi se borner à tracer les asymptotes et à déterminer un point de la courbe [*Géométrie*, 629] ; car la projection de l'hyperbole sur le plan de la base est une hyperbole, et la nouvelle courbe

4*

a pour asymptotes les projections des asymptotes de la première. [*Géométrie*, appendice, exercice 10.]

Soit le plan $P\alpha P'$ coupant les deux nappes du cône donné; a' et b' font connaître a et b les sommets de la courbe; $a'b'$ est l'axe transverse de l'hyperbole, sa projection ab est l'axe transverse de la projection de la section. Le plan mené par le sommet parallèlement à $P\alpha P'$ donne les génératrices $(sd,\ s'd')$ et $(sd_1,\ s'd')$. Les parallèles of, og à sd, sd_1 menés par le milieu de ab sont les asymptotes de la projection.

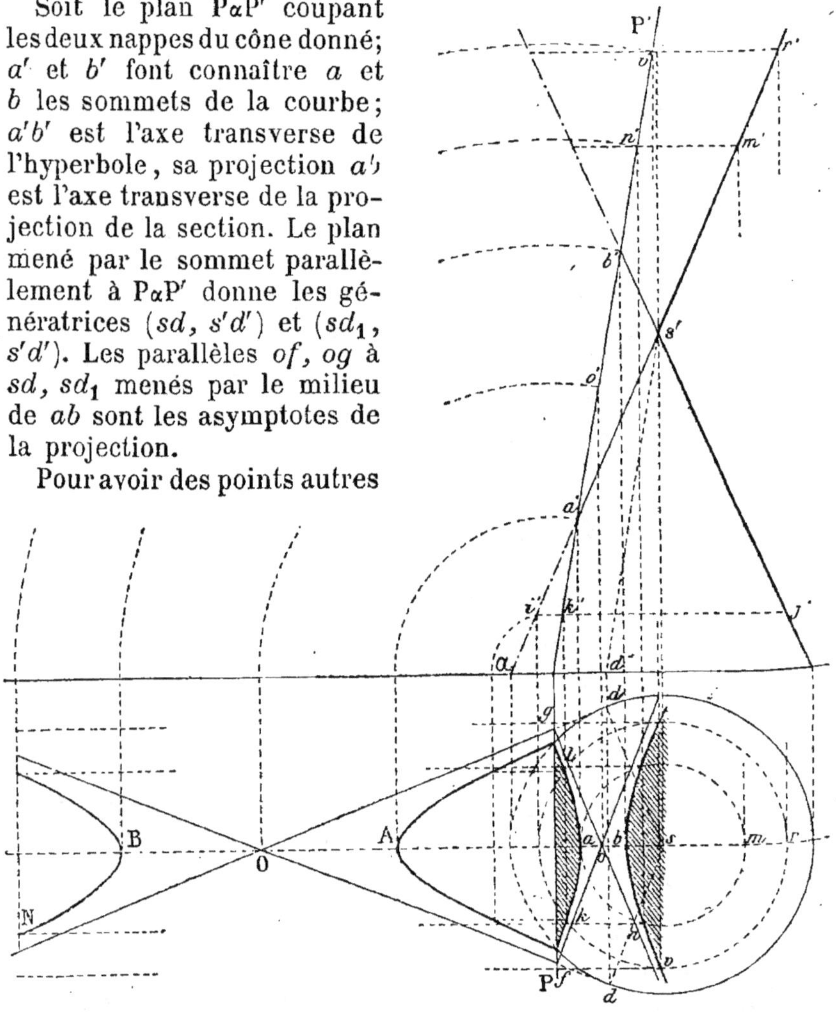

Pour avoir des points autres que a et b sans recourir au moyen indiqué numéro 629 de la Géométrie, on peut employer des parallèles tels que $i'j'$; au point k' correspondent l et k.

L'hyperbole a été rabattue sur le plan horizontal.

Problème.

213. *Déterminer la section d'un cône quelconque par un plan quelconque.*

On procède comme pour la pyramide [n°s 149 et 150]; mais on joint les points obtenus par un trait continu.

§ III. — SURFACES DE RÉVOLUTION

214. Pour obtenir la section plane d'une surface de révolution, on emploie des parallèles, ainsi qu'on l'a déjà fait pour le cône. [N°s 211 et 212.] Dans le cas de la sphère la construction se simplifie; la section étant toujours un cercle, se projette sur chaque plan suivant une ellipse dont on peut déterminer les axes.

Problème.

215. *Déterminer la section d'une sphère coupée par un plan perpendiculaire au plan vertical.*

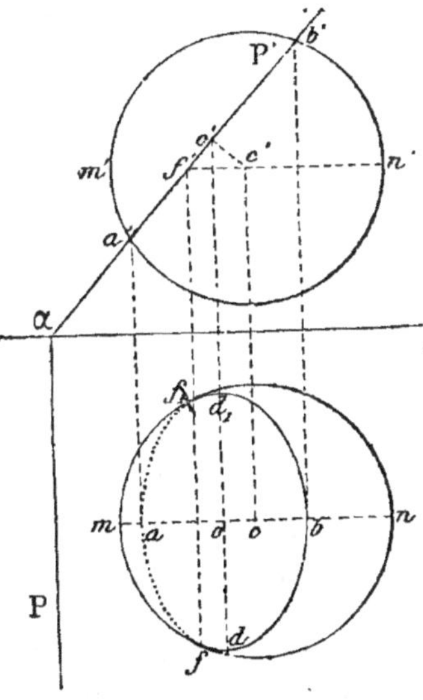

Soient le plan PαP′ et la sphère (c, c'); la projection verticale est $a'b'$. a' et b' étant sur le méridien principal, se projettent en a et b; ils font connaître le petit axe de l'ellipse; le grand axe est perpendiculaire au milieu de ab, et il égale le diamètre $a'b'$ de la section. Il suffit donc de prendre

$$od = od_1 = o'a'.$$

Remarque. Lorsque le plan sécant rencontre l'équateur projeté en $m'n'$, le point f' d'intersection fait connaître f et f_1 sur le contour apparent. La partie faf_1 est cachée, puisqu'elle est au-dessous du plan de l'équateur.

Problème.

216. *Déterminer les projections de la section d'une sphère par un plan quelconque.*

Soient PαP′ le plan donné, et (c, c') le centre de la sphère. Pour déterminer la projection horizontale, on procède comme ci-dessus [n° 215], en employant pour nouveau plan vertical de projection le plan vertical mené par le centre de la sphère, perpendiculairement à PαP′.

Soit $c\beta$ la trace du plan perpendiculaire à αP.

Le centre (c, c') se rabat en C à une distance cC égale à $n'c'$,

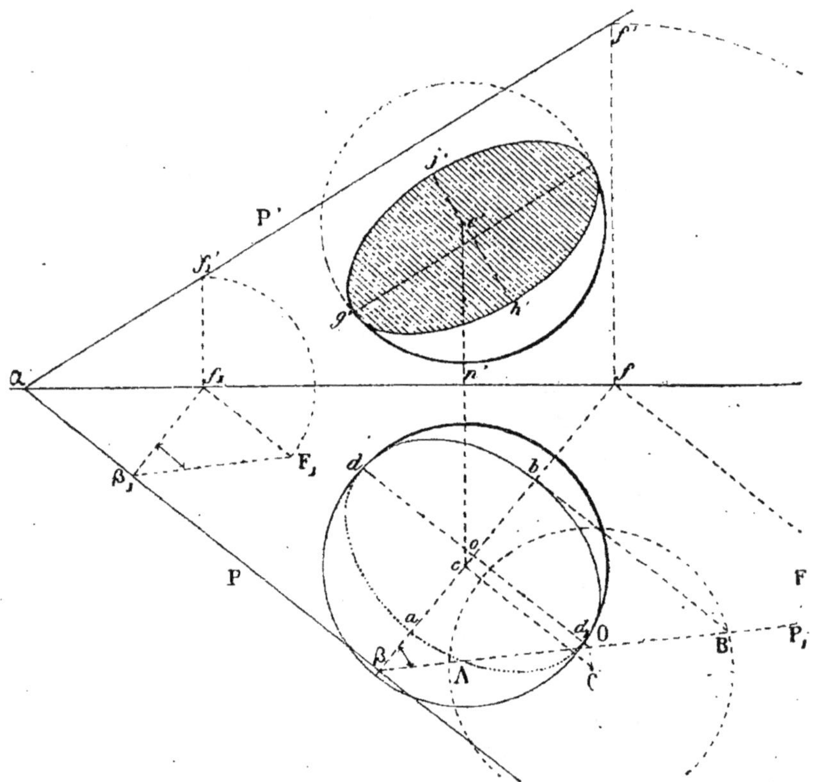

et la nouvelle trace βO est donnée par $f\text{F} = ff'$. Du centre rabattu C, décrivons une circonférence avec le rayon de la sphère, AB est le diamètre de la section ; il fait connaître le petit axe ab de la projection. Pour avoir le grand axe, on détermine le milieu o de AB, et l'on prend $od = od_1 = \text{AO}$.

On opère d'une manière analogue pour avoir la projection verticale $g'h'i'j'$. Dans le tracé de cette ellipse on a supposé que la partie supérieure de la sphère est enlevée.

Problème.

217. *Déterminer les points d'intersection d'une droite et d'une sphère.*

Soient (c, c') et $(ab, a'b')$ la sphère et la droite données.

Le plan qui projette la droite sur le plan horizontal coupe la sphère suivant un petit cercle que la droite traverse, et dont le centre se trouve sur le plan de l'équateur de la sphère. Il suffit de rabattre ce cercle et la droite pour avoir les points d'intersection.

Il faut prendre $dD = n'c'$. Du centre D, avec la moitié de ij pour rayon, décrire le petit cercle. bB doit égaler $m'b'$. Les points E, F font connaître e, f, et par suite e', f'. On peut aussi employer avec avantage le grand cercle mené par la droite donnée, et le rendre parallèle à l'un des plans de projection.

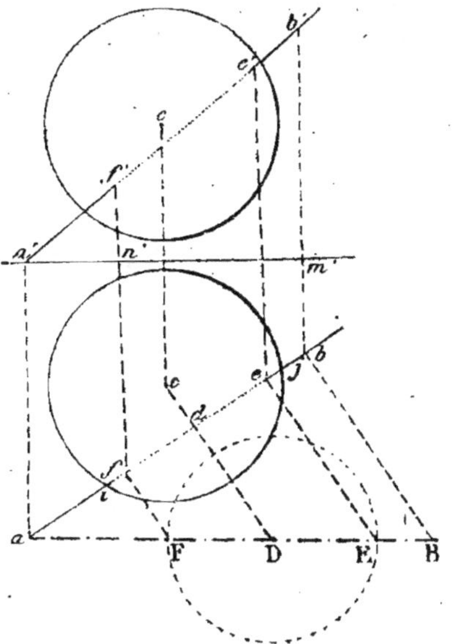

Problème.

218. *Déterminer la section d'un hyperboloïde de révolution par un plan perpendiculaire au plan vertical.*

Soient le plan $P\alpha P'$ et l'hyperboloïde défini par son axe $(a, a'b')$, et une génératrice $(cd, c'd')$.

Pour obtenir un point de la section, menons un parallèle; pour cela, coupons la surface par un plan horizontal ayant $e'f'$ pour trace verticale ; il coupe la génératrice au point (e, e') ; donc ae est le rayon du parallèle ; par suite g' fait connaître deux points de la section g et g_1. On opère de même pour déterminer d'autres points.

219. *Remarques.* I. Lorsque la génératrice $(cd, c'd')$ est parallèle au plan vertical, $a'c'd'$ est l'angle que les génératrices font avec le plan horizontal. En désignant par β cet angle et par α celui que le plan fait avec le plan horizontal, on a les résultats suivants :

Lorsque α est $<\beta$ la section est une ellipse.

Pour $\alpha = \beta$, elle est une parabole.

Et quand α est $>\beta$, la courbe obtenue est une hyperbole.

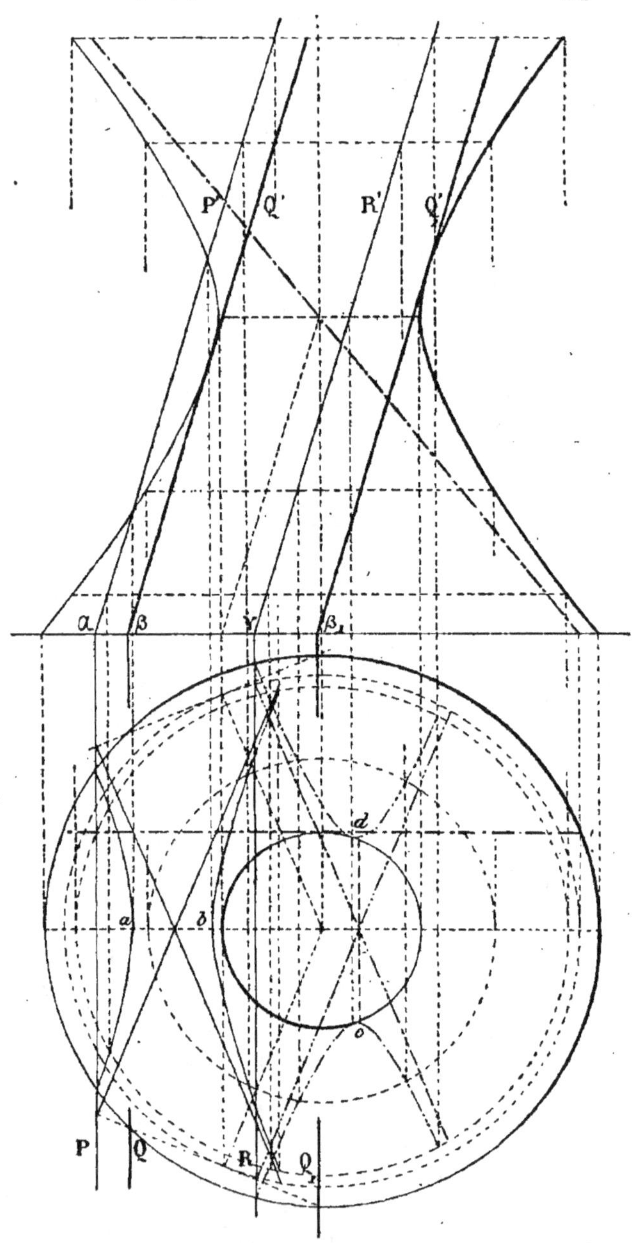

II. Tous les plans sécants parallèles donnent des courbes semblables entre elles. Lorsque α est $>\beta$, on a les particularités ci-après. Le plan PαP' donne une hyperbole ayant ab pour axe transverse; le plan parallèle QβQ, tangent au méridien principal, donnerait deux droites parallèles aux asymptotes de l'hyperbole ab. Le plan RγR' donne une hyperbole cd dont les axes sont proportionnels à ceux de la première courbe; mais à l'axe transverse de l'une correspond l'axe non transverse de l'autre.

CHAPITRE V

INTERSECTIONS DES SURFACES

220. Lorsque deux surfaces se coupent, il y a *pénétration* lorsque l'une des surfaces passe complétement dans l'autre; par suite toutes les génératrices de la première sont coupées, tandis que plusieurs de la seconde ne le sont point. Il y a *arrachement* lorsque chaque surface a des génératrices non coupées. Les deux cas se traitent identiquement.

D'une manière générale, pour avoir un point de l'intersection de deux surfaces données, on a recours à une surface auxiliaire, qui rencontre chaque surface donnée suivant des lignes faciles à déterminer, des droites, par exemple, ou des circonférences parallèles ou perpendiculaires à l'un des plans de projection. Les intersections de ces lignes appartiennent aux deux surfaces et sont des points de l'intersection cherchée. Le plan est la surface auxiliaire le plus souvent employée; mais on recourt à la sphère pour les surfaces de révolution dont les axes se rencontrent.

§ I. — POLYÈDRES

221. *Déterminer la ligne d'intersection de deux prismes.*

Soient les prismes ayant pour traces horizontales abc, def.

Pour surface auxiliaire on prend un plan parallèle aux arêtes des deux prismes, afin d'avoir pour section ou des arêtes ou des parallèles aux arêtes.

Par un point quelconque (i, i') menons des parallèles IG, IH

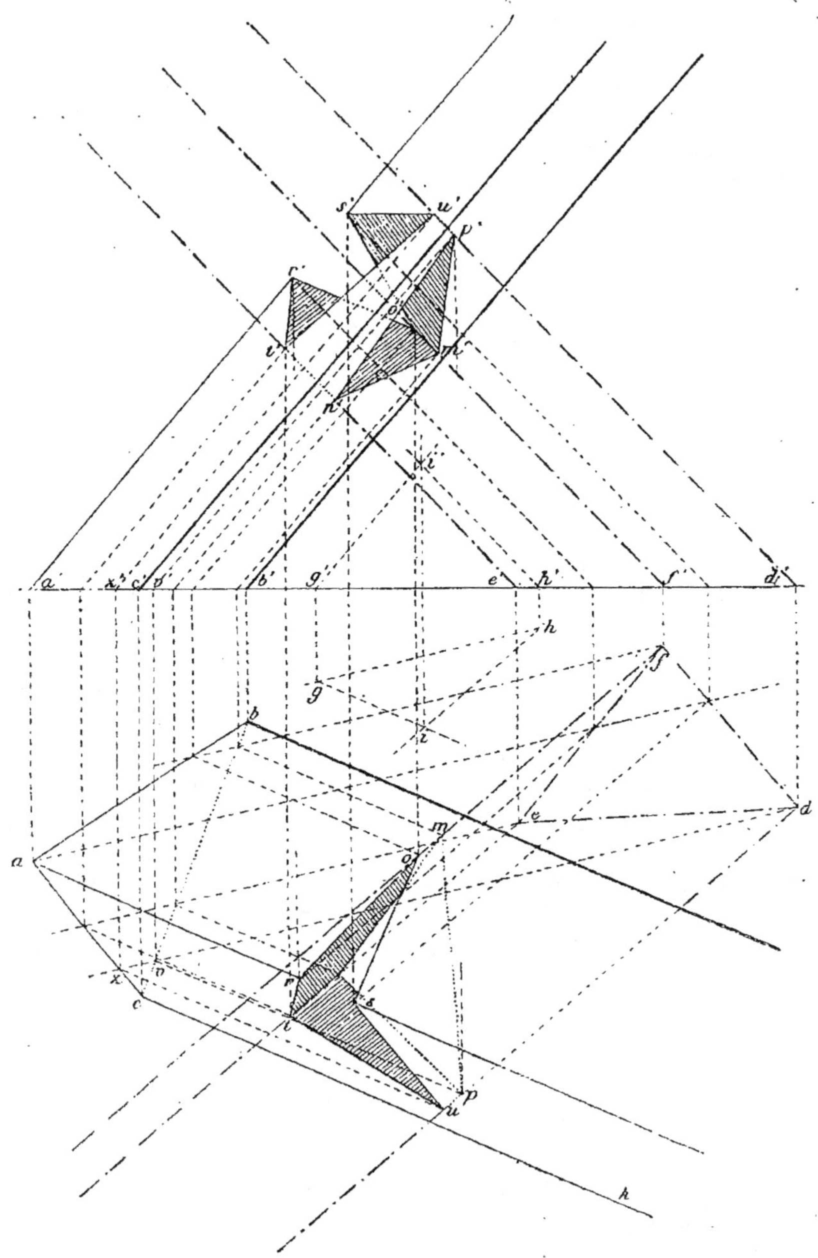

aux arêtes; gh est la trace horizontale d'un plan parallèle aux
arêtes des deux surfaces données. [N° 61.]

Par chaque sommet de la base *def*, menons un plan parallèle au plan dont *gh* est la trace horizontale; la trace menée par *d* rencontre *ac* au point *z*. Or l'arête $(du, d'u')$ rencontre la droite $(zu, z'u')$ au point (u, u'). Les projections horizontales *du*, *zu* font connaître *u*; les projections verticales $d'u'$, $z'u'$ déterminent *u'*; *u* et *u'* doivent appartenir à une même perpendiculaire à *xy*.

Le plan *dv* donne un second point (p, p'); c'est le point où l'arête $(dp, d'p')$ perce une seconde face du prisme *abc*. On procède de même pour les arêtes *e* et *f*. Le prisme de droite entre par une seule face; $(mnp, m'n'p')$ est la ligne d'entrée. Les points (o, o'), (t, t'), (u, u') sont des points de sortie; mais le plan mené par le sommet *a* coupe le prisme de droite; donc l'arête *ars* est coupée. La ligne de sortie est donc OSUTRO.

Remarque. Dans le tracé de l'épure, on a supposé que le prisme *def* a été enlevé.

Problème.

222. *Déterminer la ligne d'intersection d'un prisme et d'une pyramide.*

Soient le prisme ayant pour base ABCD et la pyramide SEFGH.

Pour avoir des droites faciles à déterminer, il suffit de mener, par le sommet de la pyramide, des plans parallèles aux arêtes latérales du prisme. Pour cela, menons $(sl, s'l')$ parallèle à l'arête $(aa_1, a'a'_1)$; la trace horizontale de tout plan mené par cette droite doit passer par *l*.

Pour déterminer les points d'intersection de $(aa_1, a'a'_1)$ et de la pyramide, menons le plan *laij*; la pyramide est coupée suivant les génératrices $(si, s'i')$ et $(sj, s'j')$.

aa_1 et *si* se coupent en *m*; $a'a'_1$ et $s'i'$ se rencontrent en *m'*; *m* et *m'* doivent se trouver sur une même perpendiculaire à *xy*. De même, à la génératrice $(sj, s'j')$ correspond le point (n, n'); l'arête (aa') du prisme entre dans la pyramide par le point M et en sort par N.

Le plan *lroh* fait connaître les points 1 et 7, où l'arête SH de la pyramide coupe le prisme.

D'une manière générale, il faut mener un plan auxiliaire par chaque arête latérale, soit du prisme, soit de la pyramide.

Les arêtes A, B, C du prisme sont coupées, mais le plan que

l'on mènerait par t et d ne rencontrant pas la base de la pyra-

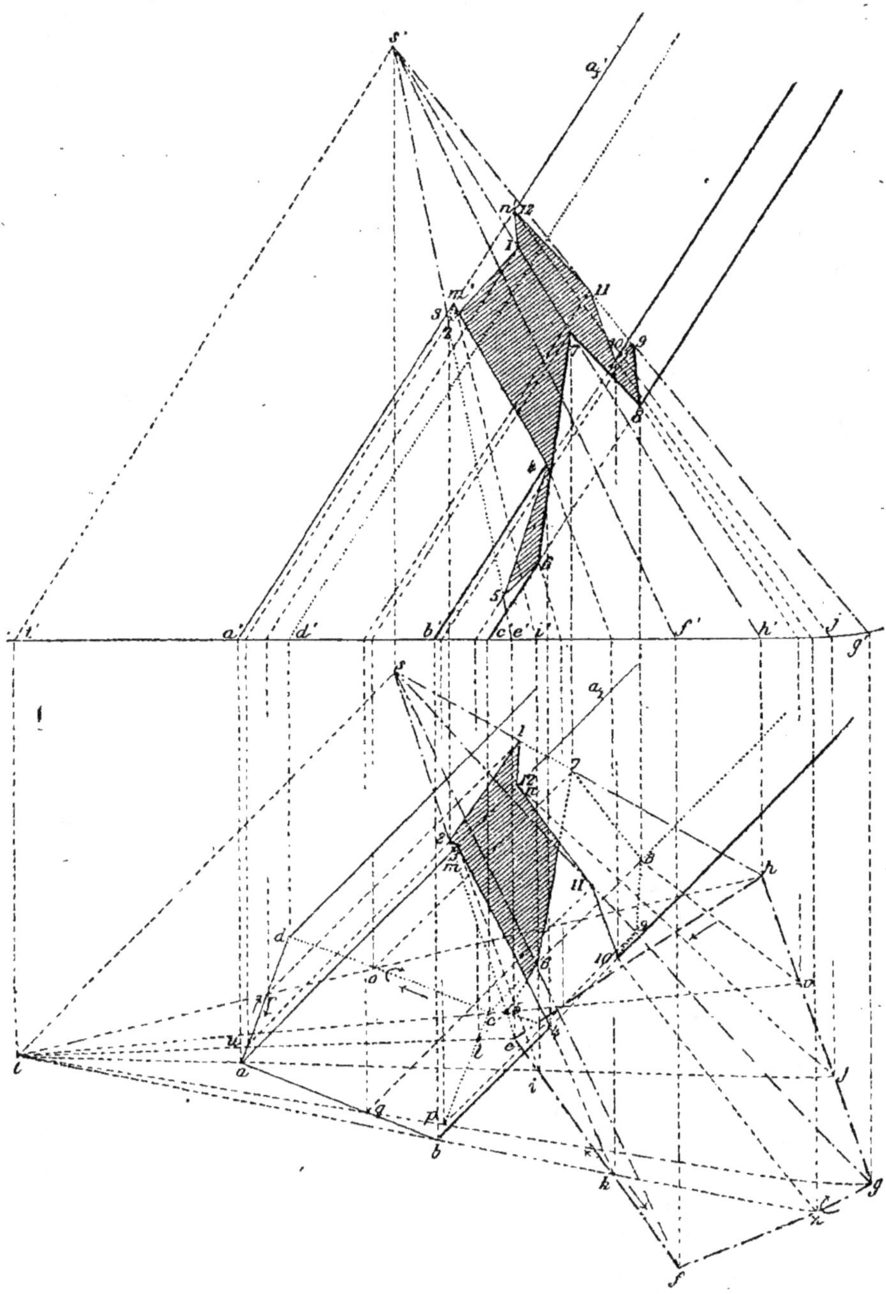

mide., il en résulte que l'arête D n'est point coupée.

De même, les arêtes E, G, H de la pyramide traversent le prisme, tandis que F ne le rencontre pas.

Il y a *arrachement,* puisque chaque surface a une arête non coupée.

223. Pour déterminer l'ordre dans lequel il faut joindre deux à deux les points d'intersection, on peut procéder comme il suit :

Joignons *th;* les lignes *od, dr* correspondent à la partie de la surface prismatique non coupée. A partir de *r* parcourons le périmètre *rabcor* dans le sens indiqué; en même temps, à partir de *h,* parcourons le périmètre *hek.*

Les génératrices des points *r* et *h* donnent le point 1; *te* coupe *ra;* donc, avant de passer au point *a,* il faut chercher l'intersection de l'arête *se* et du prisme : les génératrices *u, e* donnent le point 2. A l'arête *a* correspond la génératrice *si,* ce qui donne le point 3. L'arête *b* donne le point 4. *k* étant la limite extrême de la pyramide, il faut revenir vers le sommet *e,* tout en continuant à parcourir le périmètre *abc* dans le sens convenu. L'arête *e* coupe la face *bc;* en effet, les lignes *e, l* donnent le point 5; puis l'arête *c* rencontre la face qui a pour trace *eh* au point 6; l'arête du point *h* rencontre la face *cb* au point 7.

Parvenu au point *o,* limite extrême pour le prisme, il faut parcourir le périmètre *ocbaro* dans le sens opposé au premier, et le périmètre *vgz* de la pyramide. Ainsi l'arête *c* et la ligne *v* donnent le point 8. On trouve successivement les points 9, 10, 11; l'arête *a* donne encore le point 12, et en arrivant au point *r* on retrouve le point 1, et l'intersection est complétement déterminée.

Pour le prisme on a suivi en réalité *rabcocbar,* et pour la pyramide on a eu à parcourir *hekehgzgh.*

Remarques. I. Dans le tracé de l'épure, on a supposé la pyramide enlevée; sans cela plusieurs lignes telles que 1-2, 6-7, auraient été cachées par la pyramide.

II. Lorsque l'on conserve les deux corps, un point n'est visible qu'autant qu'il appartient à deux lignes visibles; ainsi, pour le plan *tbz,* l'arête (*b, b'*) du prisme et la droite (*sz, s'z'*) de la pyramide étant visibles, il en est de même de leur intersection, le point 10.

L'arête $(aa_1, a'a'_1)$ du prisme est visible sur chaque plan de projection; il en est de même de $(is, i's')$; donc les deux projections m et m' de leur intersection sont visibles. sj est visible, tandis que $s'j'$ ne l'est point; donc n est visible; mais n' ne le serait point si la pyramide avait été conservée; en effet, cette projection se trouve derrière la face dont $s'f'g'$ est la projection verticale.

§ II. — SURFACES COURBES

Problème.

224. *Déterminer la ligne d'intersection de deux cônes.*

Pour avoir des droites, il faut mener des plans auxiliaires par la droite qui joint les sommets des cônes donnés, car chaque surface courbe sera rencontrée suivant des génératrices.

Soient les surfaces coniques ayant pour sommets (r, r') et (s, s'). Joignons ces deux points; la trace horizontale des plans sécants doit passer par la trace t de la droite RS.

Les traces des plans extrêmes ti, tj rencontrant la base du cône S, il y a pénétration : le cône R entre par la courbe $(dme, d'm'e')$ et sort par la courbe $(fg, f'g')$.

Pour avoir un point de l'intersection, menons le plan tba; il détermine les génératrices $(ar, a'r')$ et $(bs, b's')$; ces lignes se coupent en (m, m').

Le plan auxiliaire tba déterminant deux génératrices de chaque cône, on obtient quatre points de l'intersection.

Il est surtout utile de déterminer les points d'intersection situés sur les lignes de contour apparent; par exemple, pour la projection horizontale, on mène le plan tc, ce qui fait connaître d.

Pour la projection verticale, on mène le plan th qui correspond à $r'h'$; il fait connaître l', etc.

225. Tangente. La tangente en un point donné (m, m') est l'intersection des plans tangents aux cônes donnés suivant les génératrices qui passent par ce point [n° 168]. Or, les tangentes an, bn aux bases des cônes sont les traces horizontales des plans tangents; donc n est la trace horizontale de la ligne cherchée; il suffit de joindre nm, puis de projeter n sur xy et de mener $n'm'$.

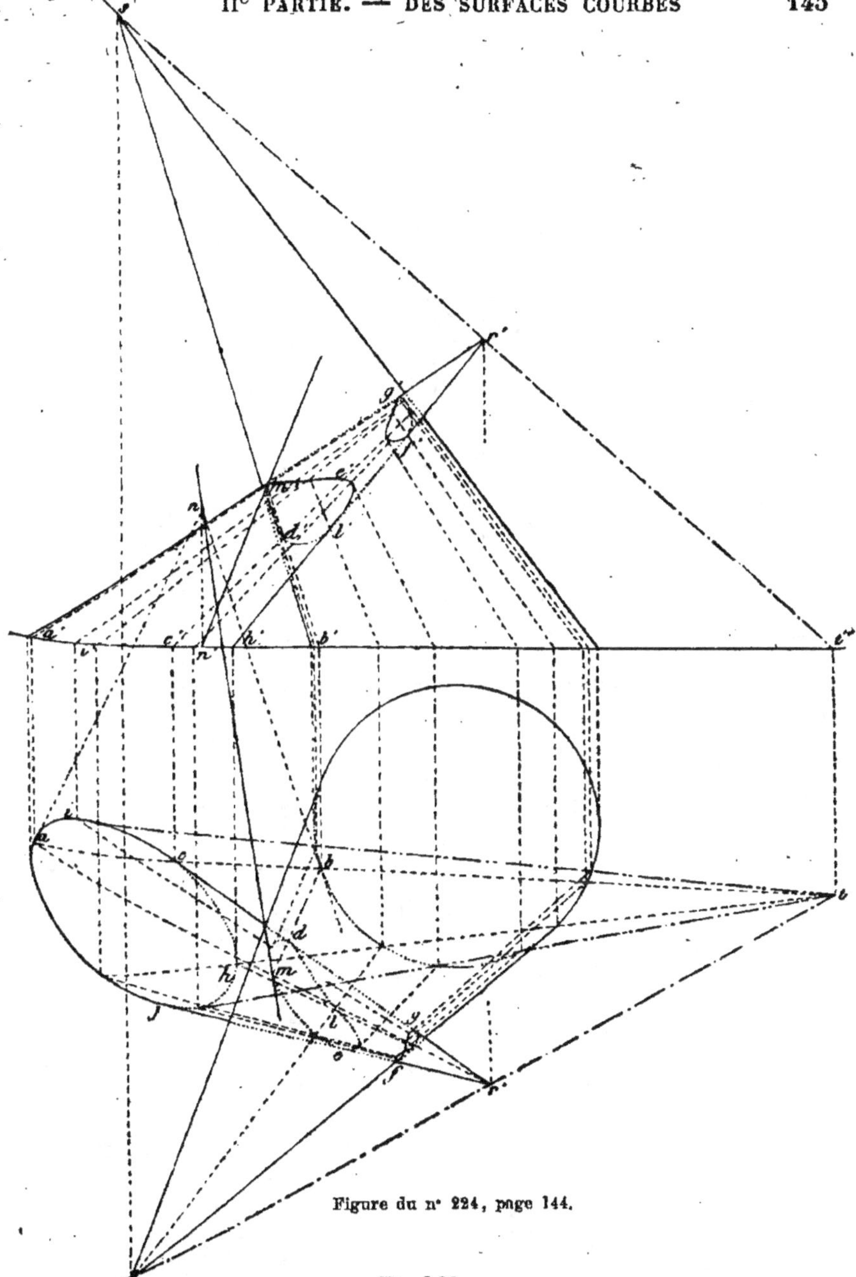

Figure du n° 224, page 144.

Problème.

226. *Déterminer l'intersection de deux cylindres quelconques*

On procède comme pour deux prismes [n° 221]. *gh* indique la

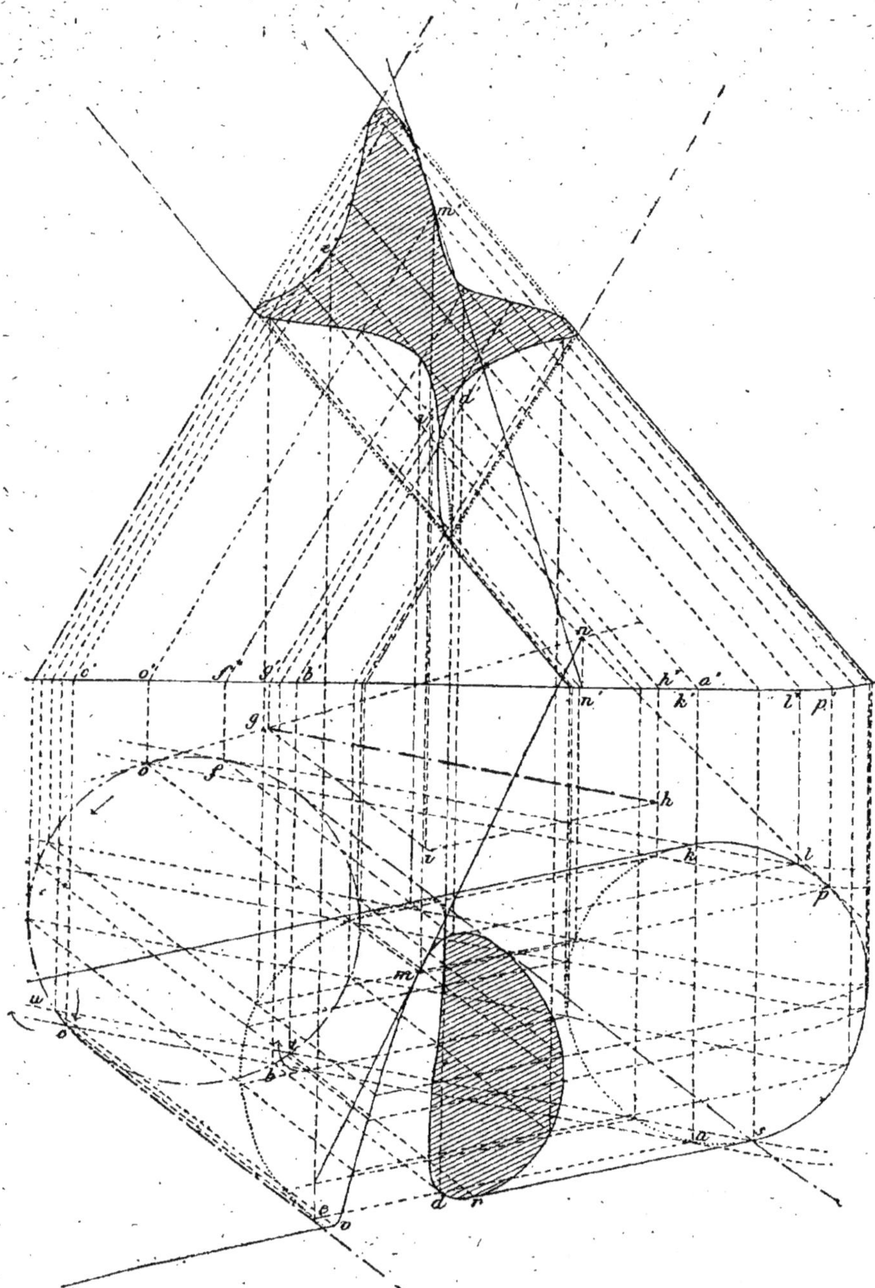

direction des traces des plans auxiliaires parallèles aux génératrices des deux cylindres.

Il est surtout utile de déterminer les points d'intersection des génératrices de contour apparent, soit sur le plan horizontal, soit sur le plan vertical; ainsi le plan *slu* fait connaître les points r et v sur la génératrice *sv*.

Le plan *fkl* coupe le cylindre de droite, tandis que *abc* coupe celui de gauche; il y a donc arrachement. Pour déterminer l'ordre dans lequel on doit joindre deux à deux par une courbe continue les points obtenus, on procède comme au numéro 223.

Pour le cylindre de gauche, par exemple, en partant de c il faudrait parcourir *cuoftbtfouc*.

Tangente. La trace de la tangente au point m est donnée par l'intersection n des traces des plans tangents *on, pn.* [N° 168.]

Dans le tracé de l'épure, le cylindre de gauche a été supposé enlevé.

En projection horizontale, les génératrices de contact projetées en *mp, mo* étant visibles, il en est de même de la tangente, et par suite de sa projection *mn*; mais sur le plan vertical, les mêmes génératrices projetées en $m'p'$, $m'o'$ sont invisibles; donc une partie de la tangente est derrière les cylindres, et la projection verticale pourrait être pointillée de n' jusqu'à m'.

Problème.

227. *Déterminer l'intersection de deux cylindres de révolution, de même rayon, dont les axes se rencontrent; développer un de ces cylindres.*

Soient les cylindres égaux, ayant pour axes cc' et cc'_1.

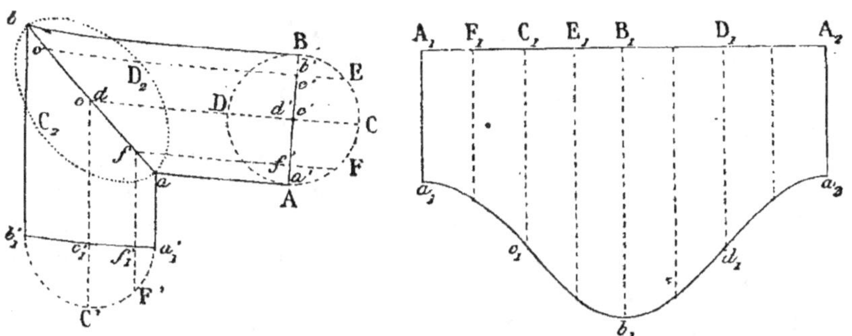

Les sections droites AB, $a'_1 b'_1$ sont égales, et si l'on prend l'arc C'F' = CF, on aura $c'_1 f'_1 = c'f'$ et $a'_1 f'_1 = a'f'$; par suite, les points *afc...d* sont sur la bissectrice de l'angle $a'_1 aA$ et sont en ligne droite; l'intersection ayant tous ses points sur un même plan projetant est une courbe plane, contenue dans un plan perpendiculaire au plan des axes; donc la courbe est une ellipse ayant ab pour grand axe, et dont le petit axe égale AB. [*Géométrie*, 618.]

En prenant $cC_2 = dD_2 = a'c'$, on obtient sa vraie grandeur aC_2bD_2, lorsqu'on suppose la courbe rabattue sur le plan des axes.

Développement. On prend $A_1B_1A_2$ égal à la circonférence ACBD rectifiée; puis $a_1A_1 = aa'$, $b_1B_1 = bb'$, etc.

Problème.

228. *Déterminer l'intersection de deux surfaces quelconques de révolution dont les axes se coupent.*

On peut prendre pour plan vertical de projection un plan parallèle au plan des axes des deux surfaces, et pour plan horizontal, un plan perpendiculaire à l'un des axes.

Soient donc deux ellipsoïdes; l'un a son grand axe perpendiculaire au plan horizontal, et l'axe $f'g'$ du second est parallèle au plan vertical; les deux axes se coupent au point c'.

Les sphères telles que $c'j'$, décrites du centre c', rencontrent chaque surface donnée suivant un cercle dont le plan est perpendiculaire à celui des axes; par suite, chacun d'eux se projette suivant un diamètre $i'j'$ et $z'l'$.

Le parallèle $i'j'$ a pour projection horizontale la circonférence imj; la projection verticale m' fait connaître m, et le point (m, m'), ainsi déterminé, appartient aux deux parallèles IJ, ZL, et par suite aux deux surfaces données. La même sphère donne encore le point (m_1, m').

229. **Tangente.** La tangente au point (n, n') serait donnée par l'intersection des plans tangents, en ce point, à chaque surface (n° 168, 1°); mais il vaut mieux la considérer comme perpendiculaire au plan des normales menées à chaque surface par le point donné (168, 2°). Soit à mener la tangente au point (n, n'); menons la normale n'_1h' au point correspondant du méridien principal, $n'h'$ sera la projection verticale de la normale au point (n, n'); la projection horizontale na doit passer par la projection de l'axe.

La normale n'_2l' fait connaître $n'l'$; il faut projeter l' en l et joindre nl.

Les projections a, l, étant sur une parallèle à xy, la droite $(al, h'l')$ est parallèle au plan vertical de projection et appartient au plan des normales; donc, de n' il faut abaisser la perpendiculaire $n't'$ sur $h'l'$.

Pour avoir la projection horizontale nt, menons une horizon-

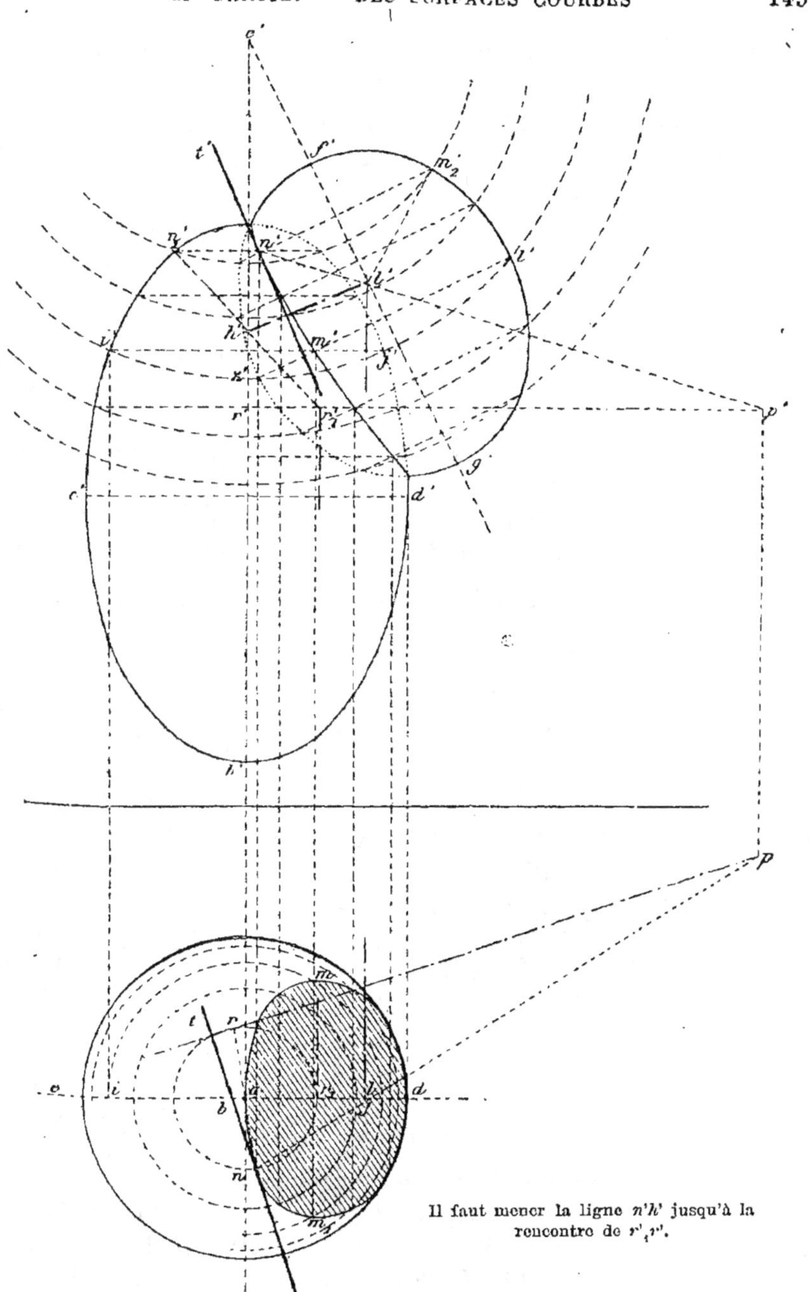

tale ($r'p'$, rp) du plan des normales; r' déterminerait mal la
projection r; mais r'_1 donne r_1, et par suite r; puis on abaisse

la perpendiculaire nt sur rp. $(nt, n't')$ est la tangente demandée.

Problème.

230. *Déterminer l'intersection de deux surfaces de révolution dont les axes sont parallèles : par exemple un cône de révolution et une sphère.*

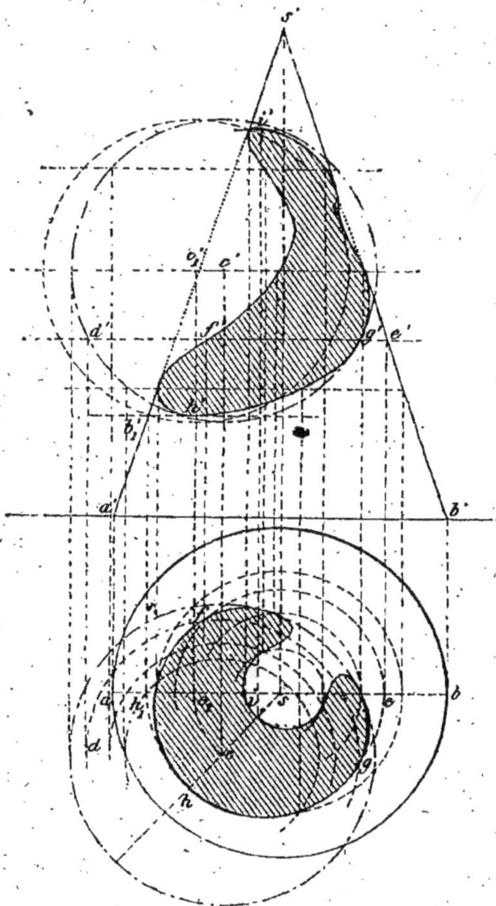

Lire sur le dessin h'_1 au lieu de b'_1.

Soient le cône SAB et la sphère ayant pour centre (c, c').

D'une manière générale, il faut prendre des plans auxiliaires qui soient perpendiculaires aux axes parallèles afin d'obtenir des cercles pour sections ; ainsi tout plan perpendiculaire à l'axe du cône coupera chaque surface donnée suivant un cercle projeté en vraie grandeur sur le plan horizontal ; le plan $d'e'$ coupe la sphère suivant un parallèle de rayon dc, et le cône suivant un parallèle de rayon se ; mais les deux circonférences se coupent en f et g ; donc les points (f, f') et (g, g') appartiennent à chaque surface donnée, et par suite à l'intersection demandée.

Pour obtenir le point le plus élevé de l'intersection et le point le plus bas, il suffit d'amener, par une rotation, le centre de la sphère en (c_1, c'_1) dans le plan du méridien principal du cône, et de décrire du centre c' une circonférence de grand cercle ; elle coupe la génératrice extrême en h'_1, ce qui fait connaître h ; le point (h_1, h'_1) ramené dans le méridien sc devient (h, h'). On obtient de même le point (i, i').

EXERCICES SUR LA DEUXIÈME PARTIE

Chapitre II.

166. Déterminer le contour apparent d'un cône de révolution limité, connaissant les projections de la hauteur et le rayon de la base.

167. Sans recourir aux traces du cône, déterminer les génératrices de contour apparent d'un cône de révolution, connaissant les projections de l'axe et l'angle que les génératrices forment avec cet axe.

168. Déterminer le contour apparent d'un hyperboloïde de révolution à axe vertical, connaissant l'axe et une génératrice.

169. Une courbe quelconque est donnée par ses projections, on la fait tourner autour d'un axe vertical ; on donne la projection horizontale d'un point de la surface engendrée par la rotation de la courbe, et l'on demande la projection verticale du même point.

170. Déterminer le contour apparent de la surface engendrée au n° 169.

171. Une circonférence est située dans un plan perpendiculaire au plan vertical et dont la trace verticale coupe xy ; on connaît le centre et le rayon de la circonférence : on demande le contour apparent du tore engendré par un cercle de rayon donné dont le centre décrit la circonférence donnée, et dont le plan est constamment perpendiculaire à cette circonférence.

172. Une droite s'appuie sur une circonférence placée sur le plan horizontal et sur une droite parallèle à xy et située dans le plan vertical mené par le centre de la circonférence ; la génératrice rectiligne reste contenue dans un plan de profil : quel est le contour apparent de la surface engendrée [*Géométrie,* 680] ? quel est le contour apparent de cette surface sur un plan de profil, puis sur un plan vertical quelconque ?

173. On trace un losange $abcd$ sur le plan horizontal ; la diagonale ac est perpendiculaire à la ligne de terre ; a' et c' sont sur xy, tandis que b' et d' sont au-dessus et équidistants de cette ligne ; on divise deux côtés opposés du losange en un même nombre de parties égales ; on joint deux à deux les points de division par des droites dont les projections horizontales sont parallèles entre elles : on demande le contour apparent de la surface engendrée 1° sur le plan vertical ; 2° sur un plan de profil.

174. Quelle est la trace horizontale de la surface envisagée au numéro 173 ?

175. Deux droites parallèles au plan vertical ont des projections verticales concourantes ; elles servent de directrices à une génératrice rectiligne qui s'appuie sur chacune d'elles en restant dans un plan de profil. On demande : 1° la particularité que présentent les projections des génératrices sur un plan de profil ; 2° la trace horizontale de la surface engendrée par la génératrice rectiligne.

176. Quel est le contour apparent d'un cône de révolution limité qui repose sur le plan horizontal par une de ses génératrices ? On connaît l'angle que l'axe forme avec les génératrices et la génératrice de contact sur le plan horizontal.

177. Quel est le contour apparent d'un cône de révolution limité, tangent aux deux plans de projection ? On connaît la génératrice de contact sur un des plans de projection.

Chapitre III. — Plans tangents.

178. Par un point donné mener un plan tangent à un cylindre de révolution dont on connaît l'axe et le rayon.

179. Mener un plan parallèle à une ligne donnée et tangent à un cylindre dont on connaît la direction des génératrices et une directrice contenue dans un plan quelconque.

180. A un cylindre de révolution donné par son rayon et les projections de l'axe, mener un plan tangent parallèle à une droite donnée.

181. Déterminer les génératrices de contact d'un cylindre de révolution dont l'axe est horizontal et d'un plan tangent parallèle à une droite donnée.

182. Déterminer les génératrices de contact d'un cylindre de révolution dont l'axe est horizontal et d'un plan tangent mené par un point donné.

183. Parallèlement à une droite donnée mener un plan tangent à un cône de révolution dont l'axe est vertical. (Cas particulier de l'exercice 185.)

184. Par un point donné mener un plan tangent à un cône de révolution dont l'axe est vertical. (Cas particulier de l'exercice 186.)

185. Un cône de révolution est défini par les projections de son axe, et l'angle que cet axe forme avec les génératrices ; mener à ce cône un plan tangent qui soit parallèle à une droite donnée.

186. Au cône du numéro 185, mener un plan tangent par un point donné.

187. Par un point donné mener un plan tangent à deux sphères données.

188. A deux sphères, mener un plan tangent qui soit parallèle à une droite donnée.

189. Mener un plan tangent à trois sphères données.

190. Mener un plan équidistant de quatre sphères données.

191. Par un point donné mener un plan équidistant de trois sphères données.

192. Par une droite donnée mener un plan équidistant de deux sphères données.

193. Déterminer les projections de la courbe de contact d'un ellipsoïde de révolution et du cylindre circonscrit dont les génératrices sont parallèles à une droite donnée ; déterminer directement les axes de la projection horizontale de la courbe de contact.

194. Déterminer les projections de la courbe de contact d'un cône circonscrit à un ellipsoïde ou à un paraboloïde de révolution ; le sommet du cône est donné.

195. Parallèlement à un plan donné mener un plan tangent à un hyperboloïde de révolution.

196. Par une droite horizontale mener un plan tangent à un tore.

197. Par un point de la surface mener un plan tangent au conoïde. (Exercice 172.)

198. Même problème pour la surface de l'exercice 169.

199.   —   pour celle de l'exercice 173.

200. Dans quel cas peut-on mener un plan tangent à deux cylindres, et combien y a-t-il de solutions lorsque la trace horizontale de chaque cylindre est une courbe fermée ?

201. Dans quel cas peut-on mener un plan tangent commun à un cylindre et à un cône ?

202. Même question pour deux cônes quelconques.

203. Mener un plan tangent commun à une sphère et à un cylindre de révolution.

204. Mener un plan tangent commun à une sphère et à un cône de révolution.

205. D'après les lois de la réflexion, on sait que le rayon incident, la normale et le rayon réfléchi sont dans un même plan et que l'angle de réflexion est égal à celui d'incidence : déterminer sur une sphère le point pour lequel le rayon réfléchi est perpendiculaire au plan vertical, le rayon lumineux devant être parallèle à une ligne donnée.

206. Même problème, lorsque le rayon lumineux doit passer par un point donné.

Chapitre IV. — Sections planes. Développement.

207. Déterminer la section d'un cylindre quelconque par un plan mené par xy et un point.

208. Déterminer la section d'un hyperboloïde de révolution par un plan mené par le centre du collier, et dont l'inclinaison sur le plan horizontal égale celle des génératrices par rapport à ce plan horizontal.

209. Déterminer la section plane d'un cône quelconque par un plan perpendiculaire au plan vertical ; développer le cône en considérant la surface donnée comme une pyramide d'un assez grand nombre de côtés.

210. On donne un cône oblique à base circulaire, dont la ligne qui joint le sommet au centre de la base est parallèle au plan vertical ; par suite les génératrices de contour apparent $s'a'$ et $s'b'$ sont aussi parallèles à ce plan de projection. Quelle est la section de ce cône par un plan perpendiculaire au plan vertical et qui fait avec $s'a'$ le même angle que $s'b'$ fait avec xy ? Déterminer la vraie grandeur de la section.

211. Un cylindre de révolution de rayon donné a pour axe la ligne de terre ; il est coupé par un plan dont une des traces fait un angle de 30° avec xy, et dont l'autre fait un angle de 60° avec la même ligne : quelles sont les projections de l'intersection ?

212. Déterminer la section d'un tore par un plan parallèle au plan vertical et tangent au tore en un point du cercle de gorge.

213. Déterminer la section d'un tore par un plan perpendiculaire au plan vertical et bi-tangent au tore.

214. Déterminer la section d'un corps quelconque de révolution par un plan quelconque.

215. Déterminer les axes de la section elliptique de l'hyperboloïde de révolution. [Nᵒ 218.]

216. Déterminer les points où une droite donnée rencontre les surfaces suivantes :

(*a*) Un cylindre, donné par sa trace horizontale et la direction d'une génératrice.

(*b*) Un cône, donné par sa trace et par son sommet.

(*c*) Une sphère, en employant le grand cercle mené par la droite donnée.

217. Même problème ; on a pour surface : (*d*) un ellipsoïde de révolution.

(*e*) Un hyperboloïde de révolution donné par son axe et une génératrice.

(*f*) Un ellipsoïde à trois axes inégaux.

218. Même problème. Le conoïde défini à l'exercice 172.

(*g*) La droite est parallèle au plan directeur.

(*h*) Elle est parallèle à la base.

(*i*) Elle est quelconque.

219. Déterminer la section d'un cône de révolution ayant pour axe la ligne de terre, par un plan parallèle à *xy*, et également incliné sur chaque plan de projection.

220. 1° Déterminer la section d'un cône de révolution à axe vertical, par un plan quelconque relativement aux plans de projection.

2° Déterminer le contour apparent de la surface engendrée par le périmètre de la section, en tournant autour de l'axe du cône avec une inclinaison constante.

221. Un cône de révolution a l'axe vertical; sa hauteur égale le rayon du cercle de base, et ce cercle est tangent à *xy* : on demande la vraie grandeur de la section de ce cône, supposé illimité, par un plan parallèle au plan vertical, et tangent à la circonférence de base.

222. Déterminer la section d'un hélicoïde normal à son axe, par un plan qui coupe cet axe obliquement. L'axe de l'hélicoïde donné est perpendiculaire au plan vertical de projection, et le plan sécant est vertical.

223. Déterminer la section d'un hélicoïde gauche (*Géométrie*, n° 615) : 1° par un plan horizontal; 2° par un plan parallèle au plan vertical; 3° par un point de la surface; mener un plan tangent à cet hélicoïde.

224. Un carré étant donné, on le replie de manière à former une surface cylindrique ayant pour génératrice une des diagonales du carré : quelle est la projection de cette figure sur un plan parallèle à la diagonale génératrice?

1° Cette diagonale doit diviser la projection en deux parties égales.

2° Cette diagonale doit appartenir au contour apparent.

Mener la tangente en un point donné de la projection verticale.

225. Questions analogues : 1° pour un cercle replié en surface cylindrique;

2° Pour une hyperbole équilatère qu'on enroule sur un cylindre de révolution, de manière qu'une des asymptotes soit sur la génératrice qui se projette sur l'axe relativement au plan vertical.

226. On donne un cylindre vertical de révolution et deux points hors de cette surface; un fil tendu réunit les deux points en faisant un tour complet du cylindre : quelles sont les projections du fil minimum qui joint les deux points?

227. Sur un cône de révolution quel est le chemin minimum pour aller d'un point donné d'une génératrice à un autre point aussi donné de la même ligne, en rencontrant toutes les génératrices?

228. Sur le plan d'un cercle, on prend un point donné pour sommet d'un cône de révolution sur lequel on enroule le plan. Quelle est la projection de la courbe que donne le cercle enroulé? et mener la tangente en un point de la courbe obtenue.

Chapitre V. — Intersection des surfaces.

229. Déterminer l'intersection de deux cylindres de révolution dont les axes se coupent rectangulairement, et dont les rayons sont inégaux; tracer le développement des cylindres.

230. Déterminer l'intersection d'un cône et d'un cylindre :

1° Dans le cas où il y a arrachement;

2° Dans le cas où il y a pénétration;

3° Dans le cas où un des plans auxiliaires se trouve tangent à la fois aux traces horizontales des deux surfaces données.

231. Déterminer l'intersection d'un cône oblique à base circulaire et d'une sphère qui a la base du cône pour un de ses petits cercles.

232. Déterminer l'intersection de deux cylindres de révolution; l'un d'eux est vertical et l'autre horizontal; le rayon de ce dernier n'est que la moitié de celui du premier, et une de ses génératrices de contour apparent est tangente à la trace horizontale du cylindre vertical.

233. Un cône et un cylindre de révolution dont les axes de révolution se coupent à angle droit étant donnés, chercher l'intersection des deux surfaces, et développer le cône dans chacun des cas suivants :

1° Le cône pénètre dans le cylindre.

2° Le cylindre pénètre dans le cône.

3° Sur un plan de profil, les génératrices extrêmes du cône sont tangentes à la circonférence que donne le cylindre.

4° Déterminer l'intersection de deux cônes de révolution circonscrits à la même sphère.

234. 1° Déterminer l'intersection d'un cône quelconque et d'une sphère ayant pour centre le sommet du cône.

2° Développer le cylindre projetant la courbe d'intersection sur le plan horizontal.

3° Développer le cône en utilisant la transformée obtenue par le développement du cylindre projetant l'intersection.

235. Déterminer l'intersection de deux corps de révolution dont les axes sont parallèles.

236. 1° Déterminer la pénétration d'un prisme droit à base carrée dans une sphère : une des diagonales est perpendiculaire au plan vertical mené par le centre de la sphère; elle égale le rayon, et le centre de la sphère se projette sur une des extrémités de cette diagonale.

2° Mener la tangente à la courbe d'intersection et développer le prisme.

237. Problème analogue, en remplaçant la sphère par un cône de révolution.

238. On prend la section droite d'un cylindre de révolution illimité pour directrice d'un cylindre oblique au premier : quelle est l'intersection des deux surfaces cylindriques ?

239. Un hémisphère creux a le grand cercle qui le termine parallèle au plan vertical; ce grand cercle sert de directrice à un cylindre dont on connaît la direction des génératrices.

1° On demande la courbe d'intersection de l'hémisphère et du cylindre.

2° Étant donnée la projection verticale des génératrices du cylindre, déterminer leur projection horizontale, de manière que la courbe d'intersection ait pour projection verticale une ligne droite.

240. Déterminer l'intersection d'un cône et d'un cylindre oblique.

1° Les deux surfaces ont une circonférence commune.

2° Les deux surfaces sont tangentes à la même sphère et ont une génératrice commune.

241. Déterminer l'intersection d'une sphère et d'un cône droit à base elliptique.

242. Déterminer l'intersection d'un cylindre oblique à base quelconque et d'un hyperboloïde de révolution donné par son axe et une de ses génératrices.

243. Déterminer l'intersection d'une surface de révolution à axe vertical et d'un cylindre oblique à trace horizontale circulaire. (Procédés divers qu'on peut employer.)

244. Déterminer l'intersection d'un ellipsoïde à trois axes inégaux et d'un cylindre oblique à base quelconque.

245. Déterminer l'intersection d'un cylindre de révolution dont l'axe est vertical et d'un cône droit défini comme il suit : la base du cône est une hyperbole équilatère qui a pour axe transverse le diamètre du cercle de base du cylindre qui se trouve perpendiculaire à xy.

246. Deux cônes de révolution ont des génératrices également inclinées sur l'axe ; les traces horizontales de ces deux cônes sont deux circonférences inégales : déterminer l'intersection de ces cônes dans tous les cas qui peuvent se présenter ; ainsi, les circonférences sont : 1° concentriques ; 2° intérieures, mais excentriques ; 3° tangentes intérieurement ; 4° sécantes ; 5° tangentes extérieurement ; 6° extérieures sans se rencontrer.

247. La ligne des centres de deux cercles qui se coupent dans un même plan horizontal est parallèle à xy ; l'un de ces cercles sert de directrice à un cône de révolution et l'autre à un cylindre oblique dont les génératrices parallèles au plan vertical ont sur le plan horizontal la même inclinaison que les génératrices du cône : on demande l'intersection des deux surfaces.

248. Trouver un point d'où les trois côtés d'un triangle soient vus sous un angle donné, moindre que 120°.

Problèmes relatifs à la sphère.

249. Circonscrire une sphère à un tétraèdre donné. [Exercice 81.]

250. Inscrire une sphère dans un tétraèdre donné. [Exercice 128.]

251. Trouver la plus courte et la plus longue distance entre deux sphères de position quelconque par rapport aux plans de projection.

252. On donne trois points, non en ligne droite : de l'un de ces points comme centre décrire une sphère qui passe à égale distance de chacun des deux autres.

253. Déterminer le centre et le rayon d'une sphère équidistante de cinq points donnés.

254. Trouver le point commun à trois sphères données.

255. Avec un rayon donné, décrire une sphère tangente à trois sphères données.

256. Par trois points donnés, faire passer une sphère qui soit tangente : 1° à un plan donné ; 2° à un cylindre de révolution de rayon donné, et dont l'axe est parallèle au plan des trois points.

257. Problème analogue. La sphère qui passe par trois points donnés doit être tangente à une sphère donnée.

258. Par trois points faire passer une sphère qui soit tangente à une droite donnée.

259. Par deux points faire passer une sphère qui soit tangente à deux plans donnés.

260. Par un point donné mener un plan qui rencontre chaque plan de projection sous des angles donnés (en employant des sphères auxiliaires).

261. Résoudre directement le sixième cas des trièdres : on connaît les trois dièdres.

262. Déterminer la vraie distance sphérique qui sépare deux points donnés par leur projection horizontale, le centre et le rayon de la sphère étant connus.

263. Trouver les projections d'un grand cercle perpendiculaire au milieu de l'arc qui joint deux points donnés sur une sphère.

264. Déterminer les projections du petit cercle qui passerait par trois points donnés d'une sphère ;

1° Trouver le rayon du cercle par rapport au plan qui le contient ;

2° Trouver les projections du pôle de ce cercle.

265. On donne un triangle : décrire une sphère, d'un rayon donné, qui soit tangente à chaque côté du triangle.

266. Un plan est parallèle à *xy*. Décrire une sphère qui coupe chaque plan de projection et le plan donné de manière que la section soit un cercle d'un rayon donné ; la projection horizontale du centre de la sphère se trouve sur une ligne tracée sur le plan horizontal.

267. D'un point donné comme centre, décrire une sphère qui intercepte sur un plan donné quelconque par rapport aux plans de projection un cercle d'un rayon donné.

268. Par un point donné dans une sphère, mener les plans qui déterminent la plus grande et la plus petite section.

269. Par un point donné dans une sphère, mener un plan qui détermine une section de grandeur donnée, et trouver la trace horizontale d'une surface tangente à toutes les sections égales menées par le point donné.

270. Par un point de l'intersection de deux sphères, mener un plan qui détermine deux cercles égaux.

271. D'un point donné comme centre, décrire une sphère équidistante de deux plans donnés quelconques par rapport aux plans H et V.

272. D'un point donné comme centre, décrire une sphère qui soit tangente à une droite donnée.

273. D'un point donné comme centre, décrire une sphère qui intercepte, sur une droite donnée, une longueur donnée.

274. Avec un rayon donné décrire une sphère qui intercepte, sur les plans de projection et sur un troisième plan, des cercles égaux entre eux et d'un rayon donné.

275. Déterminer les points où une droite perce le cône circonscrit à deux sphères données.

276. Par une droite donnée faire passer un plan qui intercepte, sur une sphère, un cercle de rayon donné.

277. Mener un plan tangent commun à une sphère et à un cylindre quelconque donné par sa trace horizontale et une génératrice.

278. Mener un plan tangent à une sphère et à un cône quelconque donné par sa trace horizontale et son sommet.

279. Deux plans verticaux se coupent ; dans chacun d'eux est tracée une droite : décrire une sphère tangente aux deux plans et dont les points de contact soient sur les droites données.

280. On donne deux sphères, et sur chacune d'elles un grand cercle dont le plan est vertical : décrire une sphère tangente aux deux premières et dont les points de contact soient sur les grands cercles donnés.

TROISIÈME PARTIE

PLANS COTÉS

§ I. — INTRODUCTION ET PRINCIPES

231. La méthode des plans côtés a pour but de représenter les corps avec leur forme et leurs dimensions réelles à l'aide d'un seul plan de projection. Elle est surtout employée pour les corps qui ont un faible relief relativement à l'étendue de leur projection horizontale ; c'est ce qui a lieu notamment pour les terrassements, les fortifications, le tracé des routes et des canaux.

Le plan de projection est toujours horizontal, on le nomme *plan de comparaison*. Autrefois, dans la topographie militaire, on le prenait au-dessus des points considérés ; mais aujourd'hui on fait choix d'un plan situé au-dessous de la surface étudiée.

232. **Définition.** On nomme *cote* d'un point la valeur numérique qui exprime la longueur de la projetante de ce point. On appelle *altitude* la distance du point à la surface de la mer. Dans l'exécution des travaux on emploie fréquemment le mot *ordonnée* pour *cote* ou *altitude*.

On nomme *cote négative* la cote d'un point situé au-dessous du plan choisi. On appelle *cote ronde* toute cote exprimée par un nombre entier.

Du point.

233. *Un point se représente par sa projection horizontale et par sa cote.*

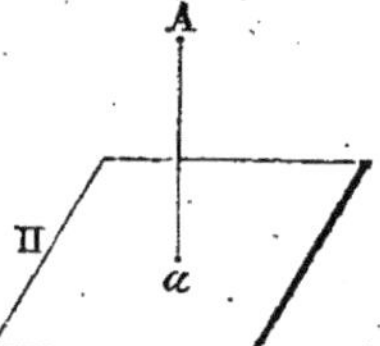
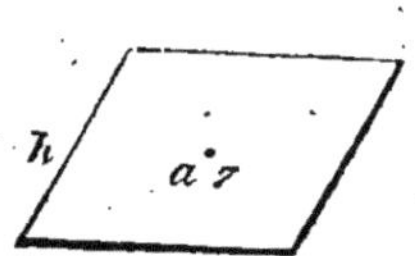

Si, par exemple, la projection du point A égale 7 unités, ce point sera représenté comme il suit sur le plan *h*.

Positions du point. Le point ne peut avoir que trois positions : b est au-dessus du plan de comparaison, c est sur ce plan, et d est au-dessous.

D'une manière générale, pour représenter une figure quelconque, on projette ses principaux points sur le plan de comparaison, et on indique la cote de chacun d'eux. Le plan de comparaison indiquant les cotes des points projetés a été désigné par le nom de *plan coté*; et la méthode elle-même, qu'il s'agisse de la représentation des lignes, des plans ou des surfaces courbes, est connue sous la dénomination de *méthode des plans cotés*.

234. Échelle graphique. L'*échelle du plan coté* est l'échelle de reproduction employée pour les longueurs en projection horizontale; on l'appelle aussi *échelle graphique* pour la distinguer de l'*échelle de pente* d'une droite [n° 239], et de l'*échelle de pente* d'un plan [n° 248]. Nous indiquons l'échelle graphique par *e. g.*

De la droite.

235. *Représentation de la droite.* Une droite se représente par sa projection horizontale sur le plan de comparaison, et par les cotes de deux de ses points. Ainsi ab est la projection d'une droite AB de l'espace; 9,5 est la cote du point A, et 6 est celle du point B de l'espace.

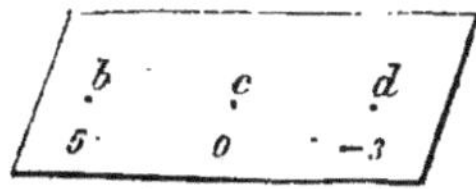

Remarque. Les problèmes relatifs à la droite peuvent être résolus *graphiquement* ou numériquement.

Dans le premier cas, on rabat le plan projetant sur le plan de comparaison [n⁰ˢ 69 et 109, II], en prenant la perpendiculaire aA égale à 9 divisions 5 de l'échelle graphique [n° 234], et la projetante bB égale à 6 divisions. AB représente la droite de l'espace lorsque le rabattement est effectué [1].

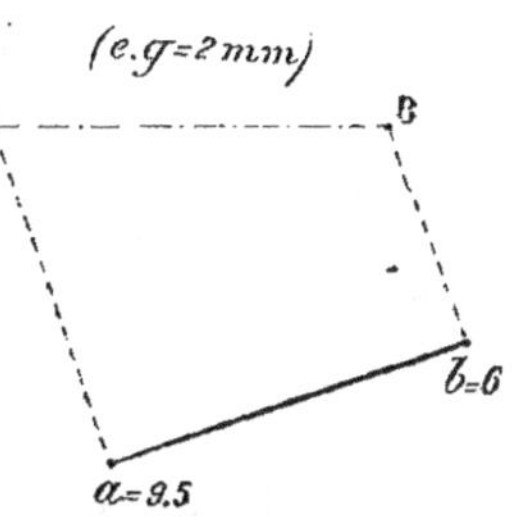

Dans le second cas, on évalue en nombre la longueur de la projection horizontale ab en la mesurant à l'aide de l'échelle graphique, et on fait les calculs.

---

[1] Les rabattements étant très-employés dans la méthode des plans cotés, on écrit simplement AB pour la ligne rabattue, au lieu de mettre A_1B_1 comme au numéro 69.

236. *Distances horizontale et verticale*. On nomme *distance horizontale* de deux points donnés ($a = 9,5$) et ($b = 6$) la longueur de la ligne ab qui joint les projections de ces points; on la représente par d. Dans l'exemple donné, à l'échelle de 2 millimètres par unité, $d = 10$. On nomme *distance verticale* de deux points la différence des cotes de deux points; on peut la représenter par h pour rappeler que c'est la hauteur d'un point par rapport à l'autre; dans l'exemple cité, $h = 9,5 - 6 = 3,5$.

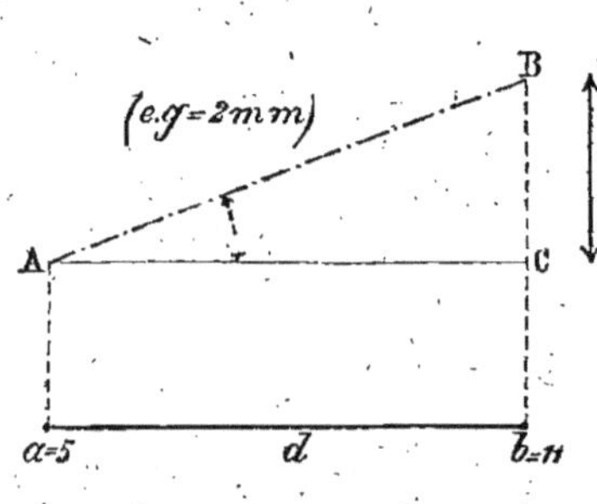

237. *Pente d'une droite*. — *La pente d'une droite est le rapport de la distance verticale à la distance horizontale de deux de ses points;* en d'autres termes, *la pente d'une droite est le quotient obtenu en divisant la différence des cotes de deux de ses points par la distance de leurs projections horizontales.*

D'une manière générale $p = \dfrac{h}{d}$; c'est la tangente trigonométrique de l'angle BAC que la droite forme avec le plan de comparaison.

Pour exprimer la pente, il faut mesurer ab à l'aide de l'échelle graphique, soit $d = 15$; comme $h = 11 - 5 = 6$, on a

$$p = \frac{6}{15} = 0,40.$$

La pente est indépendante de la direction de la projection horizontale ab sur le plan de comparaison.

238. *Module*. On nomme *module d'une droite* l'inverse de la pente.

$$m = \frac{1}{p} = \frac{d}{h};$$ c'est la cotangente de l'angle BAC.

Dans l'exemple cité, $m = \dfrac{15}{6} = 2,5$.

Vérification. Par définition on doit avoir : $m \times p = 1$; en effet, $0,4 \times 2,5 = 1$.

L'inverse de la pente ou $\dfrac{d}{h}$ est encore nommé *intervalle* par quelques auteurs. Lorsque $h = 1$, on dit : l'*intervalle* est la distance qu'il faut parcourir sur la projection horizontale d'une droite pour que les cotes rondes de deux points diffèrent d'une unité.

239. *Échelle de pente.* L'échelle de pente d'une droite est la projection horizontale sur laquelle on a marqué des points à cote ronde.

240. *Graduer une droite*, c'est déterminer sur la projection horizontale de cette ligne une suite de points à cote ronde ; ainsi, graduer une droite c'est en déterminer l'échelle de pente.

241. *Diverses positions d'une droite.* Par rapport au plan de comparaison, une droite peut être oblique, parallèle ou perpendiculaire.

1° La droite oblique est caractérisée par une projection rectiligne et par deux cotes inégales ;

2° La droite parallèle au plan de comparaison est horizontale ; l'*horizontale* est caractérisée par une projection linéaire et la cote d'un seul point, puisque cette cote est la même pour tous ;

3° La droite perpendiculaire a pour projection un seul point. Si cette droite est limitée, le point a deux cotes.

La *trace* d'une droite est le point où cette droite perce le plan de comparaison ; c'est donc le point de cette droite qui a zéro pour cote.

242. *Droites concourantes.* Deux droites se coupent lorsque leurs projections se rencontrent et que le point de concours a la même cote sur chaque ligne.

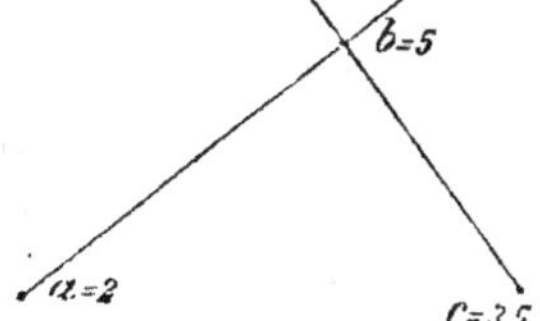

Théorème.

243. *Deux droites parallèles ont des projections parallèles et leurs pentes sont égales.*

Les projections sont parallèles [n° 26] ; puis les droites coupent le plan de comparaison sous le même angle ; donc la pente ou $\frac{h}{d}$, tangente trigonométrique, est la même pour chaque ligne.

Remarque. De l'égalité des pentes on déduit celle des modules [nº 238]; donc, si l'on prend $eg = ab$, la différence des

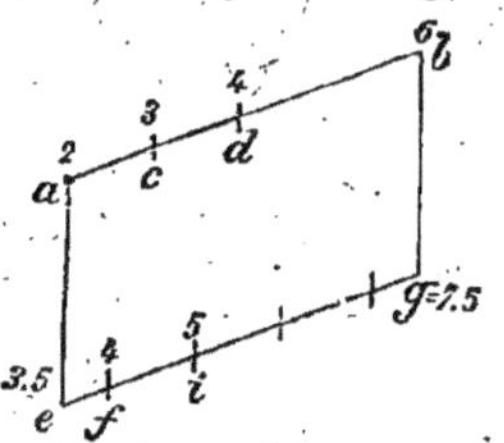

cotes e, g doit égaler celle des points a et b; de même $ac = fi$.

244. *Réciproquement.* Deux droites AB, EG sont parallèles, lorsque leurs projections ab, eg sont parallèles; que leurs pentes $\dfrac{6-2}{ab}$ et $\dfrac{7,5-3,5}{eg}$ sont égales et que les graduations sont dans le même sens.

245. Droites perpendiculaires. Un angle droit se projette en

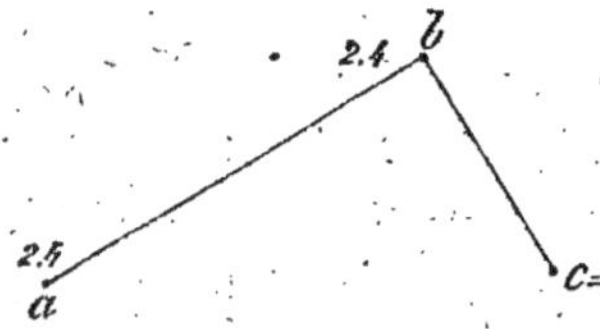

vraie grandeur sur un plan lorsque l'un de ses côtés est parallèle à ce plan [nº 32]; donc toute perpendiculaire à une horizontale a sa projection perpendiculaire à la projection de la première: si l'angle abc est droit, la ligne BC est perpendiculaire à AB.

Théorème.

246. *Lorsque deux droites situées dans un même plan vertical sont perpendiculaires l'une à l'autre, 1º leurs projections sont en ligne droite; 2º la pente de la première égale le module de la seconde; 3º à partir du point de concours les graduations sont de sens contraire.*

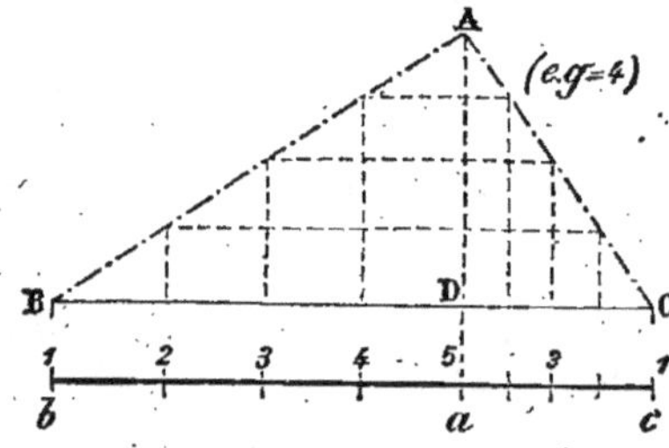

Soient les droites perpendiculaires AB, AC figurées sur le plan vertical qui les contient, BC étant horizontale.

1º Les deux droites étant dans un même plan projetant, on aura des projections telles que ba et ac en ligne droite.

2º Abaissons la perpendiculaire AD sur l'hypoténuse, les propriétés du triangle rectangle [*Géométrie*, 212] donnent:

$$\frac{AD}{BD} = \frac{DC}{AD}$$

mais, par définition [n⁰ 237], $\dfrac{AD}{BD}$ est la pente de AB;

et $\dfrac{DC}{AD}$ est le module de AC [n⁰ 238], donc...

3° A partir de a, les graduations sont de sens contraire; dans l'exemple donné, de a vers b comme de a vers c, les cotes vont en décroissant.

Remarque. A l'aide des principes déjà exposés, on peut résoudre toutes les questions du paragraphe 2, n⁰ 252 et suivants.

Du plan.

247. *Représentation du plan.* Dans la méthode des plans cotés, un plan se représente par deux horizontales cotées ou par sa ligne de plus grande pente.

La ligne de plus grande pente est perpendiculaire aux horizontales de ce plan. [*Géométrie*, 343, scolie.]

248. *L'échelle de pente d'un plan* est l'échelle de sa ligne de plus grande pente; on la représente par deux traits parallèles, afin de la distinguer des lignes ordinaires; d'ailleurs, on ne trace pas les horizontales du plan.

La projection ab de la ligne de plus grande pente est perpendiculaire aux horizontales du plan [n⁰ 32]; par suite, ab suffit pour caractériser le plan P.

Dans bien des cas le plan est déterminé par deux droites concourantes ou parallèles, alors on opère directement sur les données sans recourir à l'échelle de pente du plan.

249. *Diverses positions du plan.* Par rapport au plan de comparaison, un plan peut être oblique, parallèle ou perpendiculaire.

1° Le plan oblique est représenté par son échelle de pente ou par deux droites concourantes ou parallèles.

2° Le plan parallèle au plan de comparaison est horizontal, tous ses points ont même cote; on le représente par une échelle

tracée dans une direction 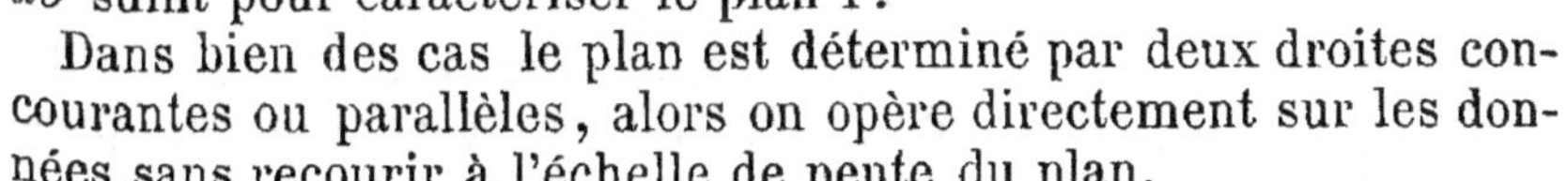 quelconque et n'ayant

qu'une cote; parfois même, pour un plan horizontal à cote 5, on se borne à écrire : (P = 5).

3° Le plan perpendiculaire est représenté par sa trace; on n'inscrit point de cote, parce que toutes les horizontales ont même projection.

250. *Perpendiculaire au plan.* La projection d'une droite perpendiculaire à un plan est perpendiculaire à la trace de ce plan [n° 37], c'est-à-dire à l'horizontale zéro, et par suite aux projections de toutes les autres horizontales; donc la projection de la perpendiculaire a la même direction que l'échelle de pente de ce plan, et la perpendiculaire est elle-même perpendiculaire à l'échelle de pente de ce plan, puisque cette dernière ligne passe par son pied dans le plan; de là, on déduit la remarque suivante:

251. *Remarque.* On connaît qu'une droite est perpendiculaire à un plan, lorsque sa projection est perpendiculaire aux horizontales du plan; que les pentes de la droite et de l'échelle du plan sont inverses l'une de l'autre, et que ces deux lignes sont graduées en sens contraire. [N° 246.]

§ II. — PROBLÈMES SUR LA DROITE

Problème.

252. *Trouver la vraie grandeur d'une droite et l'angle qu'elle forme avec le plan de comparaison.*

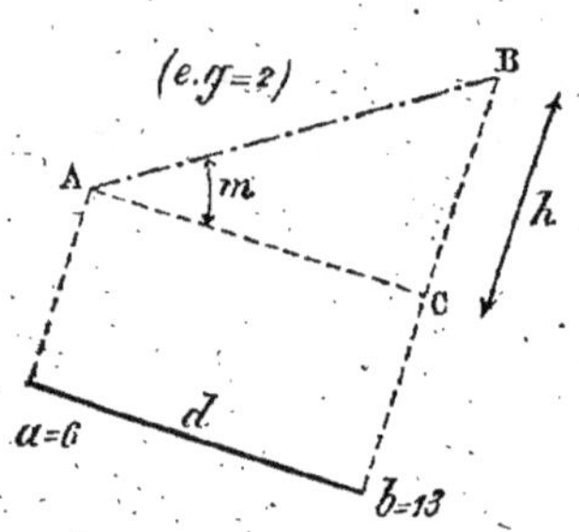

Soit la droite *ab*, $a = 6$, $b = 13$.

1° *Graphiquement.* On rabat la droite en AB, en prenant sur des perpendiculaires $a\mathrm{A} = 6$, $b\mathrm{B} = 13$. AB est la vraie grandeur de la droite.

En menant AC parallèle à *ab*, l'angle BAC est l'angle demandé.

2° *Numériquement.* Il faut mesurer *ab* à l'aide de l'échelle graphique, soit 10 unités sa longueur; $h = 7$.

Le triangle rectangle ACB donne :

$$\mathrm{AB} = \sqrt{(10)^2 + (7)^2} = 12,20.$$

D'une manière générale $\mathrm{AB} = \sqrt{d^2 + h^2}$.

La tangente de l'angle $\mathrm{BAC} = \dfrac{h}{d} = \dfrac{13 - 6}{10} = 0,7.$

Problème.

253. *Sur une droite donnée, déterminer un point dont on connaît la cote.*

Soient la droite mn et 4 la cote du point dont on cherche la projection.

1° *Graphiquement.* Rabattons la droite en **MN** en prenant $m\mathrm{M}=5,2$, $n\mathrm{N}=1,6$ et $m\mathrm{B}=4$; menons la parallèle BA : la projetante Aa fait connaître la projection horizontale a du point cherché.

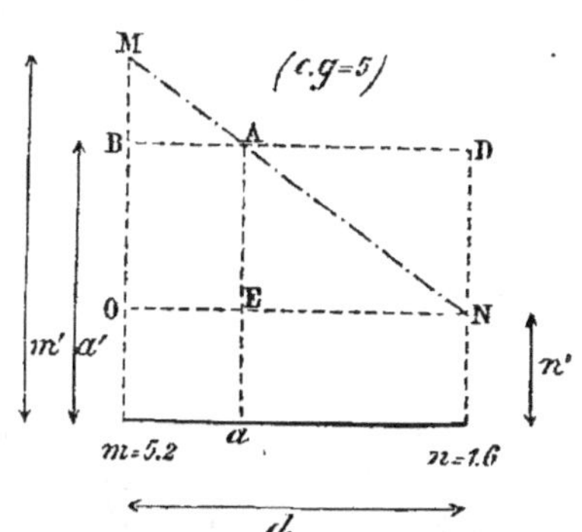

Remarque. MB est la différence des cotes des points M et A; DN est celle des points A et N; or on a :

$$\frac{AB}{AD}=\frac{MB}{ND}$$

donc d est divisé en parties proportionnelles aux différences des cotes; de là, on déduit la construction suivante : il faut prendre $m\mathrm{M}$ égale à $(5,2-4)$, $n\mathrm{N}$ égale à $(4-1,6)$, et joindre M à N.

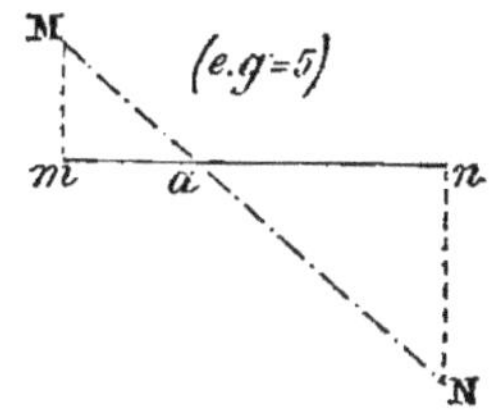

254. 2° *Numériquement.* Mesurons d à l'échelle graphique, soit $d=4,8$.

Désignons par a', m', n' les cotes des points A, M, N, projetés en a, m, n.

Les triangles rectangles MAB, MNO donnent :

$$\frac{AB}{NO}=\frac{MB}{MO}$$

ou

$$\frac{ma}{d}=\frac{m'-a'}{a'-n'}$$

d'où

$$ma=\frac{d\,(m'-a')}{m'-n'}\qquad [a]$$

Dans l'exemple cité, $ma=\dfrac{4,8\,(5,2-4)}{5,2-1,6}=1,60.$

On aurait de même $na=\dfrac{d\,(a'-n')}{m'-n'}\qquad [b]$

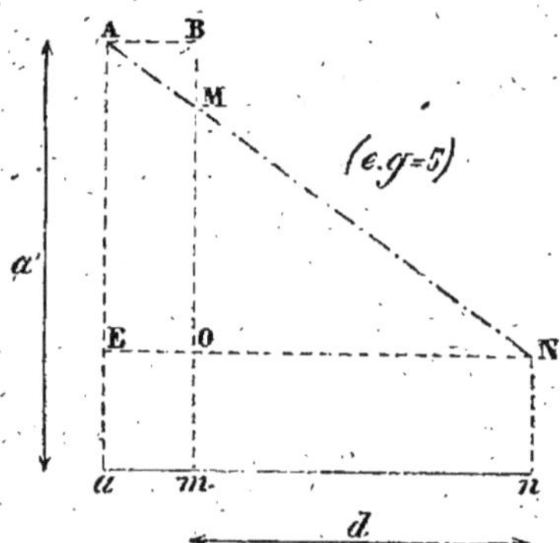

Remarque. Lorsque la cote donnée a' est plus grande que m', la projection a cherchée est à gauche de m, c'est l'exemple donné ; les triangles semblables BAM, ONM donnent encore :

$$\frac{BA}{ON} = \frac{MB}{MO} \quad \text{ou} \quad \frac{am}{d} = \frac{a'-m'}{m'-n'}$$

On trouve $a'-m'$ au lieu de $m'-a'$; pour n'avoir qu'une seule formule on écrit encore :

$$am = \frac{d(m'-a')}{m'-n'}$$

Le numérateur sera négatif, et par suite le résultat sera affecté du signe $-$; lorsque cette particularité se présentera, on portera la longueur calculée vers la gauche de m. Ainsi, pour la cote 6, on trouve $\dfrac{4,8(5,2-6)}{5,2-1,6} = -1,06$.

Problème.

255. *Graduer une droite donnée par sa projection et les cotes de deux de ses points.*

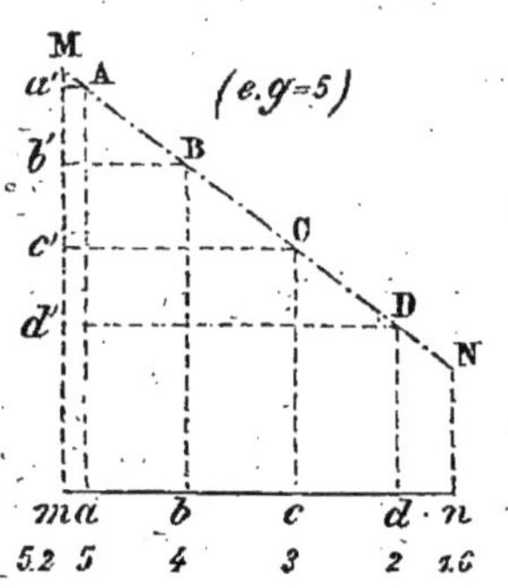

1° *Graphiquement.* Après avoir rabattu la droite en NM, on prend des cotes rondes, par exemple $ma'=5$, $mb'=4$, etc.

On mène des parallèles à mn, puis les projetantes Aa, Bb, Cc, etc. La projection mn ainsi divisée est l'échelle de pente de la ligne donnée.

2° *Numériquement.* Dans la formule [a] numéro 254, on donne à a' les valeurs successives 5, 4, 3, 2, et l'on trouve la valeur numérique de ma, mb, mc, md ; d'ailleurs $ab=bc=cd$.

Problème.

256. *Sur une droite donnée trouver la cote d'un point dont on connaît la projection* a.

1° *Graphiquement.* On opère le rabattement de la droite, puis on mène la perpendiculaire aA, et l'on mesure cette ligne à l'aide de l'échelle graphique.

2º *Numériquement.* On a trouvé :

$$\frac{ma}{d} = \frac{m' - a'}{m' - n'} \quad [\text{n}^\text{o}\ 254],$$

d'où $\qquad a' = m' - \dfrac{ma(m' - n')}{d} \qquad$ (e).

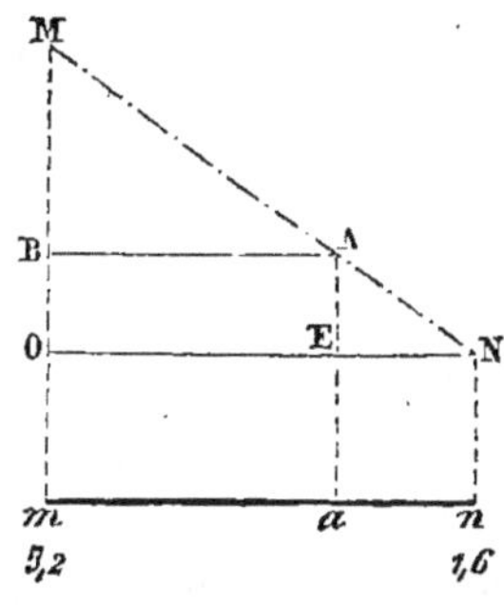

On mesure ma et d, soit $ma = 3,2$; $d = 4,8$,

d'où $\qquad a' = 5,2 - \dfrac{3,2 \times 3,6}{4,8} = 2,80$.

Problème.

257. *Reconnaître si deux droites se coupent, et déterminer leur point d'intersection s'il y a lieu.*

Soient les droites ayant pour projections ab et cd avec des cotes connues; rabattons ces deux lignes en **AB** et **CD**; pour que les lignes se coupent, il faut que $m\mathbf{M} = m\mathbf{M}'$.

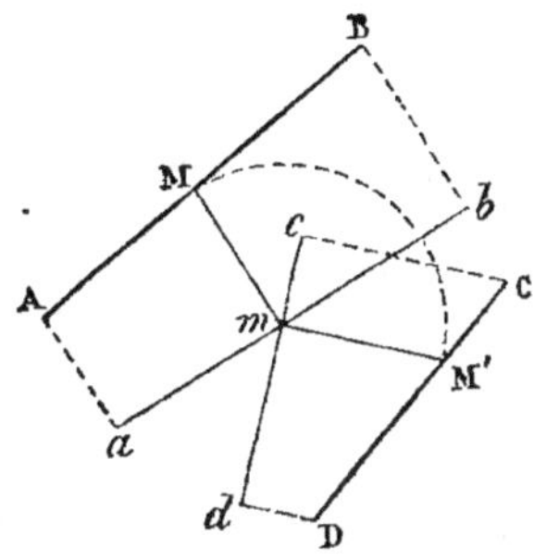

Remarque. Le cas le plus important, dans la pratique, est celui où les droites ont même projection. (*Arpentage*, 172 et 173.]

Problème.

258. *Par un point donné, mener une droite parallèle à une droite donnée.*

Soit à mener par le point $a = 3,5$, une parallèle à **BC**; $b = 2$, $c = 6,3$.

Par a on mène une parallèle à bc, on prend $ad = bc$, et on donne au point d la cote du point a augmentée de $(c - b)$. La cote de d sera donc $3,5 + (6,3 - 2)$ ou $7,8$.

Les deux lignes sont parallèles comme étant situées dans des plans verticaux parallèles, et ayant même pente. [N° 244.]

Problème.

259. *Par un point dont la projection est située sur le prolongement de la projection d'une droite donnée, abaisser une perpendiculaire sur la ligne donnée.*

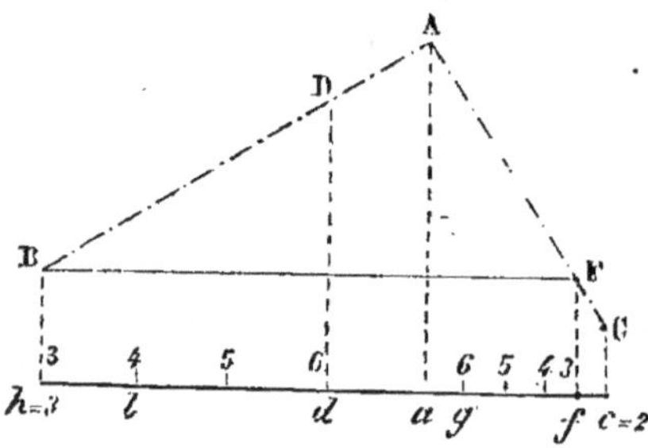

Soit hd, $h=3$, $d=6$ la droite cotée et $c=2$ le point donné.

Graphiquement. On rabat la droite et le point en BD et C, on abaisse la perpendiculaire CA et l'on gradue ca. [N° 255.]

Numériquement. ca est dans le prolongement de hd, et le module de ca égale la pente de hd. [N° 246.]

Donc
$$fc = \frac{1}{hl}.$$

Problème.

260. *Déterminer l'angle de deux droites.*

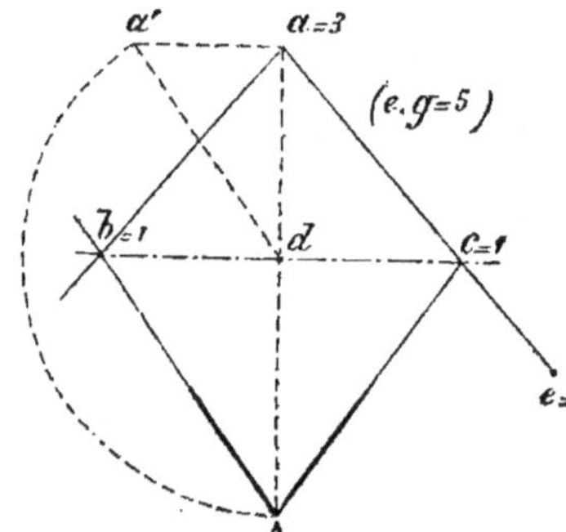

Soient les droites projetées en ab, ac. Comme dans la méthode à deux projections, on effectue un rabattement à l'aide d'une horizontale du plan. [N° 118.]

Sur ae déterminons le point c ayant 1 pour côte [n° 253], bc est une horizontale ; à l'échelle graphique, prenons aa' égale 2 divisions ; puisque les cotes de a et de b ont 2 pour différence, da' est l'hypoténuse qu'il faut porter en dA. L'angle A est l'angle demandé.

Remarque. A l'aide des rabattements on peut résoudre toutes les questions de géométrie plane.

§ III. — PROBLÈMES SUR LE PLAN

Problème.

261. *Déterminer l'échelle de pente d'un plan donné par trois points.*

Soient les points $a=4$; $b=0$; $c=6$.

Menons bc; sur cette ligne déterminons un point d ayant même cote que le point a [nᵒ 253]; la droite ad est une horizontale du plan. Du point b abaissons la perpendiculaire be et divisons cette ligne en quatre parties égales, puisque les cotes de b et de e diffèrent de 4 unités : be est l'échelle de pente du plan. [Nᵒ 248.]

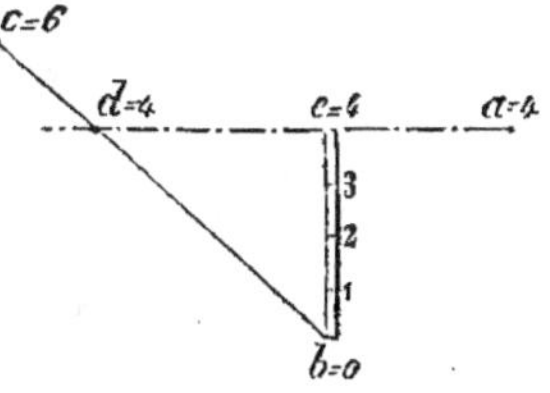

Remarque. On procède d'une manière analogue lorsque le plan est donné par un point et une droite, ou par deux droites sécantes ou parallèles.

Problème.

262. *Déterminer l'intersection de deux plans donnés par leurs échelles de pente.*

1ᵉʳ Cas. *Les échelles P et Q ont des projections concourantes.*

On mène des horizontales de même cote, le point a des horizontales 3 appartient à chaque plan et par suite à leur intersection, il en est de même de b.

ab, avec les cotes 3 et 5, est l'intersection demandée.

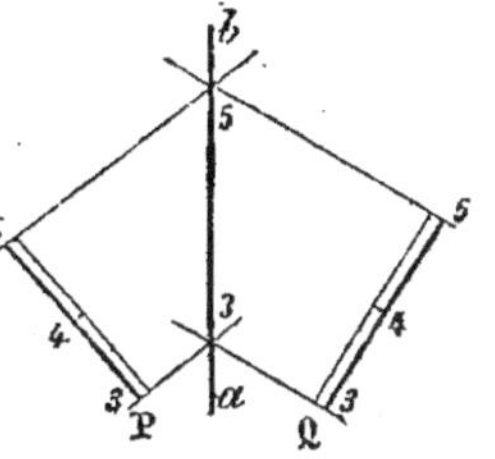

263. **2ᵉ Cas.** *Les projections des échelles de pente sont parallèles.*

Dans ce cas, les horizontales des deux plans sont parallèles et l'intersection sera horizontale.

Dans les plans donnés P et Q, menons des horizontales de même cote, par exemple, les horizontales 1 et 2; coupons-les par des parallèles ac, bd de direction quelconque; chacune d'elles ayant ses extrémités sur des lignes de même cote, on peut les considérer comme horizontales d'un plan auxiliaire R. dc serait l'intersection de Q et de R [nᵒ 262]; ab, celle des plans P et R; le point o appartenant aux trois plans est un des points de l'intersection cherchée; par o il faut mener une horizontale mn; et cette ligne est l'intersection demandée.

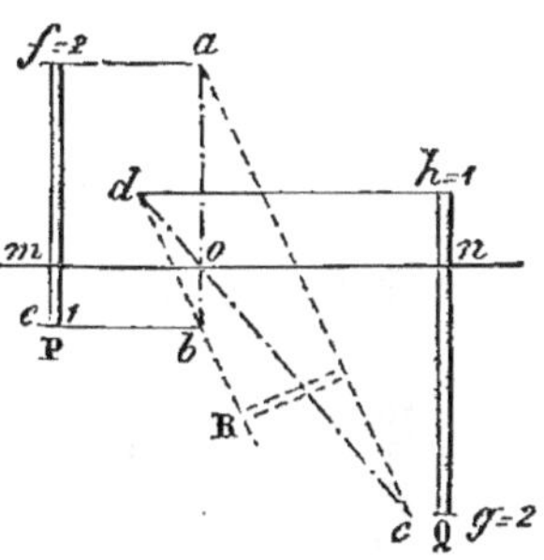

5*

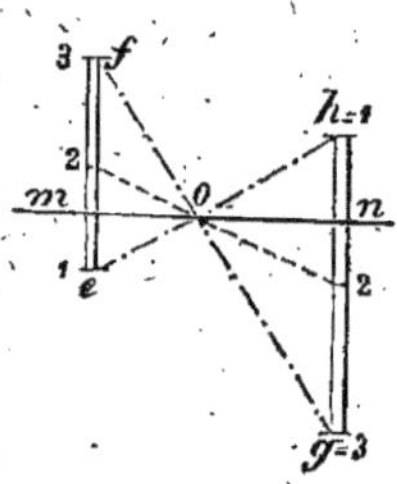

264. *Remarque.* Les points m et n doivent avoir même cote, donc ef et gh sont divisées en parties proportionnelles; cette remarque conduit à une construction très-simple.

Il suffit de joindre deux à deux les points de même cote par des lignes telles que fg, eh; l'horizontale mon est l'intersection demandée, car elle divise ef et gh en parties proportionnelles.

Remarque. Les droites horizontales $eh=1$, $fg=3$ ne se rencontrent pas, mais l'intersection o de leurs projections fait néanmoins connaître la projection mon de l'intersection demandée.

Problème.

265. *Déterminer le point où une droite perce un plan donné.*

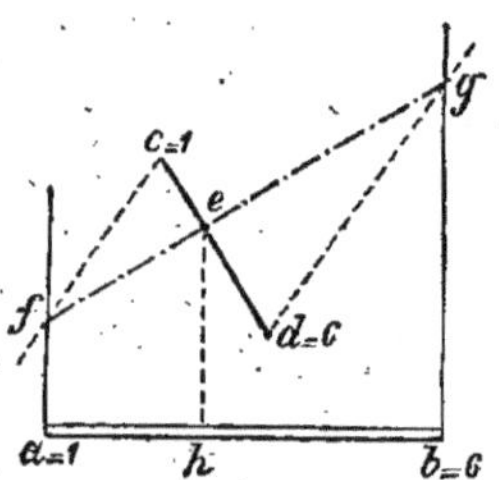

Soient ab l'échelle de pente du plan, et cd la projection de la droite donnée. Sur la droite et sur l'échelle il suffit de déterminer des points ayant même cote.

Par la ligne donnée il faut mener un plan quelconque, chercher l'intersection des deux plans et le point où cette ligne rencontre cd sur le point demandé. Pour cela, menons les horizontales af et bg du plan et deux parallèles cf, dg qui déterminent un plan auxiliaire; ce dernier coupe le plan donné suivant fg; donc e est le point demandé.

Vérification. Si l'on mène l'horizontale eh, il faut que la côte du point e de la ligne cd égale celle du point h du plan ab.

Problème.

266. *Déterminer la distance d'un point à un plan.*

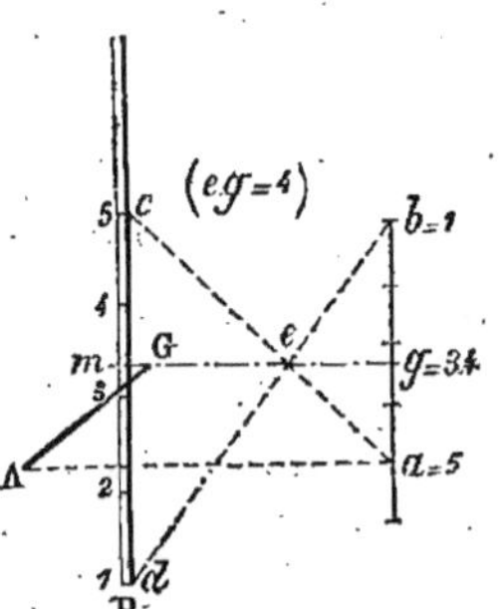

Soient $a=5$ et P le point et le plan donnés.

La droite qui mesure cette distance doit être perpendiculaire à la ligne de plus grande pente du plan menée par le point a [nº 250], donc sa projection doit être parallèle à dc; son module égale la pente du plan [nº 251]; et il faut la graduer en sens contraire. Pour déterminer le point g où elle perce le plan, considérons *ab* comme l'échelle de pente d'un nouveau plan; ce plan couperait le plan donné suivant *meg* [nᵒ 264]; donc *g* est le point où la perpendiculaire *ag* perce le plan P.

ag est la projection de la plus courte distance; on aura sa grandeur à l'aide du calcul ou par un rabattement tel que AG.

Problème.

267. *Par un point donné* d *mener un plan perpendiculaire à une droite* ab.

La question se traite comme la précédente, car tout revient à déterminer *dc*.

Problème.

268. *D'un point donné abaisser une perpendiculaire sur une droite donnée.*

Soient *ab* et *c*=1 la droite et le point donnés.

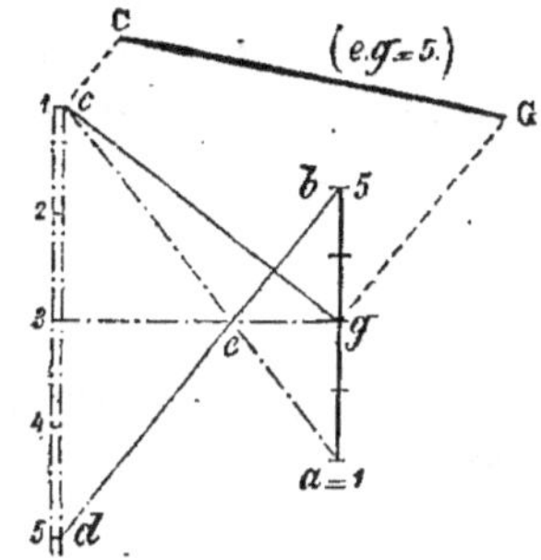

Par le point *c* menons un plan *cd* perpendiculaire à la droite *ab* [nᵒ 267]. Pour cela menons *cd* parallèle à *ba* et prenons pour module la pente de *ba*. Soit *g* le point où la droite perce le plan [nᵒ 264]; la ligne *cg* est la perpendiculaire demandée, CG en est la vraie grandeur.

Remarque. On peut aussi rabattre le plan déterminé par *c* et *ab* en opérant comme au nᵒ 260, et ce second moyen est même plus rapide que le premier.

Problème.

269. *Déterminer l'angle de deux plans* P *et* Q.

Procédons comme au nᵒ 126.

Coupons l'intersection AB de l'espace par un plan qui lui soit perpendiculaire, l'horizontale 3 de ce plan s'appuiera sur *ac, ad* et sera perpendiculaire à *ab* [nᵒ 126]. Rabattons l'intersection en prenant *b*B égale à la différence des cotes des points *a* et *b*; abaissons la perpendiculaire *ef* et rabattons-la en *e*F : l'angle *d*F*c* est l'angle demandé.

Problème.

270. *Par un point donné dans un plan, mener dans ce plan une droite ayant une pente donnée* p.

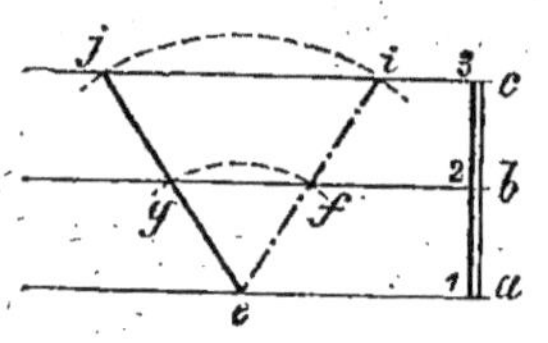

Soit le problème résolu, et *efi* la ligne demandée contenue dans le plan donné *abc*.

La pente de la droite ou *p* doit égaler $\dfrac{1}{ef}$ ou $\dfrac{2}{ei}$; posons donc $p = \dfrac{1}{ef}$, d'où $ef = \dfrac{1}{p}$. Ainsi du point *e* comme centre avec une longueur égale à $\dfrac{1}{p}$, il faut décrire un arc qui coupe l'horizontale 2 ; les ligne *ef*, *eg* correspondent à la question.

Remarque. La pente de la droite peut, au plus, être égale à celle du plan. [*Géométrie*, 343.] Pour avoir un rayon plus grand il suffit de poser : $ei = \dfrac{2}{p}$.

Problème.

271. *Par une droite donnée mener un plan qui ait une pente donnée* p.

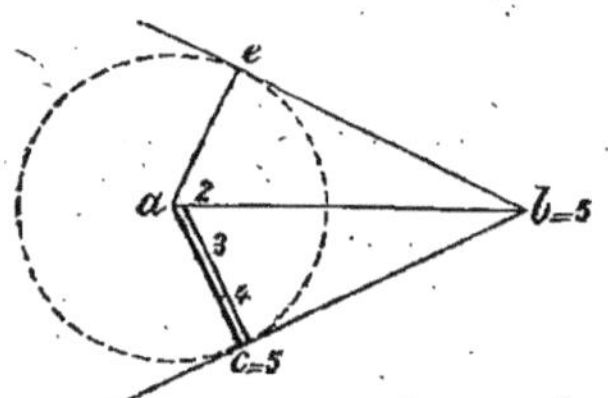

Soit le problème résolu et *ac* le plan ayant la pente voulue, et passant par la droite donnée *ab* ($a = 2, b = 5$).

Si l'on joint *c*, dont la cote est 5, au point *b* de même cote, la droite *cb* doit être une horizontale du plan, et par suite être perpendiculaire à *ac*, d'ailleurs pour *ac* on a $\dfrac{5-2}{ac} = p$; d'où $ac = \dfrac{5-2}{p}$; donc du centre *a*, il faut décrire une circonférence avec le rayon calculé, et par le point *b* mener une tangente à la circonférence ; la ligne *bc* est une horizontale du plan.

Il y a généralement deux solutions.

§ IV. — SURFACES TOPOGRAPHIQUES

272. On appelle *courbe de niveau* une courbe dont tous les points ont même cote : par exemple, la ligne suivant laquelle les eaux d'un lac rencontrent le sol. Les courbes de niveau sont les

horizontales de la surface terrestre, lorsque la surface considérée a peu d'étendue.

273. La surface du terrain, parfois nommée *surface topographique*, n'est pas susceptible de définition rigoureuse; aussi réserve-t-on généralement le nom de surface topographique à la surface conventionnelle qu'engendrerait une ligne plane convexe *ab* qui glisserait sur des courbes de niveau en restant normale à chacune d'elles.

Dans les applications, entre deux courbes de niveau assez rapprochées et à peu près parallèles, on considère la surface topographique comme engendrée par une droite *cd* qui glisse sur les courbes en restant normale à chacune d'elles.

Enfin, dans le tracé des routes, la surface du sol qui doit être attaquée par le déblai ou recouverte par le remblai est aussi remplacée par une surface conventionnelle. [*Arpentage*, 203.]

Problème.

274. *Déterminer l'intersection d'un plan et d'une surface topographique.*

Soient le plan **P** et la surface représentée par les courbes de niveau 1, 2, 3, 4 et 5.

Il faut mener les horizontales du plan de même cote. Les points *a* et *b* appartiennent au plan et à la surface, puis on joint deux à deux les points obtenus.

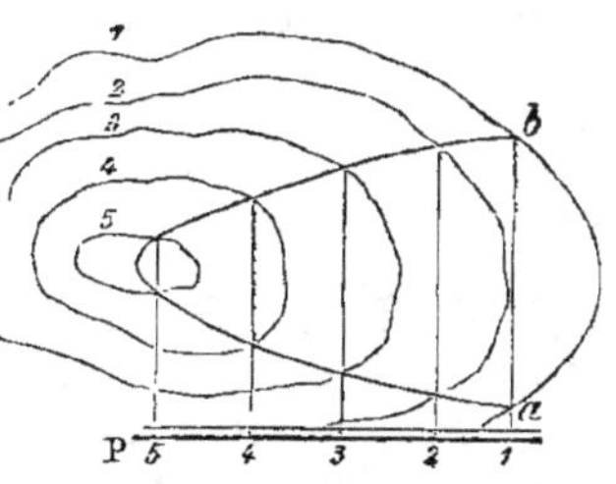

Problème.

275. *Déterminer le point d'intersection d'une droite et d'une surface topographique.*

Soient la droite *ef* et la surface ayant pour directrices les courbes 1, 2, 3, 4.

Par la droite menons un plan quelconque. Il suffit pour cela de mener par les points cotés 1, 2, 3, 4 des droites parallèles entre elles; la surface et le plan auxiliaire ont pour intersection la ligne *abcd*, donc *g* est le point où la droite *ef* perce la surface donnée.

Problème.

276. Joindre deux courbes de niveau par une droite ayant une pente donnée.

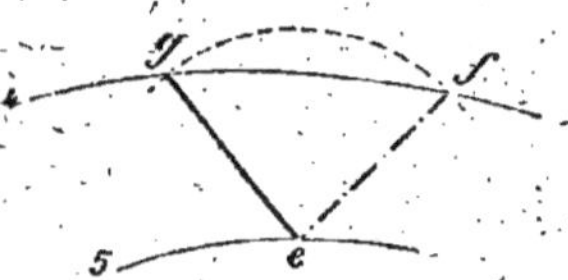

On procède comme au n° 270. D'après la pente donnée on calcule le module et l'on détermine la longueur *ef* qui doit correspondre à une différence de niveau d'une unité, et d'un point *e* de l'une des courbes, on coupe la seconde avec l'intervalle *ef* pour rayon.

Pour les applications, voir Arpentage, F. J.-O. P.

EXERCICES SUR LA TROISIÈME PARTIE

281. Connaisant l'échelle graphique du dessin et l'échelle de pente d'une droite, déterminer graphiquement l'échelle de pente d'une seconde ligne dont le module égale la pente de la première.

282. Déterminer la trace d'une droite cotée.

283. On donne un plan P et la projection *a* d'un point situé dans ce plan : déterminer la cote de ce point. — Un point est-il déterminé lorsqu'on connaît sa cote et le plan dans lequel il est contenu ?

284. Graduer une droite donnée par sa projection et un plan dans lequel elle est située.

285. Déterminer l'intersection de deux plans dans les cas suivants :
(a) Les projections des échelles sont dans le prolongement l'une de l'autre.
(b)   —   —   se coupent sous un angle très-obtus.
(c) Un plan vertical est donné par sa trace, l'autre est quelconque.
(d) Un plan est quelconque et l'autre est horizontal (P = 8,4).

286. Déterminer le point où une droite *ab* rencontre un plan donné dans les cas particuliers suivants :
(a) Le plan est quelconque et la droite est verticale.
(b) La droite est quelconque et le plan est horizontal.
(c) La droite est quelconque et le plan est vertical.

287. Par un point donné mener une parallèle à un plan donné.

288. Déterminer le point commun à trois plans.

289. Par un point donné mener un plan parallèle à un plan donné.

290. Par un point mener un plan parallèle à deux droites non situées dans le même plan.

291. Par un point mener un plan perpendiculaire à deux plans.

292. Déterminer la distance de deux droites parallèles.

293. Trouver l'angle d'une droite et d'un plan.

294. Trouver l'angle qu'un plan forme avec le plan de comparaison.

295. Par un point donné mener une droite qui rencontre deux droites non situées dans un même plan.

296. Trois droites non concourantes deux à deux étant données, mener une droite parallèle à la première et qui s'appuie sur les deux autres.

297. Trouver la plus courte distance de la ligne de terre à une droite donnée. (École centrale.)

298. Déterminer la plus courte distance de deux droites non situées dans le même plan.

299. Dans un plan P, un point est donné par sa projection horizontale : de ce point comme centre décrire une circonférence avec un rayon donné.

300. Par trois points faire passer une circonférence.

301. Trouver la trace d'un cône de révolution dont on connaît l'axe et l'angle qu'il forme avec les génératrices.

302. Trouver l'intersection d'une pyramide par un plan quelconque.

303. Un cylindre est défini par sa trace et une de ses génératrices : d'un point donné mener un plan tangent à ce cylindre.

304. Mener un plan tangent à une surface cylindrique parallèlement à une droite donnée. (École centrale, examen oral.)

305. Trouver l'intersection d'une droite et d'une sphère. (École centrale, examen oral.)

306. Un cercle situé dans le plan de comparaison est la base d'un cône droit, dont le sommet est coté 12 ; on donne un plan par son échelle de pente : on demande l'intersection du cône et du plan. (École centrale, examen oral, 1867.)

QUATRIÈME PARTIE
APPLICATIONS DIVERSES

CHAPITRE I
TRACÉ DES OMBRES

---

277. Dans un milieu homogène, la lumière se transmet en ligne droite.

On appelle *rayon lumineux* toute direction rectiligne suivant laquelle la lumière se propage; par suite, toute droite partant d'un point quelconque d'un corps lumineux représente un rayon.

Quelle que soit l'hypothèse faite sur la nature de la lumière,

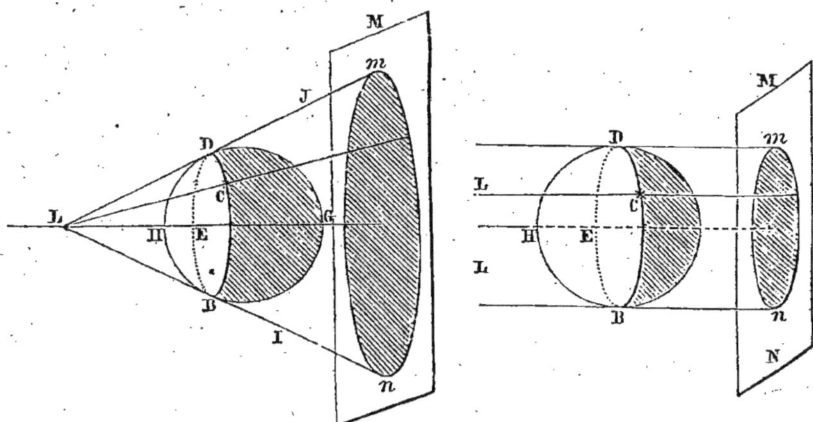

on admet dans les applications géométriques les expressions suivantes : Les rayons lumineux émanent des corps lumineux; la lumière traverse les corps transparents, mais elle est arrêtée par les corps opaques; on dit encore : Les corps opaques *interceptent* les rayons lumineux qui les rencontrent.

L'*ombre* est l'obscurité que cause l'interception des rayons lumineux.

Deux cas principaux se présentent :

1° Le corps est éclairé par un point lumineux ; 2° le corps est éclairé par des rayons parallèles.

Prenons une sphère comme corps opaque ; suivant les cas, les rayons lumineux tangents à la sphère forment un cône ou un cylindre circonscrit ; la courbe de contact BCDE est une circonférence dont le plan est perpendiculaire au rayon lumineux qui passerait par le centre de la sphère. Tous les rayons compris dans la partie conique ou cylindrique L.BCDE, sont interceptés par le corps opaque ; par suite la région IBCDJ, limitée par les rayons tangents, ne reçoit pas directement de lumière, et ce tronc de cône obscur (ou de cylindre) qui s'étendrait indéfiniment vers la droite est l'*ombre* causée par l'interception des rayons lumineux compris dans L. BCDE. Tout corps compris dans la région obscure IBCDEJ est dans l'ombre, et c'est ce qui a lieu pour la partie sphérique BCDEG et pour *mn* du plan **MN**.

278. Le *tracé des ombres* a pour but de déterminer sur une surface donnée la ligne qui sépare la partie éclairée de la partie qui n'est pas rencontrée directement par les rayons lumineux.

Relativement au tracé, on distingue deux sortes d'ombre : BCDEG est l'*ombre propre* de la sphère, et *mn* est l'*ombre portée* par la sphère sur le plan **MN**.

· Pour les surfaces courbes, la *ligne d'ombre propre* est le lieu géométrique des points de contact des rayons lumineux tangents à la surface. Pour les surfaces polyédriques, la ligne d'ombre propre est la suite des arêtes qui séparent les faces éclairées de celles qui sont dans l'ombre.

La ligne d'*ombre portée* est le lieu géométrique, sur la surface considérée, des traces des rayons lumineux qui déterminent l'ombre propre du corps qui produit l'ombre portée.

279. L'*ombre au flambeau* est l'ombre qu'on obtient en éclairant par un point lumineux le corps considéré. Quelle que soit la forme du corps étudié, l'ensemble des rayons qui déterminent l'ombre propre se nomme *cône circonscrit*.

L'*ombre au soleil* est l'ombre obtenue lorsque le corps est éclairé par des rayons parallèles ; à cause de la grande distance du soleil à la terre, les rayons émis par l'astre lumineux sont considérés comme parallèles.

Dans les applications, on s'occupe surtout de l'ombre au soleil ; et sauf indication contraire, c'est la seule que nous considèrerons dans les exercices suivants.

L'ensemble des rayons parallèles qui déterminent l'ombre propre se nomme cylindre circonscrit.

Pour plus de généralité dans la solution des problèmes, nous supposerons que le rayon lumineux a une direction quelconque; mais dans le dessin le rayon R_1 est dirigé suivant la diagonale

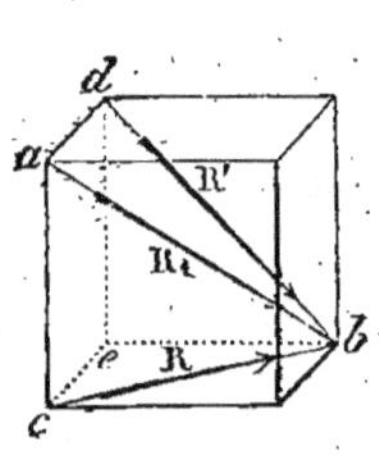
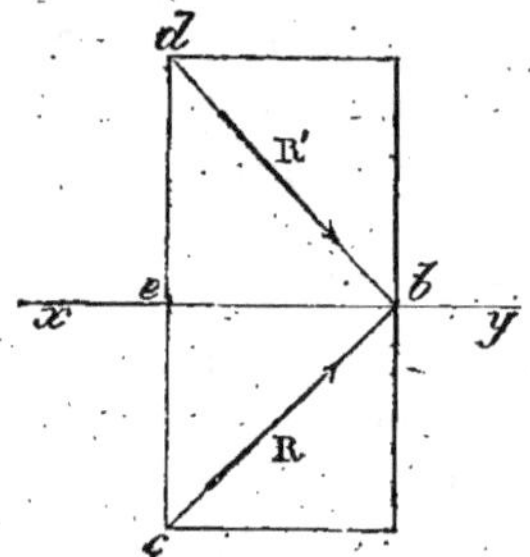

ab d'un cube dont deux faces sont parallèles au plan horizontal et deux autres au plan vertical; par suite, la projection verticale R′ est dirigée de gauche à droite et fait un angle de 45° avec xy; la projection horizontale fait aussi un angle de 45° avec la ligne de terre.

La recherche de l'ombre propre est une question de plans tangents [2ᵉ partie, chap. III, n° 186]; la recherche de l'ombre portée dépend de l'intersection des surfaces [2ᵉ partie, chap. IV, n° 200, et chap. V, n° 220].

Problème.

280. *Déterminer l'ombre portée par un point : 1° sur un des plans de projection; 2° sur un plan quelconque.*

La direction des rayons lumineux est indiquée par R, R′.

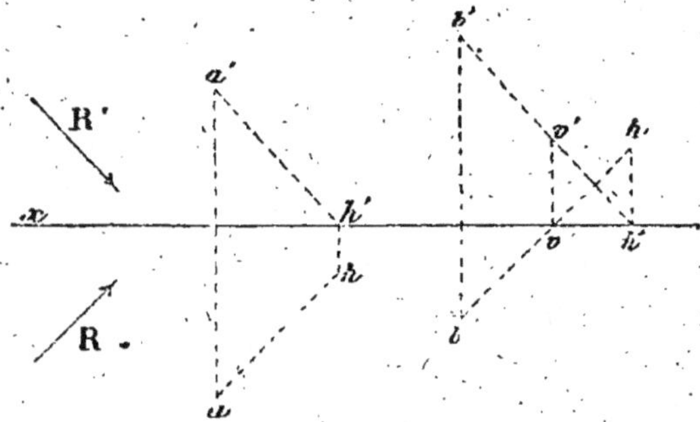

Soit (a, a') le point donné. Le rayon lumineux mené par ce point rencontre le plan horizontal en h; donc le point h est l'ombre portée sur le plan horizontal (a, a').

(b, b') porte ombre sur le plan vertical, parce que le rayon BVH rencontre en premier lieu le plan vertical.

2° Soient le point (c, c') et le plan PαP'. Par (c, c') menons une parallèle à (R, R'), et cherchons le point (d, d') où ce rayon $(cd, c'd')$ perce le plan donné. Le point (d, d') est l'ombre portée cherchée.

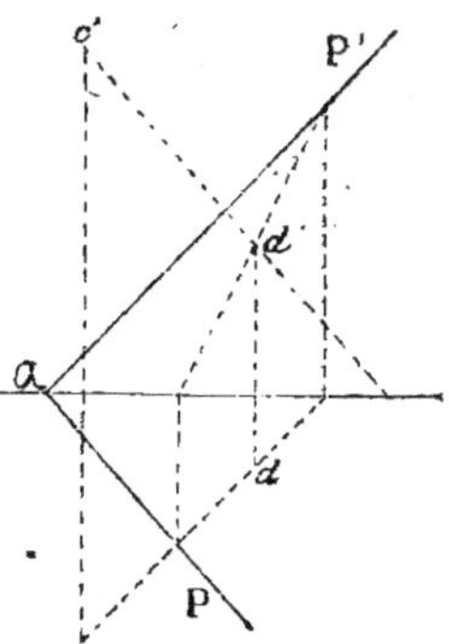

Problème.

281. *Déterminer l'ombre portée par une droite : 1° sur les plans de projection ; 2° sur un plan quelconque.*

Les rayons lumineux parallèles entre eux, menés par les divers points de la droite, sont dans un même plan ; le problème revient donc à déterminer les traces d'un plan donné par deux droites, et à chercher l'intersection de ce plan et du plan donné.

1° 1er *Exemple*. Soit la droite $(ab, a'b')$; par les points extrêmes menons des parallèles à (R, R') ; les traces c et d sont sur un même plan de projection, donc cd est la trace horizontale du plan mené par AB et AC, ainsi cd est l'ombre portée par AB sur le plan horizontal.

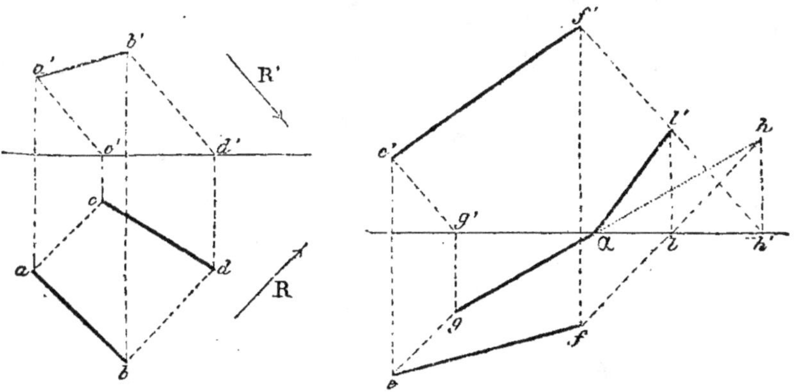

2e *Exemple*. Pour la droite EF, le rayon EG perce le plan horizontal et FL rencontre d'abord le plan vertical ; déterminons néanmoins la trace horizontale h du rayon FL ; la droite gh serait l'ombre portée sur le plan horizontal si le plan V était suffisamment reculé. Donc α est le point où le plan mené par EF, EG rencontre la ligne de terre ; il appartient donc à la trace verticale, et il suffit de joindre $\alpha l'$; l'ombre portée est constituée par la ligne brisée $g\alpha l'$. Comme vérification, il faut que $\alpha l'$ passe par la trace verticale de EG.

2° Soient PαP′ le plan quelconque et MN la droite donnée. On procède d'une manière analogue au 1er cas.

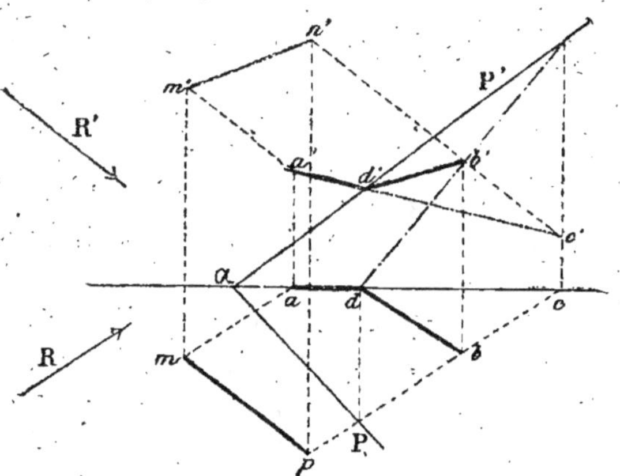

Le rayon lumineux mené par (m, m') rencontre d'abord le plan vertical au point (a, a'); mais le rayon mené par (n, n') perce le plan PαP′ au point (b, b'). Or, si le plan n'existait point, le rayon NB aurait c' pour trace verticale, et $a'c'$ serait l'ombre de la droite, donc $a'd'$ appartient à l'ombre; puis il faut joindre $d'b'$; ensuite on détermine la projection horizontale adb de l'ombre portée.

Problème.

282. *Déterminer l'ombre portée sur les plans de projection par une courbe quelconque.*

Par divers points de la courbe il faut mener des rayons lumi-

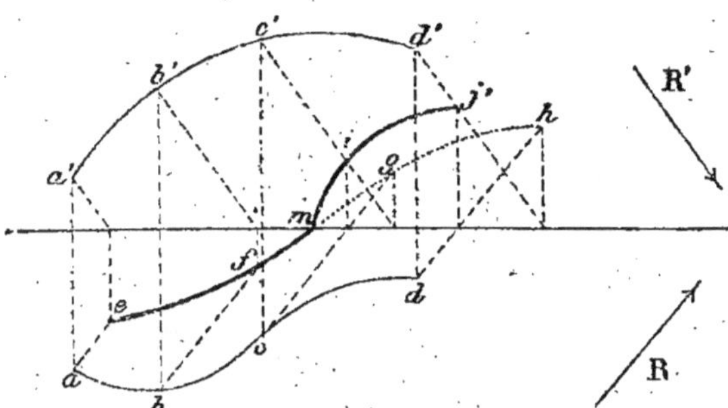

neux, chercher la trace de chacun d'eux et joindre les points ainsi obtenus par un trait continu.

Soit la courbe $(ad, a'd')$, on trouve $efmgh$ pour ombre portée sur le plan horizontal; mais les rayons lumineux menés par les points C et D percent d'abord le plan vertical en i' et j', donc la courbe d'ombre est $efmi'j'$.

Problème.

283. *Déterminer l'ombre portée sur les plans de projection par une surface plane polygonale.*

Soit le triangle ABC ; sur le plan horizontal, il donnerait l'ombre *def*, mais le rayon CF perçant d'abord le plan vertical, on a pour ombre, *deng'md* ; car les points *m* et *n* appartiennent aux deux plans de projections et par suite aux traces verticales des plans menés par AC, CF et BC, CF.

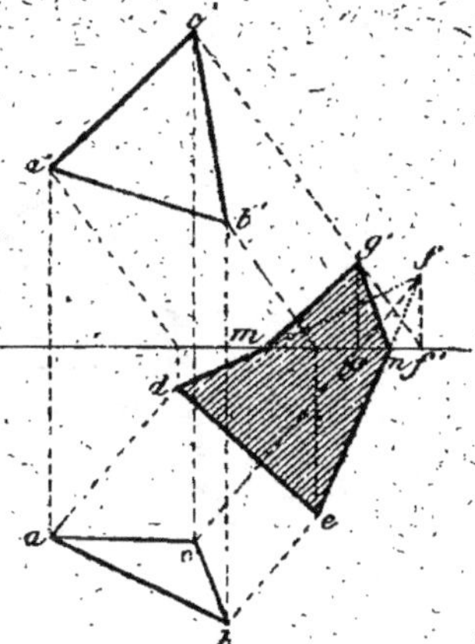

284. *Remarque.* On procède d'une manière analogue pour une.

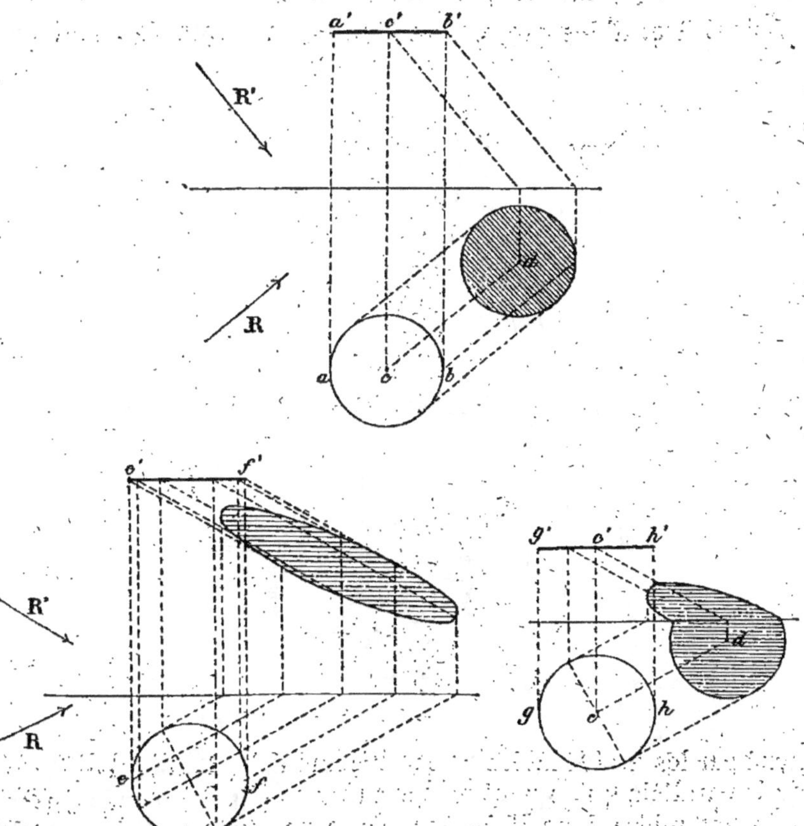

surface plane quelconque. La première figure est l'ombre d'un

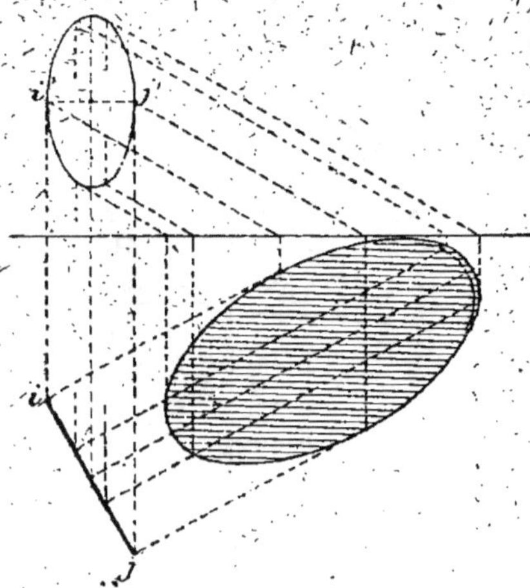

cercle parallèle au plan horizontal; le cercle AB donne sur le plan horizontal une ombre égale au cercle lui-même ; l'ombre du cercle EF est une ellipse située sur le plan vertical, et celle du cercle GH est en partie sur chaque plan. La figure ci-contre est l'ombre d'un cercle IJ perpendiculaire au plan horizontal.

Problème.

285. *Déterminer l'ombre portée sur le plan horizontal par une pyramide qui repose sur ce plan.*

Soient R et R′ les projections d'un rayon lumineux, tout plan

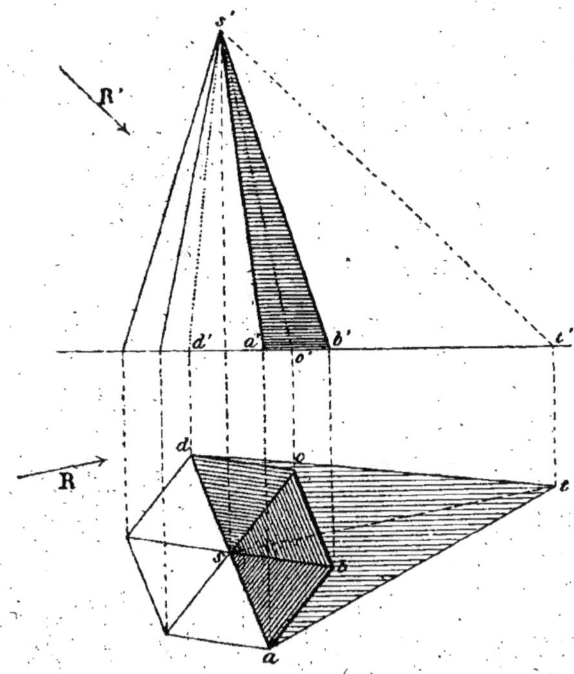

mené par les arêtes latérales parallèlement à (R, R′), doit contenir la parallèle qu'on peut mener au rayon (R, R′) par le sommet de la pyramide; donc il faut mener la parallèle (*st, s′t′*), déterminer la trace horizontale *t* de cette ligne; les plans extrêmes

auront pour traces horizontales *ta, td*; donc $(sa, s'a')$ $(sd, s'd')$
sont les lignes d'ombre propre, et *at, dt*, les lignes d'ombre
portée.

286. *Remarque.* Il arrive fréquemment que la trace horizontale *t* du rayon lumineux mené par le sommet de la pyramide,

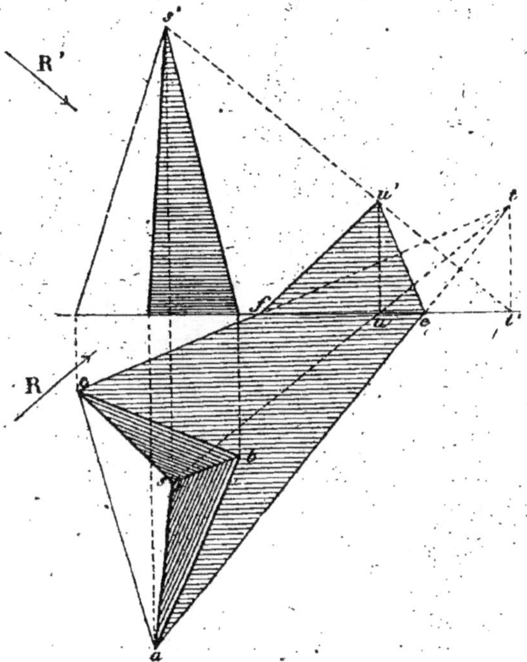

se trouve sur la partie postérieure du plan horizontal; *ta, td*
sont les traces des plans extrêmes, mais comme ces lignes rencontrent *xy* en *ef*, et que le rayon lumineux ST perce le plan
vertical en *u'*, les plans menés par ST, SA et par ST, SC ont pour
traces verticales *eu', fu'*, et la partie *eu'f* du plan vertical se
trouve dans l'ombre.

Problème.

287. *Déterminer l'ombre portée par une pyramide sur une
autre pyramide.*

Il faut chercher l'ombre portée de chaque pyramide considérée
isolément.

Les points (m, m'), (n, n') appartiennent à l'ombre portée
demandée, puisqu'ils se trouvent sur les traces horizontales *at, bt*
et sur les arêtes $(gm, g'm')$, $(gn, g'n')$ situées sur le plan hori-

zontal. Il suffit donc de chercher l'intersection des faces RGM, RGN et des plans d'ombre SAT, SBT. Pour cela on détermine le point O où le rayon lumineux ST perce une des faces antérieures de la seconde pyramide, et le point L où l'arête RG perce les plans

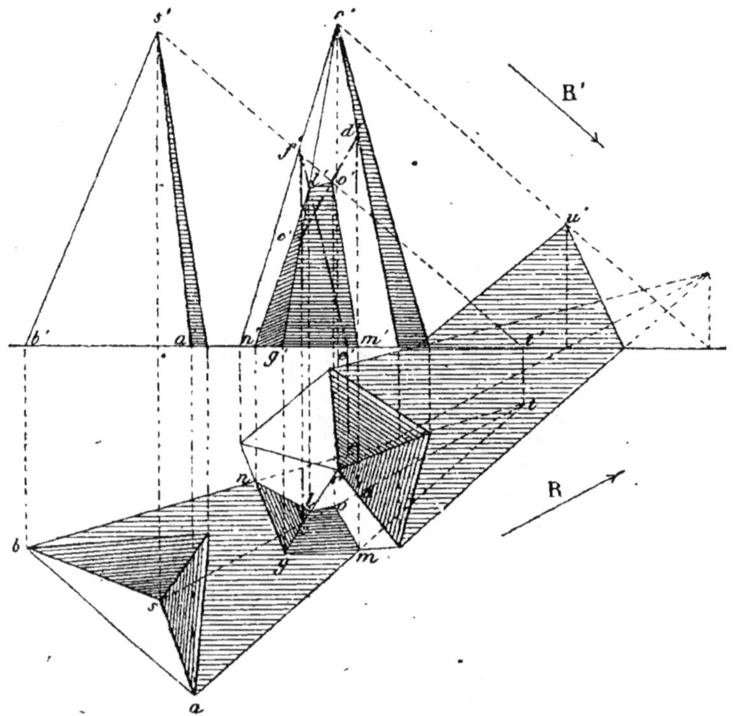

d'ombre. 1° Le plan qui projette st coupe les arêtes en (c, c') et (d, d'), par suite il rencontre la face GRD suivant $c'd'$, et le rayon lumineux perce le plan GRD en (o, o'). 2° Le plan projetant gr coupe ST en (c, f') et l'horizontale BT en (e, c'), donc $e'f'$ est la projection verticale de l'intersection cherchée, et l'arête RG est coupée en (l, l'). Il suffit de mener la ligne brisée ($moln$, $m'o'l'n'$).

Problème.

288. *Une sphère est éclairée par des rayons parallèles; déterminer l'ombre propre de cette sphère et l'ombre portée par ce corps sur le plan horizontal.*

Par le centre (c, c') menons une parallèle au rayon (R, R). Le problème revient à déterminer la ligne de contact du cylindre circonscrit à la sphère, et la trace horizontale de ce cylindre [n° 198]. Rabattons le plan qui projette bo, le centre de la sphère vient en C, de manière que $cC = n'c'$; (o, o') situé sur le plan horizontal ne change pas, donc oC est l'axe rabattu. Décrivons la

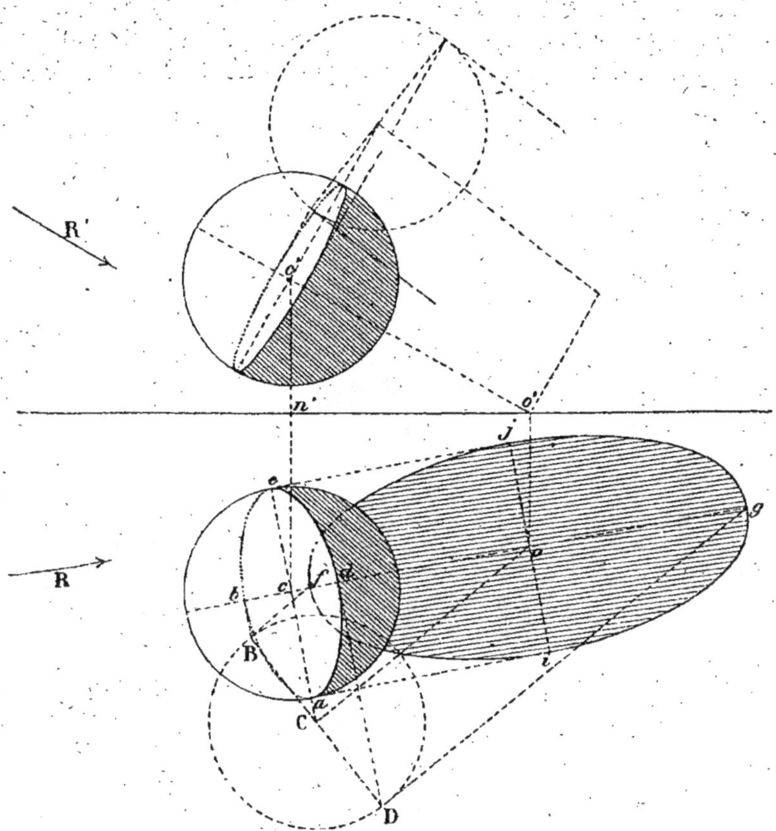

circonférence CD ; B et D font connaître le petit axe bd ; on opère d'une manière analogue pour la projection verticale.

Pour avoir l'ombre portée, on mène les génératrices extrêmes, Bf, Dg ; le petit axe égale ac. [Nᵒ 179.]

Problème.

289. *Une sphère est éclairée par un point lumineux, déter-miner l'ombre propre de cette sphère et l'ombre portée par ce corps sur le plan horizontal.*

Soit $(s ; s')$ le point lumineux. Les rayons tangents à la sphère déterminent un cône de révolution dont $(so, s'o')$ est l'axe. Pour avoir la projection horizontale de la circonférence d'ombre propre, on peut rabattre le plan qui projette l'axe horizontalement ; pour cela on prend $oO_1 = n'o'$, $sS_1 = ps'$, et décrire du centre O_1 un grand cercle de la sphère ; les rayons lumineux S_1G_1, S_1H_1 donnent G_1H_1 pour projection de la ligne d'ombre sur le plan rabattu ; hg est donc le petit axe de la circonférence

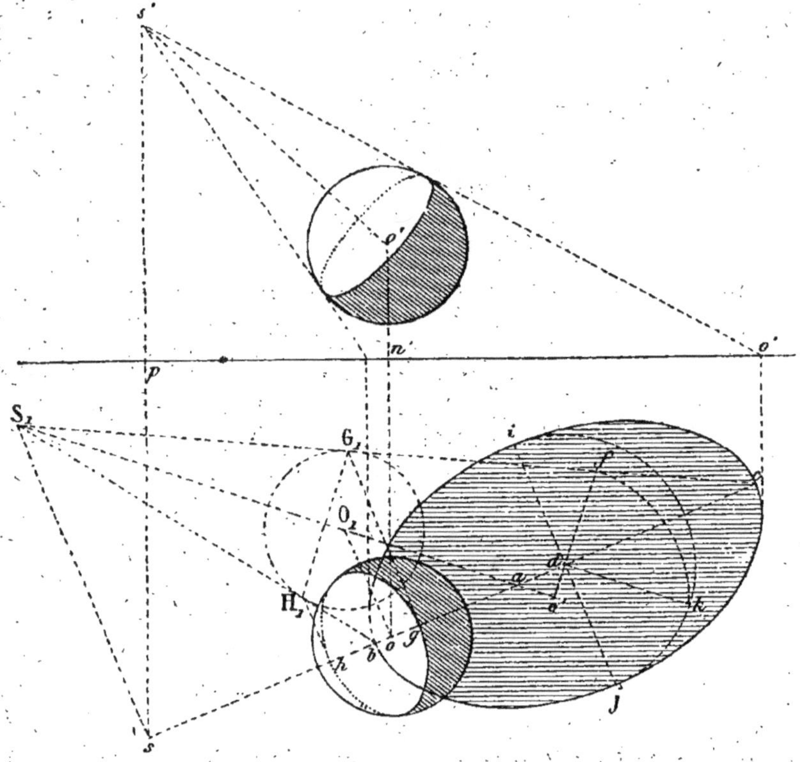

de contact du cône circonscrit et de la sphère ; le grand axe égale G_1H_1 et doit être perpendiculaire au milieu de hg ; on déterminerait d'une manière analogue la projection verticale de l'ombre propre.

Pour avoir l'ombre portée sur le plan horizontal, il faut recourir au n° 182. b et c où les rayons extrêmes percent le plan horital font connaître le grand axe de l'ellipse ; le petit axe est perpendiculaire au milieu d, de bc ; la perpendiculaire ef abaissée du milieu d sur l'axe du cône aS_1, est le rayon de la section circulaire dont le petit axe cherché est une corde menée par d parallèlement à S_1a ; du centre e' décrivons un arc $f'k$ et portons la longueur obtenue dk de d en i et en j.

Problème.

290. Déterminer l'ombre portée sur le plan horizontal par un cylindre de révolution dont une génératrice est sur ce plan.

1° L'ombre propre a pour limites les génératrices de contact

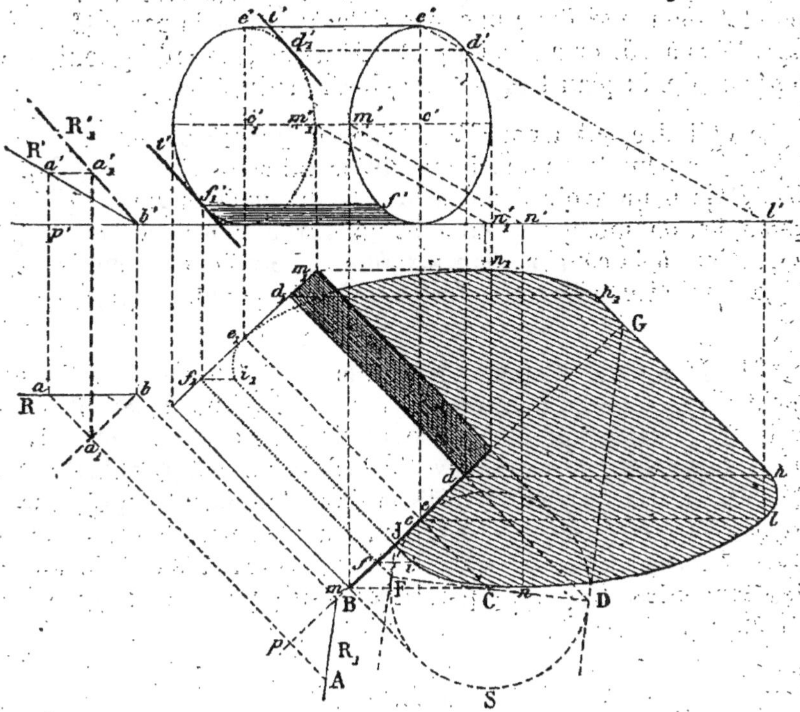

des plans tangents menés au cylindre parallèlement à la direction (R, R') des rayons lumineux. Pour déterminer ces génératrices, rabattons sur l'horizontal une des bases du cylindre; il faut prendre la ligne cC égale à l'élévation de c' au-dessus de xy; sur le plan rabattu, la direction du rayon lumineux est indiquée par R_1, ligne qu'on obtient en prenant $pA = p'a'$.

Les tangentes DG, FJ parallèles à R_1, menées à la circonférence CS, sont les traces sur la face rabattue des plans tangents au cylindre; on connaît donc les projections horizontales dd_1, ff_1 des génératrices de contact, puis on détermine $d'd'_1$, $f'f'_1$.

La surface cylindrique où se trouve $(ee_1, e'e'_1)$, jusqu'aux génératrices extrêmes $(dd_1, d'd'_1)$ et $(ff_1, f'f'_1)$, est éclairée ainsi que la face qui se projette horizontalement en f_1d_1.

2° L'ombre portée se compose des tracés des plans tangents et des traces de deux demi-cylindres dont les génératrices sont parallèles à (R, R') et qui ont pour directrices les arcs $(fmd, f'm'd')$ et $(f_1 m_1 d_1, f'_1 m'_1 d'_1)$

Le plan tangent suivant $(ff_1, f'f'_1)$ a pour trace FJ sur la face rabattue, J se trouvant sur l'horizontale de rabattement appartient à la trace du plan tangent sur le plan horizontal; par ce point J on mène donc une parallèle à ff_1, puis par f et f_1 des parallèles à ab, on a ainsi ii_1. De même on trouve hh_1 pour trace horizontale du plan tangent au cylindre suivant dd_1.

Le cylindre qui a pour directrice la demi-circonférence fmd, $(f'm'd')$ a pour trace une demi-ellipse qui se raccorde aux droites ii_1, hh_1; pour avoir l'ombre d'un point quelconque (e, e'), par exemple, on mène par ce point un rayon lumineux $(el, e'l')$, l appartient à la courbe, (m, m') donne le point extrême (n, n').
La demi-circonférence $(f_1 m_1 d_1, f'_1 m'_1 d'_1)$ donne $i_1 e_1 n_1 h_1$.

291. *Remarque.* Comme vérification on peut déterminer directement f', f'_1, etc. Le plan tangent mené au cylindre parallèlement à (R, R'), est coupé par le plan vertical de chaque face suivant une tangente à la projection verticale de ces faces (n° 165, II); pour déterminer la projection verticale de cette tangente, projetons le rayon $(ab, a'b')$ en $(a_1 b, a'_1 b')$ sur un plan parallèle aux faces; R'_1 fait connaître la direction de la tangente, il suffit de mener des tangentes $t'f'_1$, $t'd'_1$ parallèles à R'_1 pour avoir les points f'_1 et d'_1.

Problème.

292. *Un tronc de cône de révolution dont l'axe est vertical est coupé par un plan perpendiculaire au plan vertical; déterminer l'ombre portée par le tronc de cône sur le plan sécant.*

Soient PαP le plan sécant, (s, s') le sommet du cône; par la trace horizontale t du rayon lumineux qui passe par le sommet, la génératrice de contact $(sa, s'a')$ et $(sb, s'b')$ sont déterminées par les tangentes ta, tb à la circonférence de base [n° 167]. Mais la partie utile est limitée par les points (c, c') et (d, d') qu'il faut joindre à la trace u du rayon du sommet sur le plan PαP'.

Puis les rayons menés par (g, g'), (h, h') donnent les points extrêmes (e, e'), (f, f'). On déterminerait d'une manière ana-

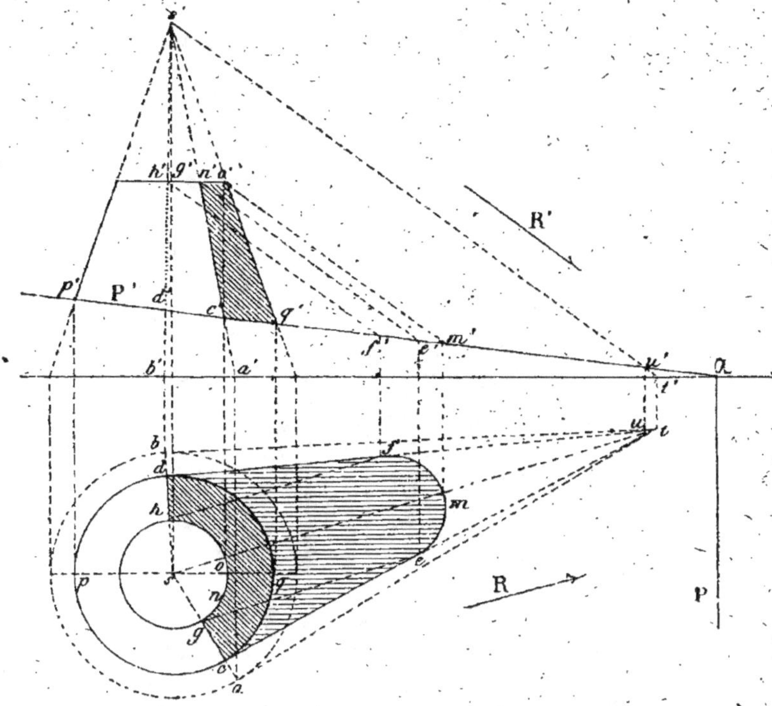

logue l'ombre d'un point quelconque (n, n'); le point (o, o')
donne (m, m').

Problème.

293. *Déterminer l'ombre portée d'une niche demi-cylin-
drique.*

Le demi-cylindre est surmonté d'un quart de sphère. La tangente $t'e'$ parallèle à R′ donne le point extrême; la recherche
de l'ombre portée revient à déterminer l'intersection de la niche
par la surface cylindrique formée par les rayons lumineux dont
$e'f'c'c'_1$ serait la directrice.

1° L'ombre portée par $c'c'_1$ est une droite $d'd'_1$, car le plan
d'ombre mené par une génératrice $c'c'_1$ rencontre le cylindre
suivant une autre génératrice, donc il faut mener cd parallèle à
R et d'_1d' parallèle à l'axe.

2° L'ombre portée par $c'f'e'$ tombe en partie dans le cylindre;
pour h', par exemple, il faut déterminer h, mener par le point
(h, h') un rayon lumineux $(hk, h'k')$ dont k est la projection

horizontale de la trace sur le cylindre, puis on détermine k'; (f, f') donne (r, r').

3° Au-dessus du diamètre $c'o'c'_2$ l'ombre portée tombe dans la

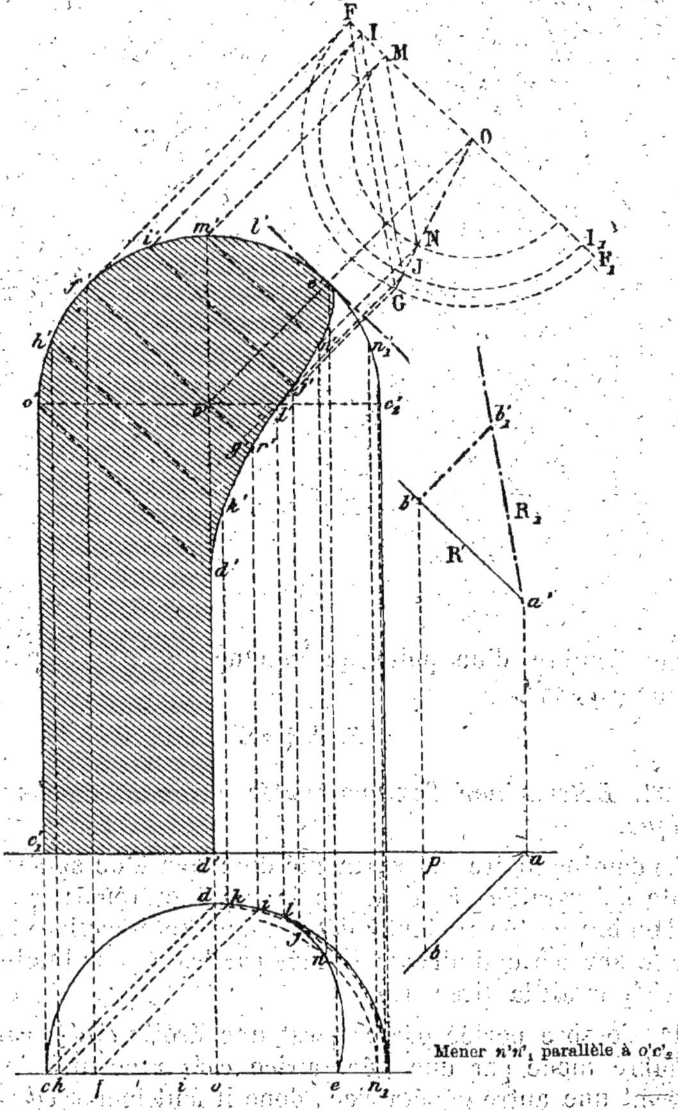

partie sphérique; pour déterminer l'ombre des points tels que (i, i'), on a recours à une construction auxiliaire.

Par le centre (o, o') menons un plan perpendiculaire au plan vertical et parallèle au rayon lumineux; sa trace verticale sera

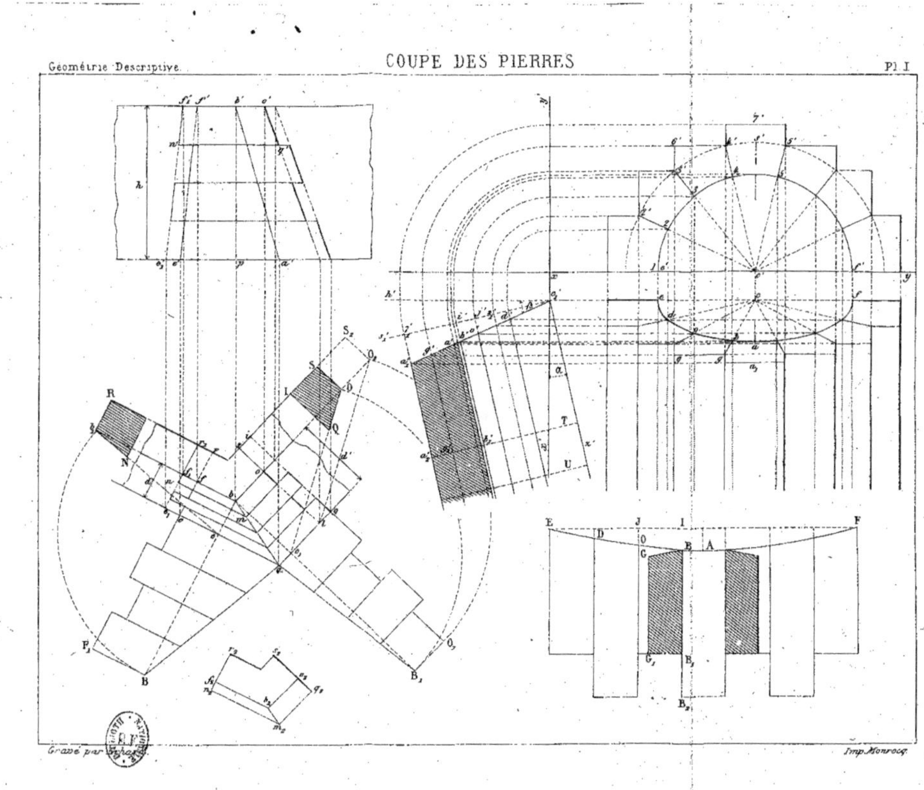

$o'f'$ parallèle à R'. Rabattons ce plan en le faisant tourner autour d'une parallèle FF_1 à sa trace $f'o'$; la sphère aura pour trace une demi-circonférence FGF_1. Pour avoir la direction du rayon lumineux par rapport au plan rabattu, il suffit de prendre la perpendiculaire $b'b'_1$ égale à bp. On obtient ainsi R_1.

Pour un point quelconque i', par exemple, rabattu en I, on décrit la parallèle IJI_1 qui lui correspond, et l'on mène par le point I une droite IJ parallèle à R_1 ; J est le point où le rayon lumineux mené par (i, i') rencontre la sphère, par suite J fait connaître j'. De même m' donne n', etc.

294. *Remarques*. I. Les cordes parallèles IJ, MN menées par les points I, M d'un diamètre commun à plusieurs circonférences concentriques, donnent des arcs semblables et semblablement placés, par suite les points N et J doivent appartenir à un même rayon ONG, donc la courbe d'ombre a pour projection sur le plan rabattu la droite OG, ainsi cette courbe est plane ; par suite c'est un cercle ; et la projection verticale $e'n'j'g'$ est une ellipse ayant pour demi-axes $o'e'$ et $o'g'$; on ne trace que la partie comprise entre e' et $c'c'_2$.

II. e' se projette en e ; l' point où l'arc d'ellipse se raccorde avec la courbe $d'r'l'$ se projette en l ; pour un autre point quelconque n' on détermine le parallèle horizontal $(n'n'_1, nn_1)$ mené par ce point, et n' détermine n ; ljne projection d'un cercle est un arc d'ellipse dont oj serait le demi grand axe.

CHAPITRE II

CONSTRUCTIONS

---

§ I. — COUPE DES PIERRES

295. Les procédés plus ou moins ingénieux employés depuis longtemps dans la coupe des pierres et la charpente, ont conduit Monge à la création de la géométrie descriptive ; les secrets d'atelier réunis, classés, et surtout rattachés à un petit nombre de principes, ont constitué les éléments d'une branche importante des sciences appliquées. Aujourd'hui la géométrie descriptive

est enseignée d'une manière indépendante des questions qui lui ont donné naissance; elle a un grand nombre d'applications, mais néanmoins, parmi les plus importantes, il faut citer le tracé des épures relatives à la *coupe des pierres* et à la *charpente*. La plupart des exercices à traiter se rapportent à l'intersection des surfaces.

Problème.

296. *Déterminer les projections de l'intersection de deux murs en talus dont les pentes sont données.*

Les talus sont ordinairement désignés par le rapport de la base à la hauteur; c'est donc l'inverse de la pente. Un talus au quart, à la moitié, est donc un talus dont la pente égale $\frac{4}{1}$ ou $\frac{2}{1}$.

Lorsque la base est petite par rapport à la hauteur, comme un dixième, par exemple, on dit que le mur a un *fruit* de un dixième. Soit h la hauteur des deux murs, ae, ag les traces horizontales des plans inclinés.

Si les talus doivent être à $\frac{1}{4}$ et à $\frac{1}{2}$, il faut prendre $d = \frac{h}{4}$.

$d' = \frac{h}{2}$, et mener des parallèles fb, ob aux traces des faces; ab est la projection horizontale de l'intersection, puis on projette a et b sur des horizontales distantes de la hauteur h, on trouve $a'b'$.

Admettons que l'on veuille quatre pierres de même hauteur pour la grandeur donnée h; on divise h, d et d' en quatre parties égales, on coupe les pierres d'angle suivant deux sections droites différentes ef, e_1f_1, afin que les diverses parties de la maçonnerie soient bien liées entre elles.

Pour avoir l'angle qu'une face fait avec le plan horizontal, on prend $bb_1 = h$, et bcb_1 mesure le dièdre donné.

n_2o_2 est la projection horizontale de la première pierre; $f_2b_2o_2r_2s_2$ est le panneau supérieur, $n_2q_2r_2s_2$ est le panneau à appliquer sur la face inférieure; d'ailleurs comme vérification on peut prendre $b_1\mathrm{N} = 1/4\, cb_1$; alors RN est la vraie grandeur de la face verticale de joint de la même pierre.

Si l'on voulait les faces de joint de chaque pierre, on pourrait prendre ls pour horizontale de rabattement, et l'on obtiendrait lsS_2O_2; il suffirait de diviser sS_2 en quatre parties égales et de mener des parallèles à ls.

Problème.

297. *Faire l'épure d'une descente droite en talus.*

Le *berceau* est une voûte cylindrique à génératrices horizontales ; on peut lui appliquer tout ce qui a été dit de la voûte des ponts. [*Géométrie*, 703, 704, 705.] On appelle *descente* une voûte cylindrique à génératrices inclinées ; la descente est droite lorsque la projection horizontale des génératrices est perpendiculaire aux horizontales de la face de tête ; la descente est biaise dans le cas contraire ; la descente et le berceau sont surtout caractérisés par leur section droite.

Prenons un plan vertical de projections tel que xy soit parallèle à la trace horizontale ef du mur en talus ; la projection horizontale des génératrices de la descente sera perpendiculaire à xy. Sur un plan de profil déterminé par $x'y'$ et rabattu sur le plan horizontal, l'inclinaison β du talus sera donnée par l'angle plan $h'c'_1a'_1$; l'inclinaison α des génératrices par rapport au plan horizontal est indiquée par l'angle $x'c'_1z'$.

La section droite, supposée demi-circulaire, a pour trace sur le plan de profil une ligne $c'_1s'_1$ perpendiculaire à c'_1z'.

Sur le plan vertical figurons la section droite, pour cela décrivons une demi-circonférence $e'4f'$ avec le rayon de la descente, divisons la courbe en un nombre impair de parties égales, sept par exemple, et menons $c'22'$, $c'33'$, etc., puis terminons la section droite des voussoirs, ainsi que cela se fait fréquemment, par une horizontale $4'6'$ et une verticale $6'3'$. Les points de divisions 2, 3, 4 ainsi que $2'$, $3'$, etc., sont reportés sur la section droite en $2'_1$, etc., afin de mener les génératrices parallèles à c'_1z' ; d'ailleurs par 1, 2, 3, etc., on mène aussi des perpendiculaires à xy ; d' du plan de profil fait connaître d, b' détermine b, etc., et l'on obtient ainsi la projection horizontale eaf de l'arc de tête de la descente, de même a'_1 fait connaître a_1 qui limite le voussoir supérieur.

Ainsi qu'on l'a dit précédemment [n° 296], les voussoirs sont terminés à deux sections droites différentes, U et T par exemple ; dans les applications on ne détermine point la projection horizontale de la partie des voussoirs limitée aux plans U ou T, car cette projection n'est d'aucune utilité.

298. *Développement.* On développe la *douelle* ou *intrados* [*Géométrie*, n° 703] ; pour cela on prend la droite EF égale à la section droite, on divise EF en sept parties égales, puis on prend $BI = b'i'$, $OJ = o'j'$, etc.; la courbe EBF est la transformée de l'ellipse que forme l'arc de tête lorsque la descente rencontre le mur en talus sous un angle différent de 90°.

Pour la taille des pierres on peut employer des panneaux égaux aux *faces de joint* des voussoirs; pour la face qui a $4 - 4'$ pour section droite et qui appartient au troisième voussoir, on prend la ligne $B_1 G_1$ égale à $4 - 4'$; $BB_1 = b'b'_1$ du plan de profil, et $G_1 G = g'g'_1$.

Le panneau qui pour le voussoir supérieur correspond à $4 - 4'$ est égal au précédent, mais on lui donne BB_2 pour longueur.

Problème.

299. *Faire l'épure d'une porte biaise dans un mur en talus.*

On appelle *porte* un berceau ayant peu de longueur. Prenons

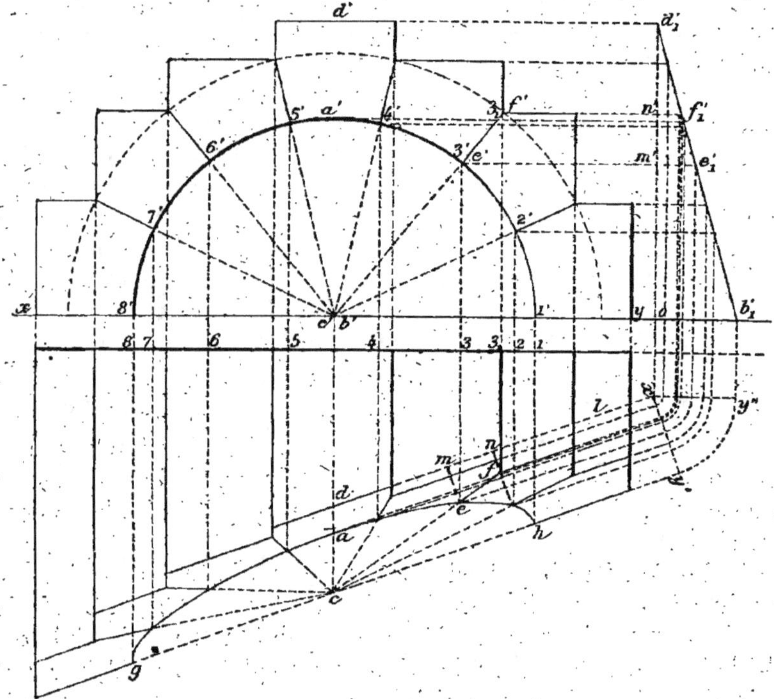

un plan vertical de projection perpendiculaire aux génératrices de la *porte*, la projection verticale de la *porte* se confondra avec sa section droite; soit gh la trace horizontale du mur en talus, et $d'_1 b'_1$ la ligne d'inclinaison du talus sur un plan de profil, de sorte que l'angle $ob'_1 d'_1$ mesure le dièdre que le mur forme avec le plan horizontal.

Dessinons la projection verticale et traçons les projections horizontales des génératrices et des arêtes qui correspondent à $1'$, $2'$, $3'_1$, etc.

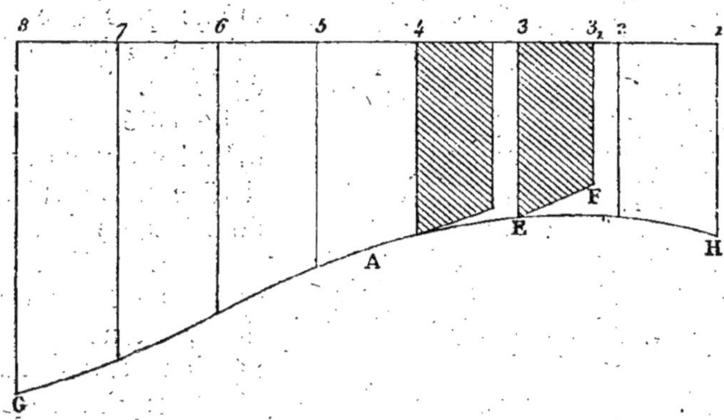

Pour avoir la projection horizontale e d'un point quelconque e', il suffit de remarquer que e doit se trouver sur la génératrice 3—e, et que sa distance me au plan vertical mené par dl est indiquée par $m'e'_1$.

De même, f est donné par une distance nf égale à $n'f'_1$.

Développement. On procède comme au n° 298. $1...4...8$ est le développement de la section droite, 3—E égale la génératrice 3—e, etc.; pour avoir un panneau, on prend 3—3_1 $= 3'$—$3'_1$, et 3_1—$F = 3$—f.

§ II. — EMPLOI DE L'HÉLICE

300. Pour tout ce qui est relatif aux propriétés de l'hélice, au tracé de sa projection sur un plan parallèle à l'axe, on peut recourir à la géométrie, § V, n° 608 et suivants; il en est de même pour l'hélicoïde gauche dont la génératrice rencontre l'axe sous un angle aigu constant, et pour celui dont les génératrices sont perpendiculaires à l'axe; pour désigner spécialement ce dernier, on le nomme *hélicoïde normal*. [N° 674, 2°.]

Problème.

301. *Dessiner les projections d'une vis à filet carré.*

Le filet de la vis peut être considéré comme engendré par un rectangle R dont le plan est normal à un cylindre; un des côtés du rectangle est sur une génératrice, et la surface se meut de manière que les sommets *a* et *b* décrivent des hélices égales.

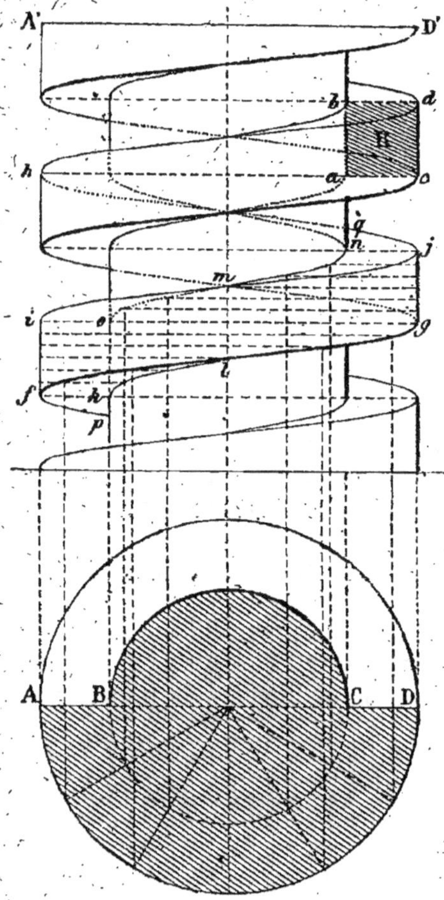

Les sommets *c* et *d* décrivent des hélices de même *pas* que les premières, mais dont le rayon égale *oc*.

Le côté *ac* normal au cylindre engendre un hélicoïde normal; il en est de même de *bd*.

La projection verticale se compose des quatre hélices; on ne conserve généralement que les parties visibles; ainsi, en admettant que l'hélice aille de gauche à droite, la surface cylindrique *fgïj* est visible; on ne voit que *kl* et *mn* des hélices intérieures de même pas; puis aux points *n* et *k* l'axe cylindrique devient visible; l'hélice *jrh* n'est visible que jusqu'au noyau de la vis, et les mêmes remarques s'appliquent aux diverses spires du filet engendré par R.

La projection horizontale se compose de deux circonférences concentriques; le plan A'B' coupe le filet de la vis suivant la génératrice AB de l'hélicoïde supérieur, et suivant CD de l'hélicoïde inférieur; la région ombrée correspond à l'axe, et à la partie du filet que rencontre le plan.

Problème.

302. *Dessiner les projections d'une vis à filet triangulaire.*

La vis triangulaire peut être regardée comme engendrée par un triangle T dont le plan passe par l'axe d'un cylindre; le côté *ab* est sur une génératrice du cylindre ; les sommets *a* et *b* décrivent deux spires consécutives d'une même hélice ; le sommet *c* décrit une hélice de même pas que les premières, mais dont le rayon $oc = od + dc$, tandis que *od* est celui des hélices *a* et *b*.

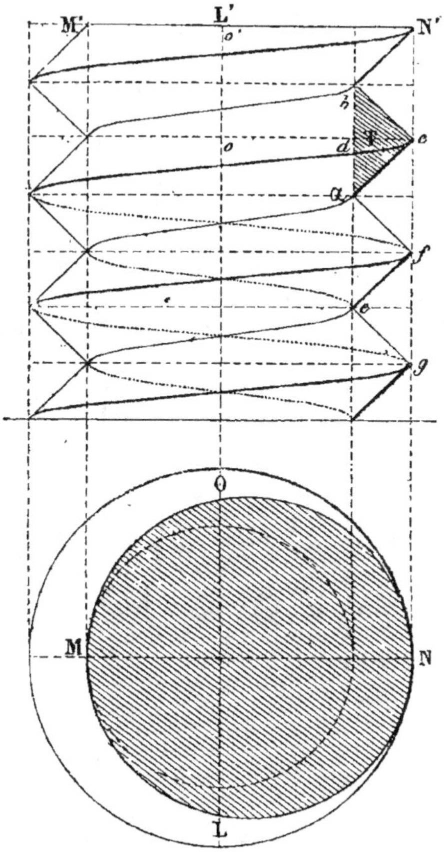

Les côtés *ac*, *cb* engendrent des hélicoïdes gauches, inclinés en sens contraire. Il n'y a que deux hélices à tracer.

Bien que le contour apparent de l'hélicoïde gauche soit une courbe [*Géométrie*, 615], on se borne à mener des tangentes *eg*, *ef* aux hélices décrites par le sommet *c*, et ces tangentes elles-mêmes diffèrent peu des côtés du triangle générateur, dès que *od* égale deux ou trois fois *dc*.

Les deux hélices ont pour projection horizontale deux circonférences concentriques. Le plan M′N′ coupe chaque hélicoïde suivant un arc de spirale d'Archimède [*Géométrie*, n° 616]; l'arc MLN est donné par la surface qu'engendre *cb*, tandis que MON est la section de l'hélicoïde engendré par *ac*.

§ III. — CHARPENTES

Problème.

303. *Dessiner quelques assemblages.*

1° A, A′ est un assemblage rectangulaire à mi-bois. Dans la projection verticale A′B′, les deux pièces de bois sont en place; la projection horizontale A ne représente que la pièce horizontale ; B₁ est la projection, sur un plan de profil, de la pièce B′.

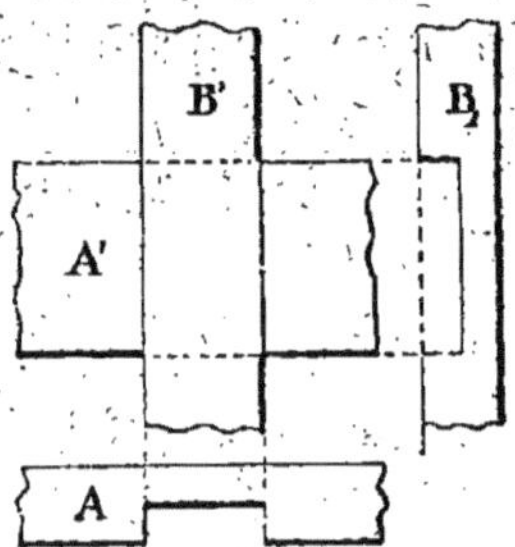
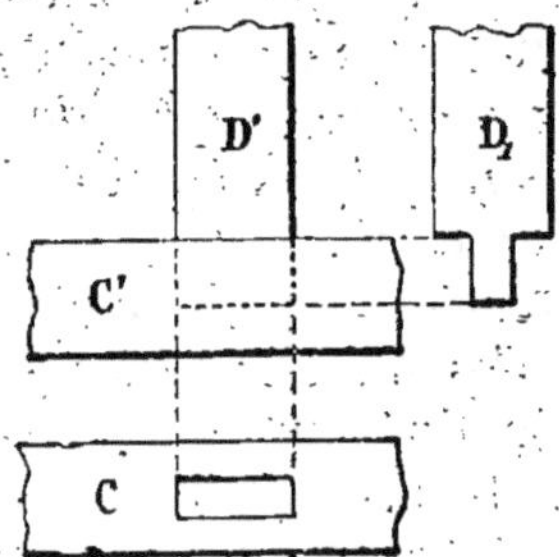

2° C, C′ est un assemblage à tenon et à mortaise ; la projection horizontale C montre la mortaise ; sur un plan de profil, la pièce D′, qui porte le tenon, est représentée par D₁.

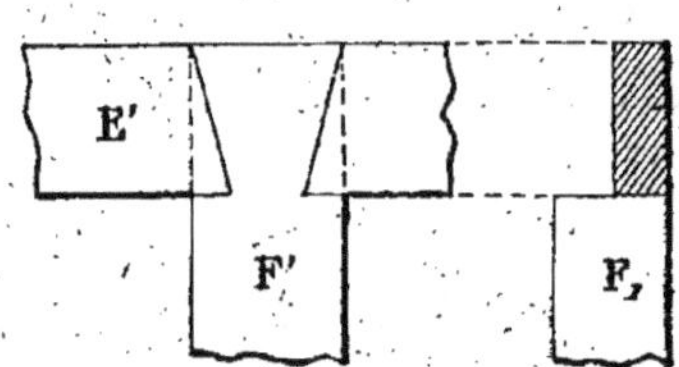

3° (E′, F′) est l'assemblage à queue d'aronde. F₁ est la projection, sur un plan de profil, de la pièce F′ taillée à mi-bois et en biseau pour former la partie qui s'encastre dans une échancrure de même forme, faite dans la traverse E′.

4° A′, B′, C′ est un assemblage à pièces *moisées*. On appelle

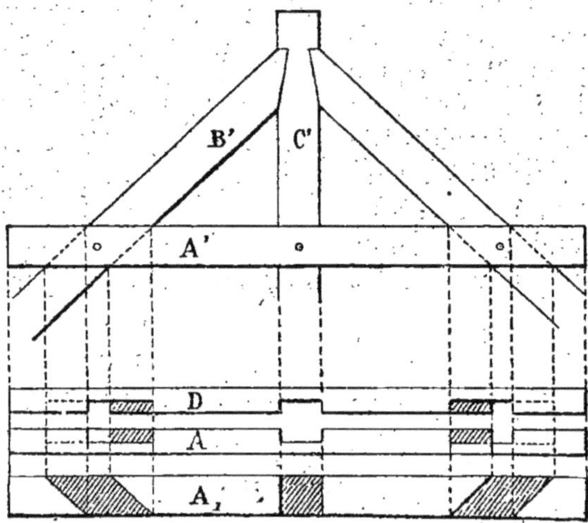

moises des pièces telles que celles qu'on a représentées en projection horizontale par A et D ; elles sont entaillées à mi-bois afin d'embrasser les pièces B′ et C′ ; les moises A et D sont rapprochées et resserrées par des boulons.

Donner *quartier à une pièce* c'est représenter la pièce après qu'on l'a fait tourner sur elle-même de 90°; par exemple, on dit qu'en donnant quartier à la pièce A, on obtient A_1.

Problème.

304. *Dessiner une ferme.*

La *ferme,* réduite à ses pièces essentielles, se compose d'une

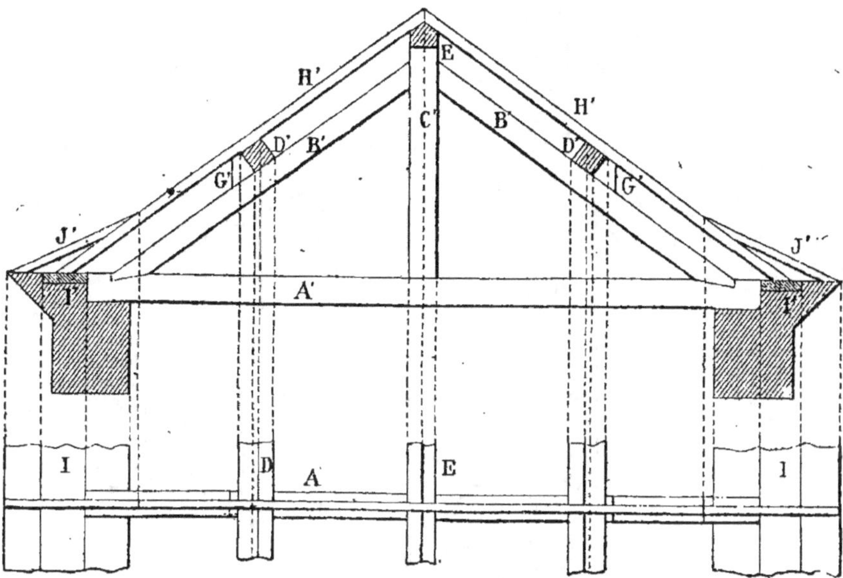

pièce horizontale (A, A') nommée *tirant* ou *entrait,* de deux pièces obliques B', nommées *arbalétriers;* ils sont assemblés dans une pièce verticale C' nommée *poinçon.*

Pour former la toiture, les fermes sont régulièrement espacées; elles supportent des pièces longitudinales D' nommées *pannes;* E' est le *faîtage* ou la *panne faîtière.* (I, I') sont des pièces nommées *sablières,* elles reposent sur la maçonnerie; les chevrons H' s'appuient sur le faîtage et sur les pannes, ils vont buter contre les sablières (I, I').

Pour rejeter les eaux au delà de la maçonnerie, on emploie des *coyaux* J'. Les pannes sont maintenues par les *chantignoles* G'.

Problème.

305. *Dessiner l'épure d'un limon circulaire.*

Les marches des escaliers de bois sont fréquemment encastrées dans des pièces droites ou courbes nommées *limons*; les escaliers circulaires ont leurs marches égales, et le limon se trace comme la vis à filet carré [nº 301]; mais lorsque deux parties rectilignes sont raccordées par une courbe, les marches ne sont plus égales, et le limon demande une étude spéciale.

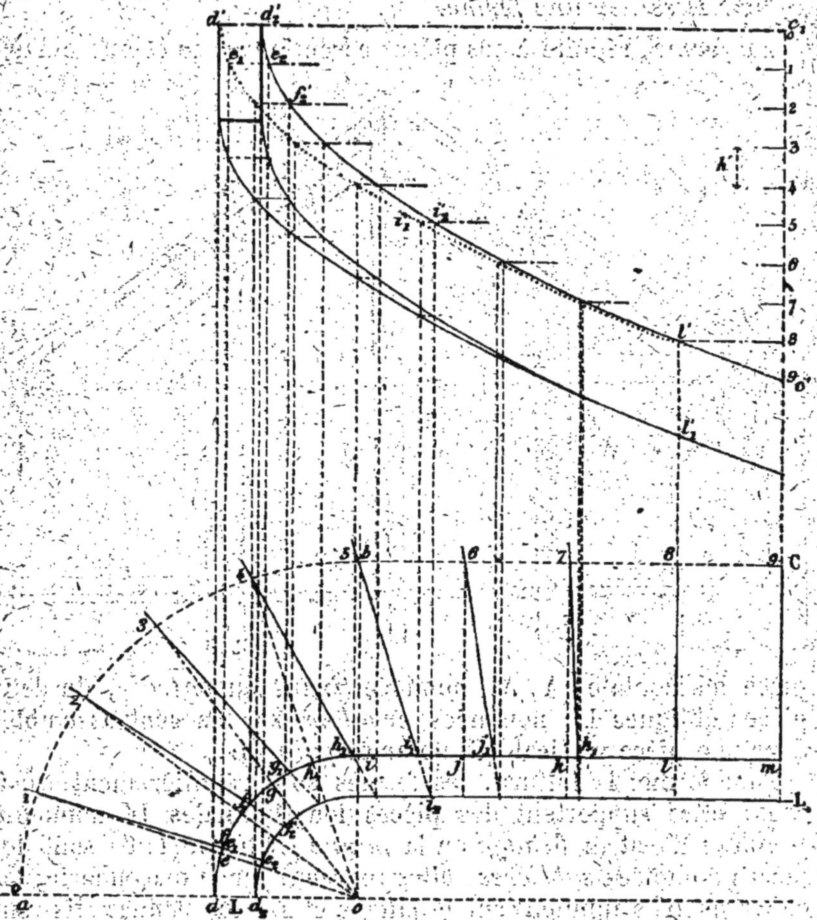

Soient LL' la moitié du limon d'un escalier et C'C'$_1$ la hauteur correspondante.

A égale distance du limon et du mur qui limite l'escalier, on trace la *ligne de foulée abc*, et l'on divise cette ligne en autant de parties égales qu'on veut faire de marches; on joint au centre o les points de division qui sont sur la courbe, et par 6,7, etc., on mène des perpendiculaires au limon droit; la hauteur $c'c'_1$

doit être divisée en autant de parties égales qu'on a fait de marches dans la longueur *abc*.

La distance $0-1=7-8$, mais *de* est une longueur beaucoup plus petite que *kl*; il y a donc intérêt à augmenter graduellement la largeur des marches *de, ef,* etc., aux dépens des marches droites *jk, lm...;* d'ailleurs la pente du limon courbe donnée par $\dfrac{h'}{de}$ est beaucoup plus forte que celle du limon droit ou $\dfrac{h'}{lm}$; au point *i*, il y aurait donc un changement brusque de pente et l'effet serait disgracieux : pour obvier à cet inconvénient et au peu de largeur des marches courbes, on a recours au *balancement*.

306. Balancer les marches d'un escalier, c'est élargir, près du limon, les marches courbes en réduisant la largeur de quelques marches droites; on peut procéder comme il suit :

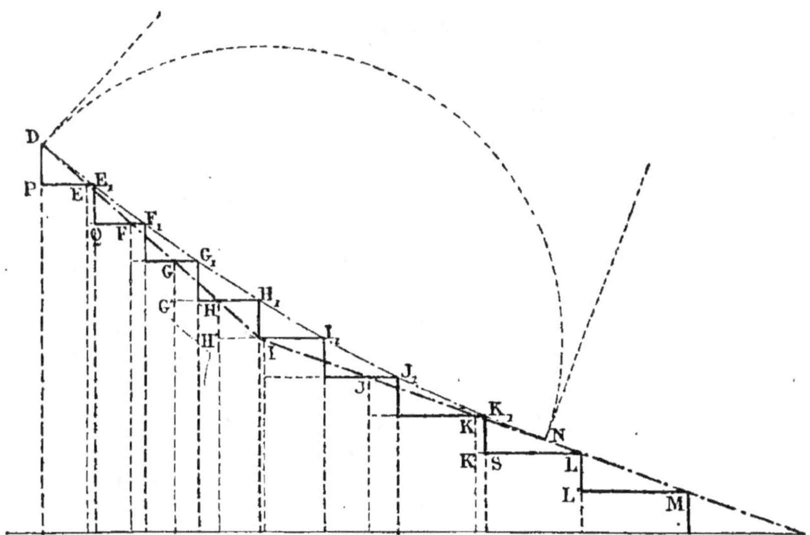

Avec la hauteur h' on fait quelques marches droites M, L, K, J, I, de manière que $ML'=LK'=ml=lk$, etc.; à la suite, on fait les marches courbes qui correspondent à l'arc *ab*; on prend $IH'=HG'=ih=hg$, etc.; DI indique la pente qu'aurait le limon courbe, et IM celle du limon droit; après avoir pris $IN=ID$, on remplace la ligne brisée DIN par un arc de cercle tangent en D et N, et l'on prolonge les marches jusqu'à la courbe ainsi tracée, puis on prend l'arc de_1 égal à PE_1, $e_1f_1=QF_1$, ou ce

qui revient au même, on prend $ff_1 = FF_1$, $gg_1 = GG_1$, etc...,
$jj_1 = JJ_1$.

La projection verticale se trace comme la vis à filet carré.
Sur les horizontales cotées 0, 1', 2', 3', etc., on projette les
points d, e_1, f_1..., i_1, j_1, pour avoir la courbe extérieure du
limon; et les points d_2, e_2..., i_2, pour avoir la coube intérieure
du limon. Sur chaque verticale on prend ensuite une longueur
$l'l'_1$ suffisante pour que les marches puissent être encastrées dans
le limon.

CHAPITRE III

PERSPECTIVE

---

§ I. — DÉFINITIONS

307. La *perspective linéaire* est l'art de représenter sur un
tableau le contour apparent et les principales lignes d'un corps
avec l'aspect qu'elles présentent à l'observateur.

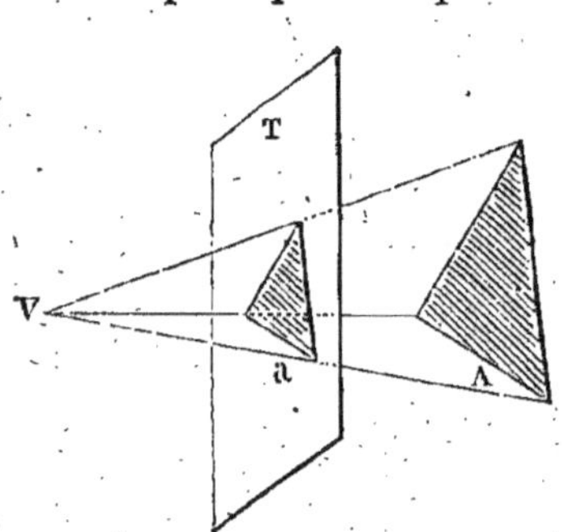

Dans la perspective élémentaire,
le tableau est un plan vertical
placé entre l'œil du spectateur et
le corps qu'il considère.

La perspective du corps est le
lieu géométrique **a** des points où
le tableau T est rencontré par les
rayons visuels menés à l'objet considéré A.

Dans les applications, le corps
est représenté par ses projec-
tions sur un plan horizontal nommé *terrain*, et sur un plan vertical; la position de l'œil est indiquée par ses deux projections.

308. L'intersection du tableau et du plan horizontal est parfois
nommée *ligne de terre*, car souvent la projection verticale du
corps se fait sur le tableau; mais il est préférable de la nommer
trace du tableau, puisque dans plusieurs méthodes le plan vertical de projection diffère du tableau.

La *ligne de terre* déterminée par le plan vertical et le terrain

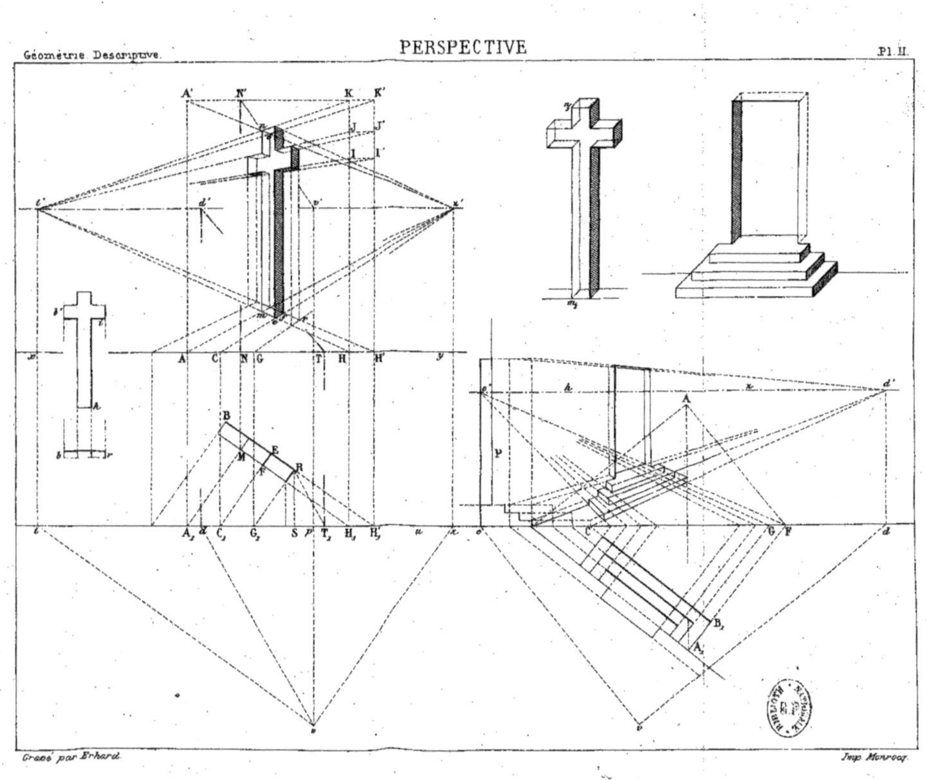

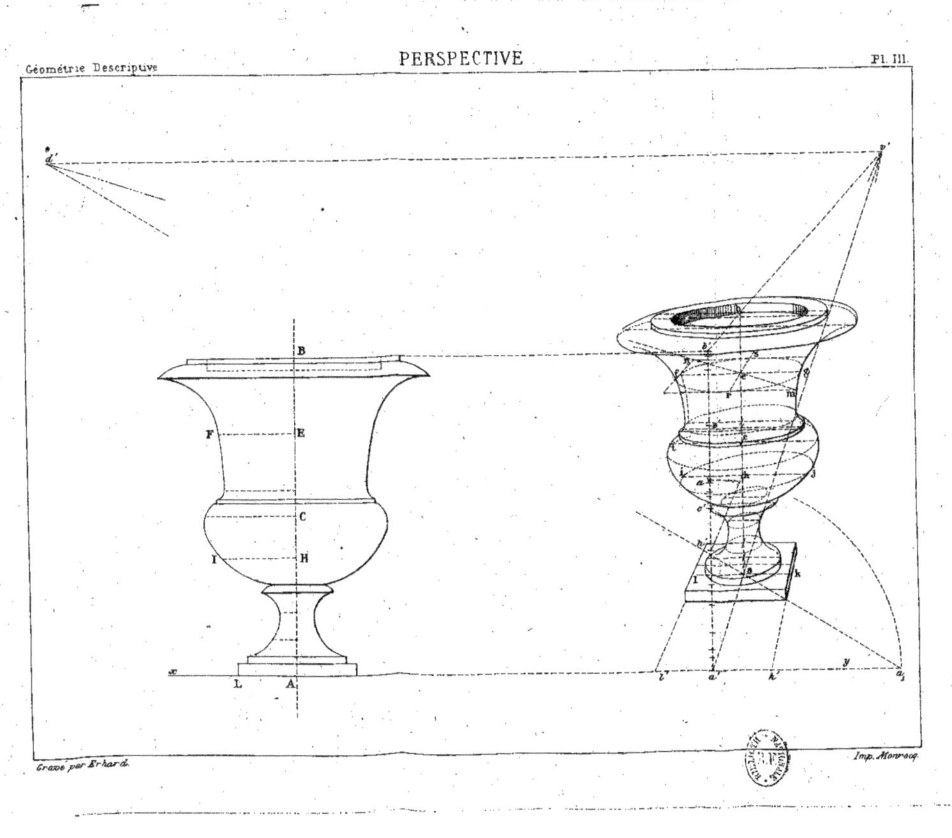
B
E
F
C
H
I
A
L
b
a
k
y
Grawé par Erhard.
Imp. Monrocq.

sera désignée par *xy*; la trace du tableau le sera par *tu*. La position de l'œil du spectateur ou *point de vue* est désignée par V, et ses projections par *v* et *v'*.

La projection *v'* joue un grand rôle en perspective; on la nomme : *point principal* ou même *point de vue*.

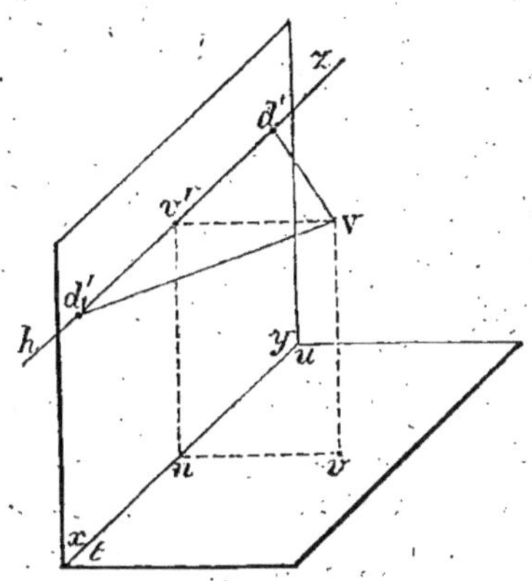 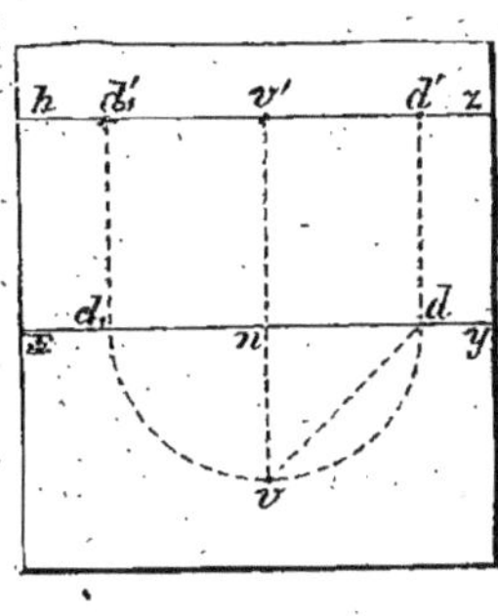

L'horizontale *hz* menée sur le tableau par le point principal se nomme *ligne d'horizon*. Les points d', d'_1, obtenus sur *hz* en prenant des grandeurs $v'd'$, $v'd'_1$ égales à la distance Vv' de l'œil au tableau, sont appelés par la plupart des auteurs *points de distance*; les droites Vd', Vd'_1 rencontrent le tableau sous un angle de 45°; lorsque le tableau est rabattu sur le plan horizontal, la figure a la disposition ci-dessus; c'est par la projection horizontale *v* qu'on mène des lignes à 45°, afin de déterminer d et d_1, et par suite d' et d'_1.

309. D'une manière générale, pour avoir la perspective d'un corps, il faut le représenter dans le système des deux projections, figurer, dans le même système, la position de l'œil et celle du tableau, puis trouver les points où les rayons visuels menés aux principaux points du corps sont coupés par le tableau; la géométrie descriptive permet de résoudre le problème dans tous les cas; mais pour opérer plus rapidement, on utilise diverses remarques et certains procédés spéciaux.

§ II. — PRINCIPES

Théorème.

310. *La perspective* ab *d'une droite* AB *parallèle au tableau est parallèle à la ligne donnée.*

En effet, car le plan VAB coupe le tableau suivant une droite

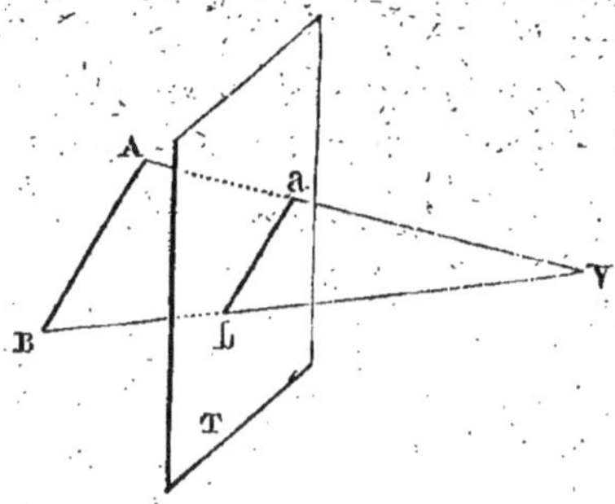

ab parallèle à AB. (*Géométrie*, 306.)

Corollaires. I. Les horizontales parallèles au tableau restent parallèles en perspective; les verticales restent verticales.

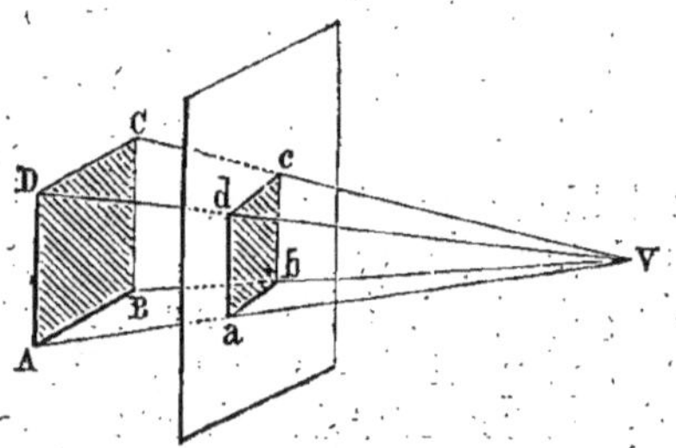

II. La perspective **abcd** d'une figure ABCD parallèle au tableau est semblable à la figure donnée; les dimensions homologues sont entre elles dans le rapport des distances de l'œil au tableau et à la surface donnée.

III. Si une parallèle au tableau est divisée dans un certain rapport, il en est de même de sa perspective; en particulier, la perspective du point milieu d'une parallèle au tableau est le milieu de la perspective de la ligne donnée.

Définition. On appelle *lignes de front* les parallèles au tableau, et *lignes fuyantes* toutes les droites obliques au tableau.

Théorème.

311. *Les lignes fuyantes ont des perspectives concourantes.*

Soient **a** et **d** les points où les droites parallèles AB, CD rencontrent le tableau; par l'œil V du spectateur, menons une parallèle aux lignes données, elle rencontre le tableau en un certain point **f**. Le plan conduit par l'œil et par AB est le même que celui des parallèles AB, **f**V, or ce plan coupe le tableau suivant **af**; cette droite est donc la perspective de la ligne AB supposée prolongée indéfiniment derrière le tableau; de même la perspective de CD est sur **df**; donc les lignes fuyantes *parallèles ont des perspectives concourantes.*

Le point **f** où le tableau est rencontré par la parallèle aux lignes données est le *point de fuite* des lignes AB et CB; et pour ces mêmes parallèles on peut le considérer comme étant la perspective du point situé à l'infini derrière le tableau.

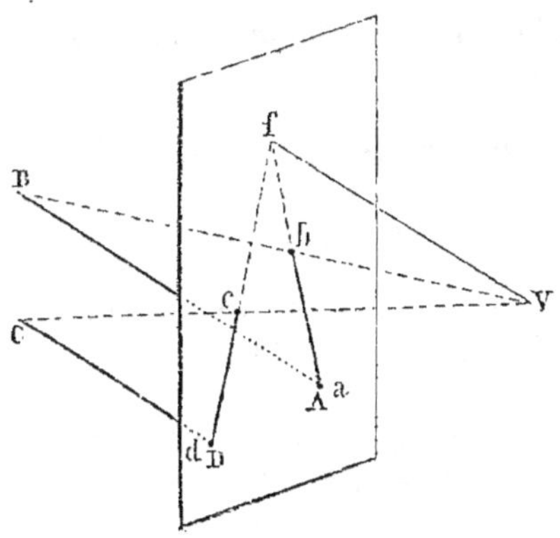

Théorème.

312. *La ligne d'horizon est le lieu géométrique des points de fuite de toutes les horizontales.*

En effet, pour une horizontale quelconque AB, la parallèle V*f* sera horizontale et rencontrera le tableau suivant *hz*; donc...

Corollaires. I. Les perpendiculaires au tableau ont le point principal *v′* pour point de fuite; car V*v′* est perpendiculaire au tableau.

II. Les horizontales qui rencontrent le tableau sous un angle de 45° ont les points de distance *d′* ou *d′₁* pour point de fuite. [No 308.]

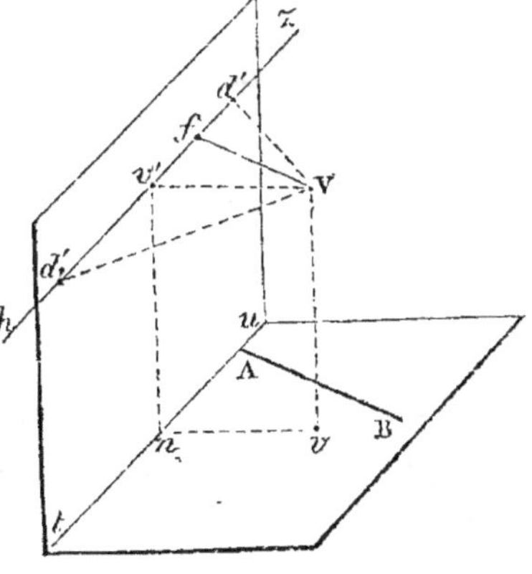

Théorème.

313. *Les droites qui rencontrent la verticale vV menée par l'œil de l'observateur ont des verticales pour perspective.*

Soit la droite AC qui rencontre la verticale V*v*; le plan conduit par la droite *v*V parallèle au tableau coupe ce dernier suivant une droite **ab** parallèle à CV

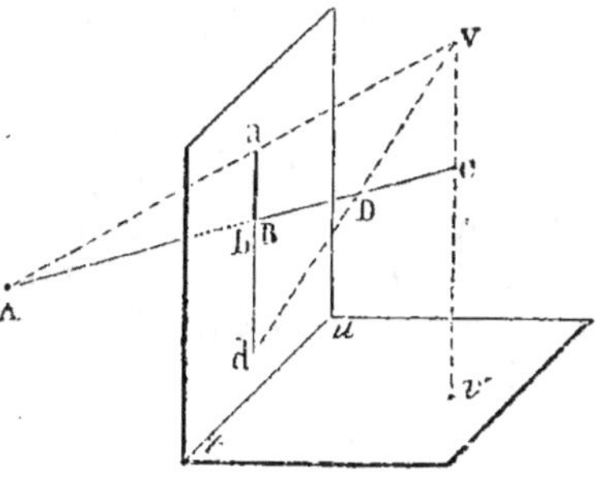

[*Géométrie*, n° 306]; donc AC a pour perspective une verticale.

Remarques. I. Le point B où la droite rencontre le tableau est à lui-même sa perspective; **a** correspond au point A; **d** est la perpendiculaire d'un point D situé en avant du tableau, etc.

II. Lorsque la droite AB passe par l'œil, sa perspective se réduit à la trace de cette droite sur le tableau.

314. **Angle visuel.** L'angle visuel est l'angle formé par les rayons extrêmes menés de l'œil aux divers points de l'objet considéré; cet angle doit toujours être moindre que 90°; car la plupart des observateurs n'aperçoivent simultanément d'une manière nette que les objets compris dans un cône dont les génératrices opposées font au plus entre elles un angle de 60 à 70°; lorsque dans le tracé perspectif on dépasse notablement cette valeur, la perspective impressionne péniblement le spectateur et paraît dé-

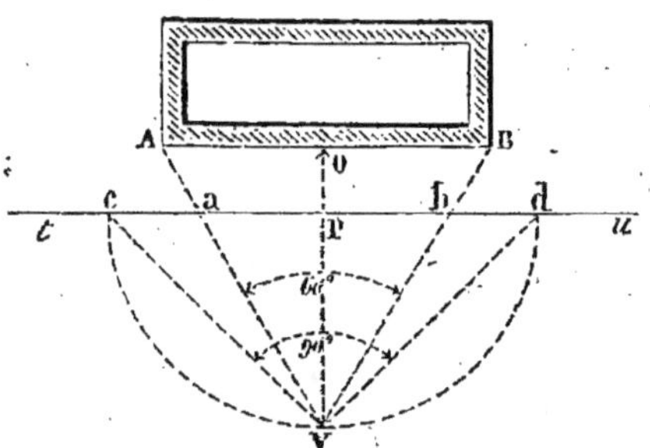

fectueuse. Ainsi, soit AB ayant pour perspective **ab**, pour que l'angle AVB ne soit pas trop grand, il faut que la distance VP ne soit pas trop inférieure à la longueur **ab** interceptée sur la trace du tableau par les rayons extrêmes; lorsque AB est à peu près parallèle à *tu*, on se borne à prendre OV au moins égal à AB; et, dans aucun cas, l'angle **c**VP = **d**VP formé par les lignes extrêmes avec la projetante VP de l'œil ne devrait dépasser 45°.

Données. Dans les problèmes on donne 1° la trace du tableau; 2° les dimensions et la position de l'objet; 3° la position du spectateur; généralement cette dernière est indiquée par les projections *v* et *v'* du point de vue; *v'* fait connaître la hauteur de l'œil au-dessus du terrain; lorsque *v* n'est pas donné ou que les dimensions de l'épure ne permettent pas d'indiquer cette projection horizontale, il faut connaître *v'* et un des points de distance; car on sait que *v'd'* égale la distance de l'œil au tableau. [N° 308.]

§ III. — PERSPECTIVE D'UN POINT

315. 1er *moyen*. Soient la ligne de terre xy et la trace tu du tableau dans une situation quelconque par rapport à xy, mais perpendiculaire au plan horizontal; a et a' les projections du point à mettre en perspective; v et v' les projections de l'œil, c'est-à-dire du point de vue, par rapport à xy.

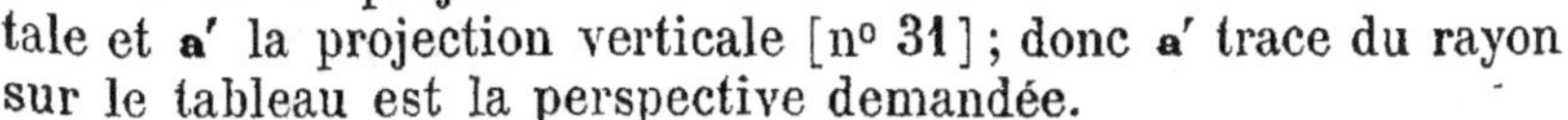

Le rayon visuel qui va au point donné a pour projections va et $v'a'$, il coupe le tableau au point dont **a** est la projection horizontale et **a'** la projection verticale [n° 31]; donc **a'** trace du rayon sur le tableau est la perspective demandée.

Remarques. I. Le procédé indiqué est le seul qui soit général, il s'applique avec la même facilité au cas où le tableau est un cylindre droit à base quelconque.

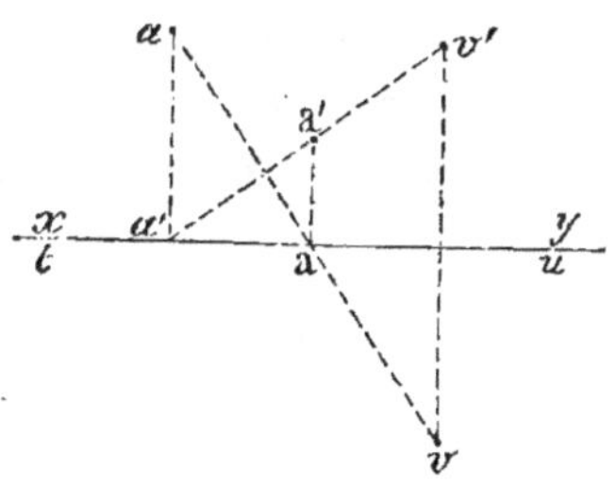

II. Ordinairement, on cherche en premier lieu la perspective **a'** d'un point (a, a') situé sur le plan horizontal, en admettant que tu et xy se confondent.

316. 2e *moyen*. *En employant un point de fuite.*

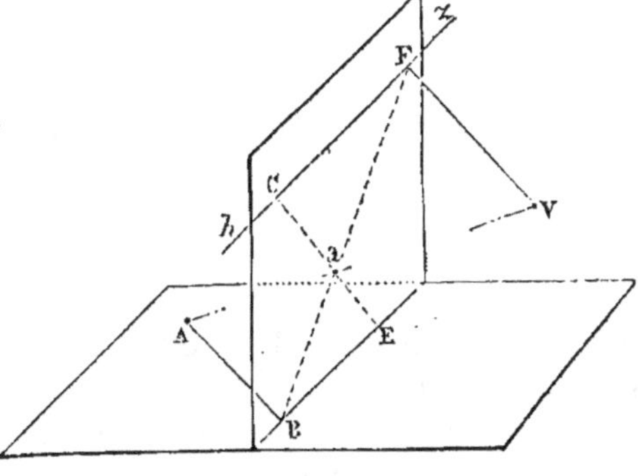

Soit un point A situé sur le terrain; par A et V menons des horizontales parallèles AB, VF, mais d'ailleurs dans une direction quelconque. F est le point de fuite de AB [n° 312]; le plan des droites AB, VF coupe le tableau suivant BF, et le rayon visuel AV au point **a**, perspective cherchée.

On a : $\dfrac{\mathbf{a}B}{\mathbf{a}F} = \dfrac{AB}{VF}$; donc, il faut diviser BF dans le rapport des deux parallèles ; pour cela on peut prendre BE = AB, FC = FV, et joindre CE ; ou bien prendre des grandeurs proportionnelles aux parallèles, les moitiés, par exemple.

Dans les applications, le point A est donné par (a, a') et V

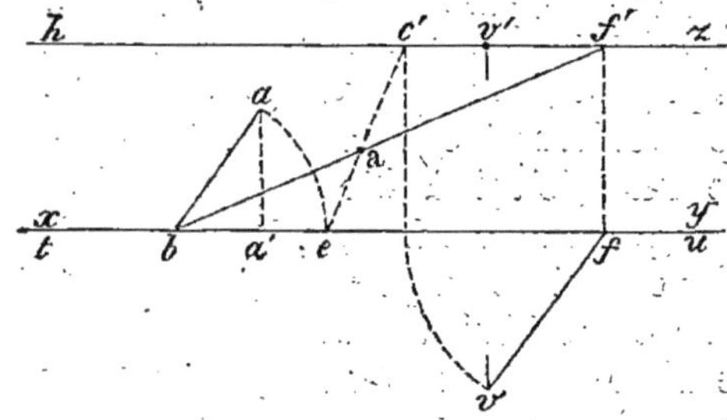

par (v, v'). Pour déterminer le point de fuite f', on mène les parallèles ab, vf ; mais on projette f en f' sur la ligne d'horizon, puis on prend $f'c' = vf$, $be = ba$, et l'on mène ec'.

Remarque. Le point c' est nommé par quelques auteurs *point de distance de* A ; mais nous n'emploierons l'expression *point de distance* que pour les points de fuite d', d'_1 des horizontales à 45°. [N° 312, II.]

317. *3ᵉ moyen. Emploi de deux points de fuite.*

Par la projection horizontale a du point donné (a, a') on

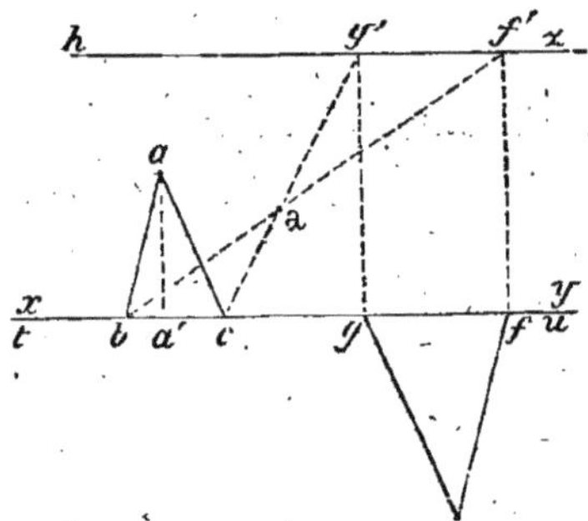

mène deux horizontales quelconques ab, ac ; et par le point v, deux parallèles vf, vg ; on projette les points f, g sur la ligne d'horizon, et l'on joint bf', cg', car d'après le numéro précédent, la perspective $\mathbf{a}$ doit se trouver sur chacune des lignes bf', cg'.

318. *Remarque.* Le plus souvent on utilise la perpendiculaire *aa′*, et l'on mène *ab* à 45°; par suite, le point principal *v′* est le point de fuite de *aa′*, et le point de distance *d′* est celui de *ab*. Dans ce cas, il est inutile d'avoir la projection *v* sur l'épure.

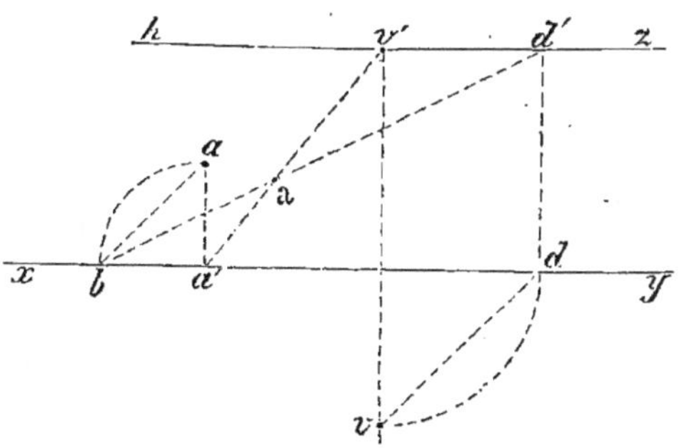

319. Discussion. Ainsi qu'on l'a fait remarquer, le premier moyen est le seul qui soit général; on peut varier la position du tableau par rapport à *xy*, il permet de trouver la perspective d'une figure quelconque sans trop de connaissances spéciales; le second moyen est rarement employé; mais le troisième, plus ou moins modifié relativement à la position des données et du spectateur, est le moyen le plus usuel, parce qu'il conduit rapidement au résultat.

§ IV. — PERSPECTIVE D'UNE FIGURE PLANE QUELCONQUE
SITUÉE SUR LE PLAN HORIZONTAL

La projection verticale de la figure serait sur *xy*; ordinairement on ne représente pas cette projection.

Problème.

320. *Mettre en perspective le carré abcd.*

Prolongeons les côtés jusqu'à la rencontre de *xy*; par la projection horizontale *v* de l'œil, menons des parallèles *vf*, *ve* aux côtés du carré, afin de déterminer les points de fuite *e′*, *f′*; il suffit de joindre *g, h, i, j,* aux points de fuite: le sommet **a** est donné par l'intersection des lignes menées par les points *i* et *g*, etc.

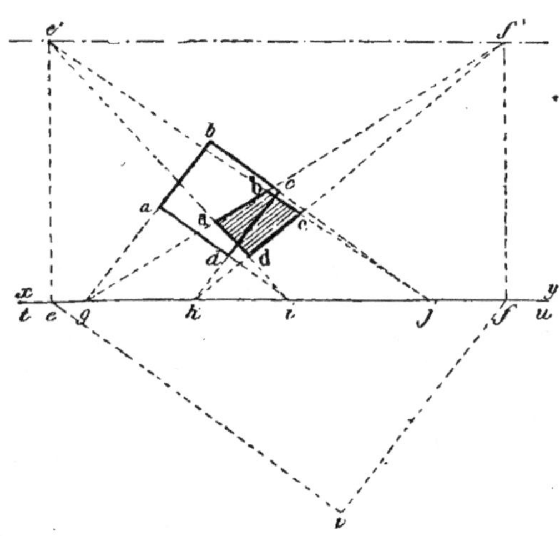

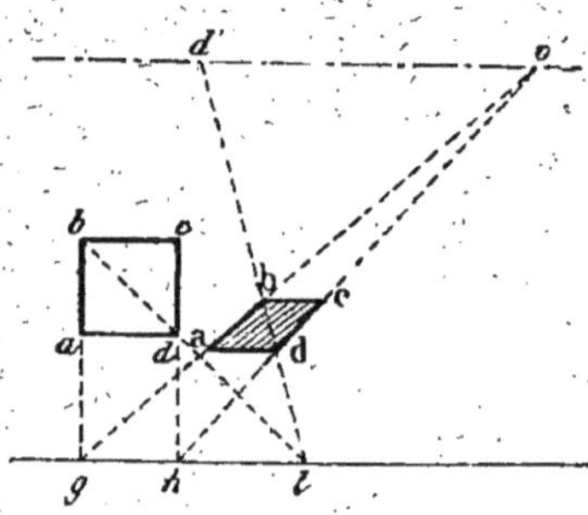

321. *Remarque.* Le cas particulier où le carré a deux côtés parallèles au tableau, offre un intérêt spécial.

Les perpendiculaires *ab*, *cd*, ont le point principal *v′* pour point de fuite [n° 312]; la diagonale à 45° a *d′* pour point de fuite [n° 312, II]. On détermine ainsi les sommets **b** et **d**; puis par ces points on mène les parallèles **bc** et **da**.

Problème.

322. *Mettre en perspective un triangle quelconque abc.*

On peut déterminer les points de fuite *e′*, *f′* des côtés *ab*, *ac*

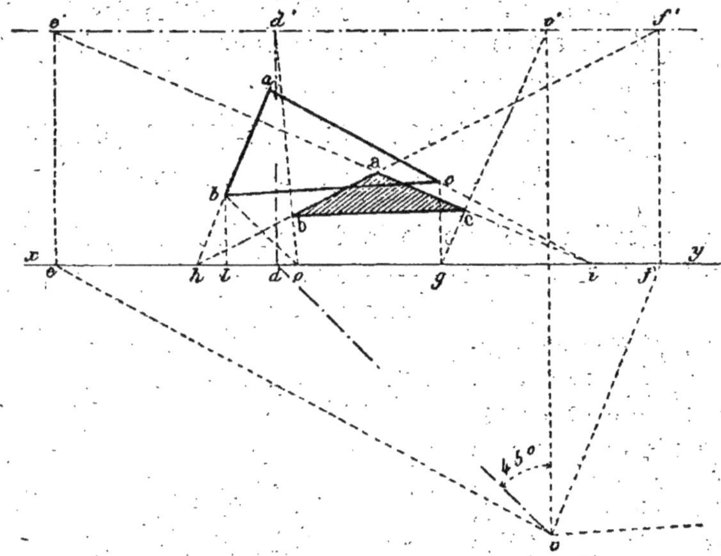

et mener *hf′*, *ie′*; mais il n'en est plus de même pour *bc*; mais les perpendiculaires *bl*, *cg* ont leurs perspectives sur *lv′* et *gv′*; on détermine ainsi les sommets **b** et **c**; on peut employer la ligne *bo* à 45°.

Problème.

323. *Mettre en perspective une courbe située sur le plan horizontal.*

On cherche la perspective des points principaux; et l'on réunit,

par une courbe continue, les points obtenus en perspective. Il
est utile de considérer spécialement les deux exemples ci-après.

Problème.

324. *Déterminer la perspective d'une circonférence.*

On peut faire la remarque suivante :

Si l'on circonscrit un carré à une circonférence et que l'on
joigne AD et le point B au point C au milieu de DE, le point
M appartient à la courbe, car les deux triangles rectangles ABD,
BDC étant semblables, l'angle DBC = FDA, les angles BAM, ABM
sont donc complémentaires, et le point M, sommet d'un angle droit,
appartient à la circonférence; d'ailleurs, si l'on prend AB parallèle au tableau, la perspective du point C, milieu de ED, sera
le milieu de la perspective de DE [nº 310, III]; d'après cela,

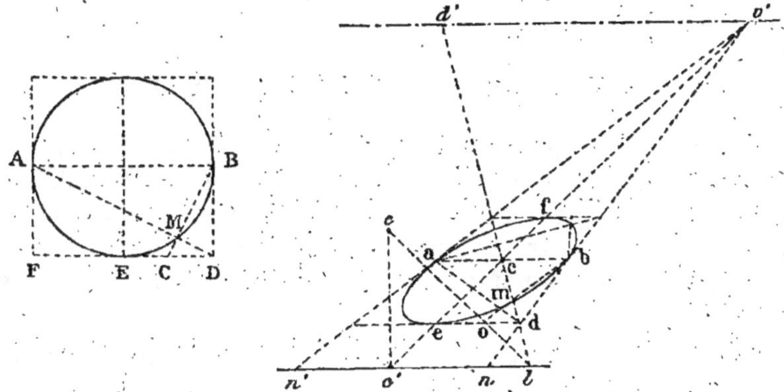

soient c et c' les projections du centre, $c'n = c'n'$ égale le rayon,
menons cl à 45º, puis c'v' et ld'; par c, d, menons des horizontales pour former la perspective du carré circonscrit [nº 321];
la perspective du cercle est tangente aux quatre côtés du trapèze
aux points **a, b, e, f**.

Joignons **b** au point **o**, milieu de **ed**, le point **m** appartient à
l'ellipse, etc. On peut déterminer trois autres points analogues.
On connaît donc quatre tangentes et leur point de contact, ainsi
que quatre autres points : c'est suffisant pour tracer la courbe.

Problème.

325. *Mettre en perspective des courbes nombreuses et ir-
régulières.*

On recouvre le plan donné d'un réseau de carrés, on met la
figure ainsi formée en perspective, et on trace une courbe con-

tinue par les points correspondants du réseau perspectif. Cette

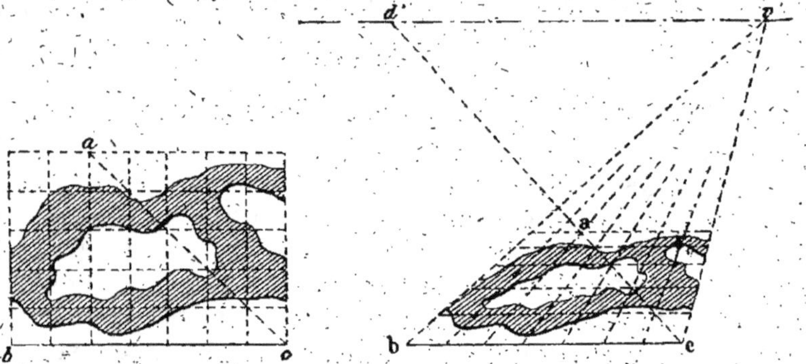

manière de procéder se nomme *craticuler*, d'un mot qui signifie *grille*; c'est une méthode analogue à celle qui a été indiquée en arpentage. [No 92, 2o.]

§ V. — DISPOSITION DES DONNÉES

327. Dans les numéros 320, 322, on voit que la perspective tombe, au moins en partie, sur la projection horizontale de la figure donnée; l'inconvénient qui en résulte est surtout sensible lorsqu'il faut en outre figurer la projection verticale du corps; pour obvier à ces difficultés, on prend une des dispositions suivantes :

328. 1ʳᵉ *Disposition*. (Appliquée à l'exemple du no 322.) On

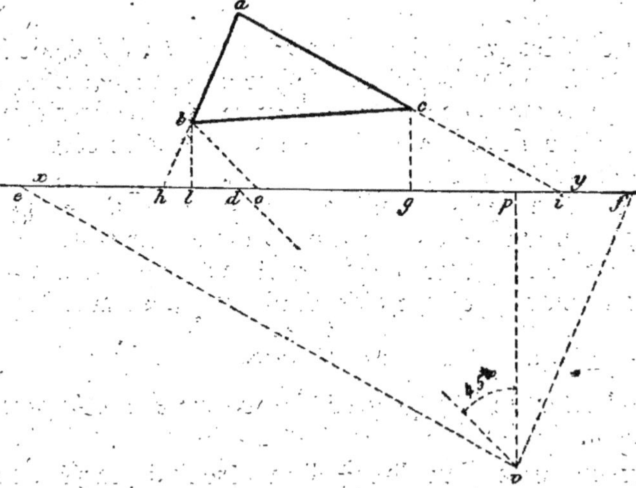

fait les préparations *ehl...f* comme il a été indiqué [no 322],

puis sur la feuille à dessiner, *tu* étant la trace du tableau, *v'*
la projection verticale de l'œil, on prend $ph = ph$ de la figure

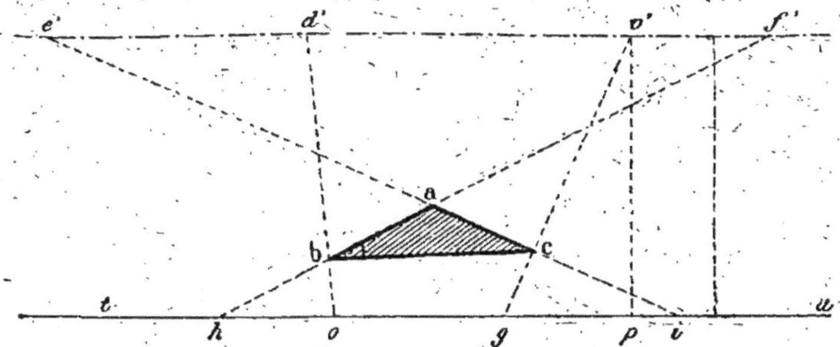

précédente, $v'f' = pf$, etc., afin de déterminer les points de la
trace h, o, g, i, et les points de fuite e' et f'; ensuite on
mène hf' ie', etc.; en un mot, c'est la construction du n° 322
dédoublée.

Remarque. Ce report des points se fait rapidement à l'aide

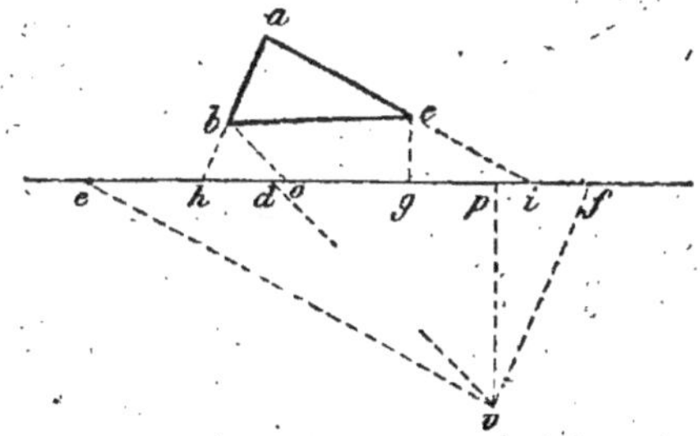

d'une bande de papier; néanmoins, il faut plus de temps que
pour la construction directe; cette disposition offre cependant
quelques avantages, ainsi les préparations peuvent être faites à
une plus petite échelle, à la moitié, par exemple, puis on double
chaque longueur pour les porter sur *tu*.

328. 2ᵉ *Disposition*. La trace du tableau et la projection horizontale sont reportées en avant de xy, et on opère comme
au n° 322, sauf qu'il faut projeter les points h, t, o, g, i,
sur xy. (Fig. page 214.)

Remarque. Cette disposition est excellente, on l'emploie très-
souvent; $v'p_1$ indique la hauteur de l'œil, et vp la distance du
spectateur au tableau; néanmoins, la projection verticale des

corps se trouve au-dessus de *xy*, et par suite, la perspective la recouvre partiellement; mais dans bien des cas on n'utilise

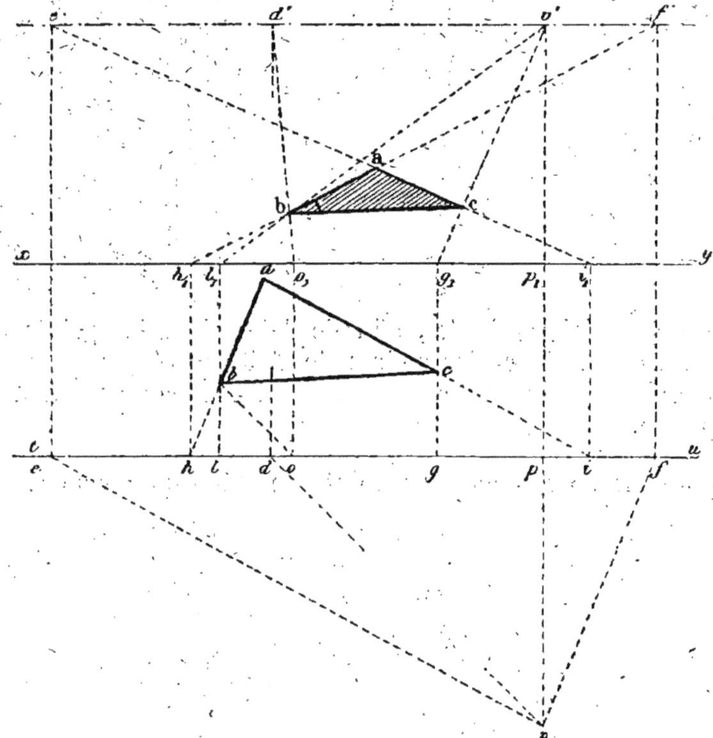

qu'un petit nombre de points de l'élévation des corps, et la projection verticale est peu chargée.

329. 3⁰ *Disposition.* Le tableau est placé perpendiculairement à *xy*; il a pour trace *tu*; *abc* est la projection horizontale de la figure, *a'b'c'* est la projection verticale; *pv'* est la hauteur de l'œil, *vs* est sa distance au tableau.

Pour un point quelconque (a, a'), par exemple, le rayon visuel a pour projections *av*, *a'v'*, il rencontre le tableau au point (a, a'); pour voir la perspective, on fait tourner le tableau autour de *rt* et on le rabat sur le plan vertical, on obtient ainsi le point a'_1. On peut chercher directement chaque sommet, ou utiliser les points *h*, *i* pour déterminer plus exactement la direction des côtés; on peut mener *vf* parallèle à *ah*, puis déterminer *f'* sur la ligne d'horizon rabattue, relever le

point h en h_1 et joindre $h_1 f'$, et l'on retombe ainsi sur les méthodes précédentes.

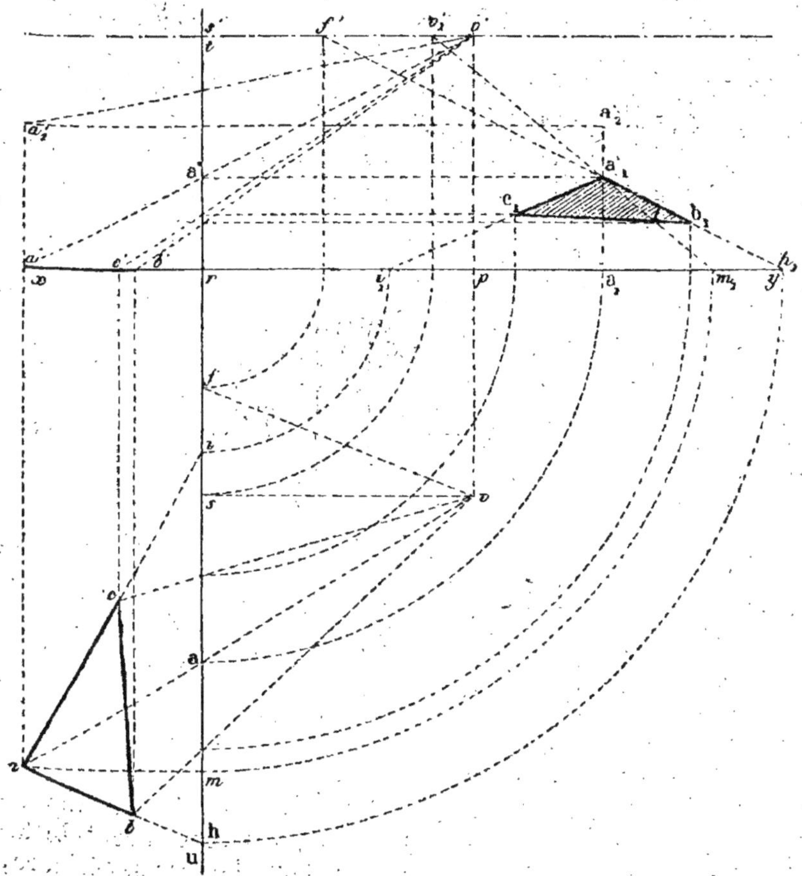

Remarque. La troisième disposition donne une perspective
toujours éloignée des projections; elle est d'une application fa-
cile, ainsi le point (a, a'_2) de l'espace se traite aussi aisément
que le point (a, a') situé sur l'horizontal. A côté de ces grands
avantages, il faut signaler les inconvénients suivants : le dessin
demande beaucoup de lignes de construction et un grand espace,
et la perspective est renversée par rapport aux préparations, en
ce sens que le triangle perspectif $a'_1 b'_1 c'_1$ correspond au cas où
l'œil est vers la gauche, tandis qu'il est vers la droite des
préparations.

§ VI. — PERSPECTIVE

DES POINTS PLACÉS AU-DESSUS DU PLAN HORIZONTAL

330. Soit à mettre en perspective un prisme triangulaire droit ayant *abc* pour base et *a'd'* pour hauteur.

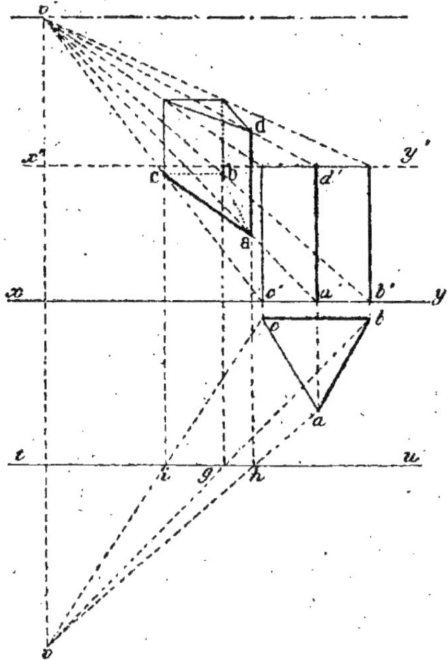

D'après le moyen général [n° 315, II], nous déterminons directement les points *h, g, i,* où les rayons rencontrent le tableau; la base a pour perspective **abc**. Pour la base supérieure, on opère d'une manière identique en considérant un plan horizontal déterminé par *x'y'*.

331. *Remarque.* On peut aussi regarder **d** comme obtenu à l'aide de la perspective **a** du point (*a, a'*) placé sur le terrain, et on peut formuler la règle suivante :

Pour obtenir la perspective **d** *d'un point de l'espace ayant pour projections a et d', on peut déterminer la perspective* **a** *de la projection horizontale a du point donné; mener par* **a** *une verticale et couper cette dernière ligne par d'v'.*

332. *Autre exemple.* — *Mettre en perspective la pyramide* S.ABC.

Pour la base on opère comme ci-dessus; la perspective du

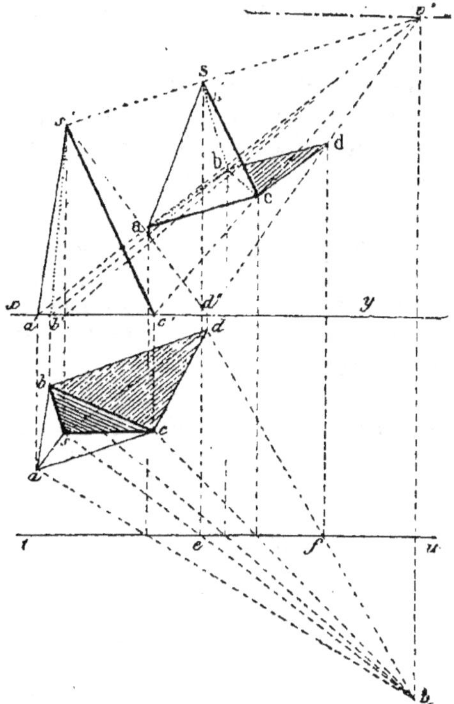

sommet est à la rencontre des ligues $s'v'$ et eS, celle du point (d, d') se trouve sur $d'v'$.

Problème.

333. *Mettre en perspective un corps de révolution.*

1er Moyen. Le problème revient à trouver l'intersection du tableau et du cône qui, ayant l'œil pour sommet, serait circonscrit au corps considéré. Cette question, analogue à celle de la détermination de l'ombre d'un corps éclairé par un point lumineux, est souvent difficile; aussi on a recours au procédé suivant.

2e Moyen. On met en perspective divers parallèles du corps, et le contour apparent doit être tangent à chacun des cercles perspectifs obtenus. Ce procédé conduit très-rapidement au résultat lorsqu'on emploie le carré circonscrit pour déterminer le cercle. [N° 324.]

§ VII. — DES ÉCHELLES

334. Les préparations occupent beaucoup de place; aussi dans plusieurs cas on les fait avec des dimensions assez réduites, et l'on se propose d'obtenir une perspective qui corresponde à des préparations doubles, triples, etc. Pour cela on a recours à diverses échelles.

On distingue: l'*échelle des largeurs*, pour les lignes parallèles à la trace du tableau; l'*échelle des profondeurs* ou *des éloignements*, pour les perpendiculaires au tableau, et plus généralement pour les horizontales fuyantes; l'*échelle des hauteurs*, pour les verticales.

335. *Échelles des largeurs, échelles des éloignements.*

Projetons les points donnés A, B, C, D sur *xy* et sur une per-

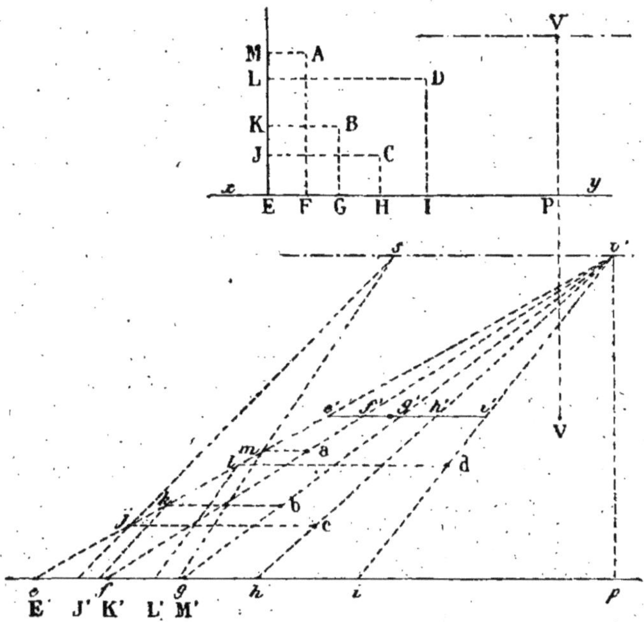

pendiculaire ME. Prenons $ep = 2EP$, $v'p = 2V'P$; ev' est la perspective de EM supposée illimitée, car le point de fuite des perpendiculaires au tableau coïncide avec le point principal v'. Sur une parallèle $e'i'$ menée à ep par le milieu de ev', portons les divisions de EI et joignons le point v' à chaque point de division de

$e'i''$; la droite $e'i'$ ainsi divisée proportionnellement à EI est l'échelle des largeurs. Actuellement, pour avoir la perspective j, il faut diviser ev' dans le rapport de $\dfrac{EJ}{VP}$ [n° 316]; de même, pour avoir le point m, il faut diviser ev' dans le rapport de $\dfrac{EM}{VP}$; il suffit donc de porter les divisions de EM de e en M', puis prendre $v's' = PV$ et joindre les divers points de ei au point s'. La ligne em ainsi divisée est l'échelle des profondeurs. Pour avoir la perspective des points donnés, il suffit de mener les horizontales ma, ld, etc. On opèrerait d'une manière analogue pour un rapport quelconque.

336. *Échelle des hauteurs.* Pour les hauteurs on peut opérer comme il suit :

(a, a') étant les deux projections d'un point de l'espace, $(a'b)$

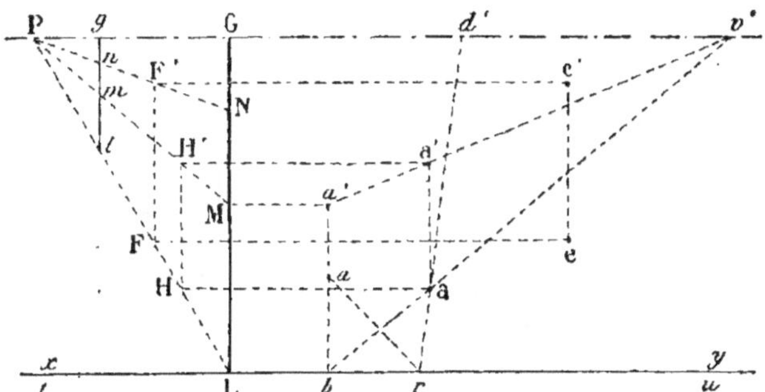

est la distance du point au terrain; on cherche la perspective **a** de la projection horizontale, par exemple, en menant $a'r$ à 45° et prenant $v'd'$ égale à la distance de l'œil au tableau, v' étant le point principal; puis on mène une verticale par le point **a**, et **a**$'$ est la perspective cherchée [n° 331]. Pour ne pas trop charger la partie du plan où doit se trouver la perspective, on peut faire la plupart des opérations dans une autre région de ce plan; ainsi, sur la verticale LG prenons LM égale à la hauteur donnée du point (a, a') au-dessus du terrain; joignons L et M à un point quelconque P de la ligne d'horizon, menons **a**H, puis HH', et enfin l'horizontale H'**a**$'$ qui détermine le point cherché **a**$'$; car les triangles PLM, PHH', $bv'a'$, $v'aa'$, donnent une suite de rapports égaux, et on a **aa**$'$ déterminé directement égale HH'. Pour un autre point dont **e** serait la perspective de la projection horizontale et LN la hauteur au-dessus du terrain, on joindrait

NP; on mènerait eF, puis FF', et enfin F'e'; les diverses hauteurs peuvent donc être portées sur FG à partir du point L. Quand la perspective est amplifiée, par exemple, dans le rapport de 4 à 3, on élève la perpendiculaire *lg* au tiers de LP; on porte les hauteurs de *l* en *m* et de *l* en *n*, etc., puis on mène PmM, PnN, etc.; la droite *lmng* est appelée *échelle des hauteurs*.

Remarque. L'échelle des largeurs et celle des hauteurs ne servent qu'à diviser une droite en parties proportionnelles aux divisions d'une droite donnée, tandis que l'échelle des *profondeurs* est une droite divisée conformément aux règles de la perspective. D'ailleurs, l'emploi de ces échelles est moins rapide que le procédé suivant.

337. *Procédé pour obtenir une perspective agrandie.*

Soit à mettre en perspective des points quelconques donnés

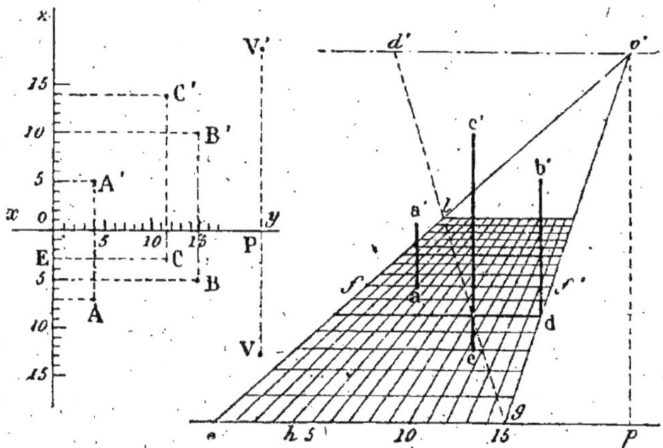

par leurs projections (A, A'), (B, B'), etc., on connaît les projections V et V' de l'œil, et l'on veut que la perspective ait des dimensions doubles de celles que fourniraient les données.

Sur deux lignes perpendiculaires *xy*, *oz* divisées en parties égales, projetons les projections horizontales et verticales des points donnés; puis prenons $ep = 2EP$, $pv' = 2PV'$, $v'd' = 2VP$, et sur *ep* prenons des divisions doubles des parties de *oy*. Joignons les points obtenus au point de fuite principal *v'* et formons un réseau perspectif. [N° 325.]

La droite *eg* est l'échelle des largeurs, *el* est l'échelle des éloignements. La projection horizontale A a pour cotes 4 et 7; sa perspective est donc au point **a** qui correspond à la largeur 4 et à la profondeur 7; de même pour les autres points; quant aux hauteurs, pour A′, par exemple, dont la cote égale 5, on prend la perpendiculaire **aa′** égale à 5 divisions de $ff′$. Le point **a′** est la perspective du point donné par les projections (A, A′); de même au point **c**, on prend **cc′** égale à 14 divisions de l'horizontale qui passe par **c**. On prend **aa′** égale 5 divisions de $ff′$, parce que deux parallèles au tableau menées par le même point **a** ont des perspectives égales. [Nº 310, II.]

Remarque. Ce procédé est une véritable *craticulation*, et c'est le plus simple que l'on puisse employer quand il y a un grand nombre de points.

§ VIII. — APPLICATIONS

Problème.

338. *Construire la perspective d'une croix.* [Planche II.]

Recourons à la disposition du numéro 328. Soient BR le plan de la croix, et tu la trace du tableau donnée de position, ainsi que les projections v et $v′$ de l'œil. Le sujet est dessiné à l'échelle $1/2$ en b et $b′$.

Par la projection horizontale de l'œil, menons des parallèles vt, vz aux côtés de la base B, afin de déterminer les points de fuite $t′$ et $z′$ des lignes principales; puis prolongeons les côtés du plan B, projetons C_1 en C; C étant sur le tableau, C_1F a sa perspective sur $Cz′$, etc., $EH′_1$ a sa perspective sur $H′t′$; on obtient donc les points e, f pour perspective de E, F. Quant à l'élévation, portons les hauteurs de la croix de H en I, J, K, et de H′ en I′, J′, K′, $HI = 2hi$, etc., et joignons ces points I, I′, etc., au point de fuite $t′$; le point n est déterminé par la verticale mn et la droite $t′K$.

Remarque. Si le point de fuite $t′$ n'est pas dans les limites de l'épure, on peut procéder comme il suit : Par r, par exemple, on peut diviser $Gz′$ en parties proportionnelles aux distances RS et vp [nº 316]; le meilleur procédé est de mener deux parallèles RT_1, vd, et de joindre T au point $d′$, projection verticale de d [nº 317]. Il peut aussi arriver que les points H et H′ soient hors de l'épure; dans ce cas, pour déterminer n, par exemple, on peut prendre $NN′ = HK$; m est la perspective du point situé sur l'horizontal qui aurait M pour projection horizontale et N pour projection verticale; donc en menant $N'v'$ on déterminera le point n [n° 331]. Ce dernier procédé est celui qu'on emploie lorsqu'on détermine la perspective point par point, à l'aide des deux projections de chaque point des données : mais il est préférable d'élever la perpendiculaire AA' et de joindre A' au point de fuite correspondant z'; car on obtient ainsi en même temps le point o.

Problème.

339. *Construire la perspective d'une porte avec perron.*

Soient P le profil du perron, A le sommet de la projection horizontale de ce perron; pour ne point avoir la perspective sur les préparations, disposons le plan en B_1, ainsi que cela se pratique souvent, de manière que AF et A_1F_1 soient symétriques par rapport à xy; nous déterminons ainsi les points C, F, G, etc.; mais pour avoir les points de fuite d' et e', il faut mener ve parallèle à AF et vd parallèle à l'autre côté de l'angle A. Puis on opère comme dans l'exemple précédent.

Problème.

340. Problème. *Construire la perspective d'un corps de révolution.* [Planche III.]

Soient $(a, a'b')$ les projections de l'axe du corps de révolution; v' le point principal, et d' un des points de distance. [N° 308.]

Pour que la perspective ne recouvre point la projection verticale du corps donné, représentons le méridien de ce dernier en AB. Déterminons un certain nombre de parallèles. L'axe $(a, a'b')$ a pour perspective ab; les points H, C, E, etc., qui correspondent aux parallèles choisis font connaître h', c', e', etc.; il suffit de joindre ces points à v' pour obtenir leur perspective h, c, e, etc.

Pour les largeurs, on peut prendre $a'l' = AL$, etc., et joindre l' et k' à v', on trouve lk; mais il est plus simple de procéder comme il suit : la droite ab est divisée en parties proportionnelles aux divisions de $a'b'$. On a $\dfrac{al}{a'l'} = \dfrac{av}{a'v'}$ égale donc $\dfrac{ab}{a'b'}$;

ainsi, comme on pouvait le prévoir [n° 310, III]; les largeurs telles que $a'l'$ devenant al sont réduites dans le même rapport que les hauteurs; par suite, à l'aide du *compas* de réduction disposé pour le rapport voulu, on prend les grandeurs al, hi, d'ailleurs **ef** = **eg**, etc. On peut même, sans tracer la figure AB, dessiner le profil **fti** relativement à l'axe **ab**.

Après avoir déterminé les diamètres **fg**, **ij**, **lk**, etc, on trace les carrés circonscrits [n° 234]; par exemple, pour **fg**, on mène la diagonale *ed'*. On joint **f** et **g** au point principal, et par **m** et **n** on mène des parallèles au diamètre, on a l'ellipse **frgs** pour perspective du parallèle qui aurait *e'* pour centre et EF pour rayon; puis on trace la courbe enveloppe des ellipses ainsi determinées.

Remarque essentielle. Dans les planches d'étude des nᵒˢ 338, 339 et 340, il était nécessaire que les points de fuite *v'*, *d'*, etc., se trouvassent dans les limites du dessin; on s'est d'ailleurs conformé à la remarque [314]; néanmoins, les perspectives des figures 338 et 339 auraient meilleur aspect si le point de vue était plus éloigné du tableau.

§ IX. — PERSPECTIVE CAVALIÈRE

341. La perspective cavalière est une représentation des corps, fondée sur les conventions suivantes.

On dessine la face principale de l'objet sur un tableau parallèle à cette face; les lignes perpendiculaires à cette face sont inclinées d'une quantité constante et réduites dans un rapport donné.

Problème.

342. *Représenter un cube ayant pour arête la longueur* l.

(R indique la direction des lignes fuyantes, et $\frac{1}{2}$ est le rapport de réduction.)

Il faut construire le carré ABCD ayant *l* pour côté; par chaque sommet mener une parallèle à R et porter sur chaque ligne une longueur telle que BE égale $\frac{1}{2}l$, et joindre deux à deux les points obtenus.

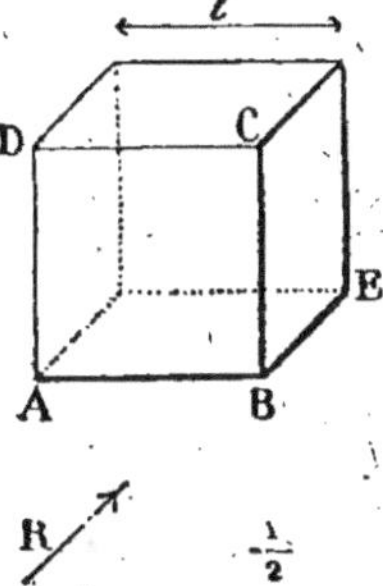

Problème.

343. *Trouver la perspective cavalière d'une circonférence, connaissant la direction* R *et le rapport* 1.

Je mène diverses ordonnées AB, CD, je les incline et je prends

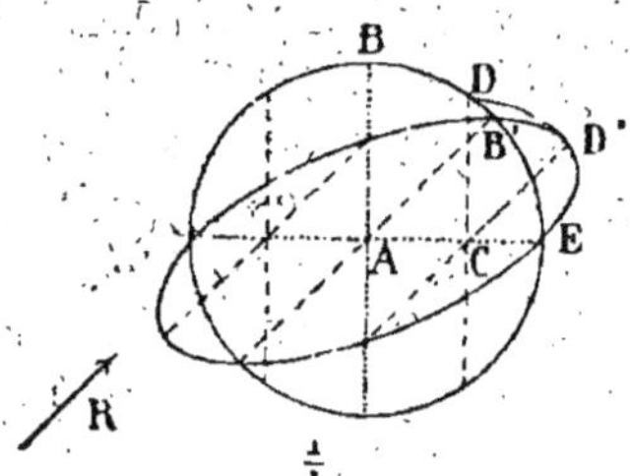

$AB' = AB$, $CD' = CD$, etc.; la courbe obtenue est une ellipse.
[*Géométrie*, appendice, exercice 6.]

344. Emploi de la perspective cavalière. La perspective cavalière donne une idée assez exacte de l'aspect qu'offrent les corps, et fournit en même temps tous les éléments nécessaires pour les construire. On emploie la perspective cavalière pour représenter les voussoirs, les assemblages. Le résultat est satisfaisant lorsque l'angle d'inclinaison égale 45° et que le rapport de réduction égale $1/_2$.

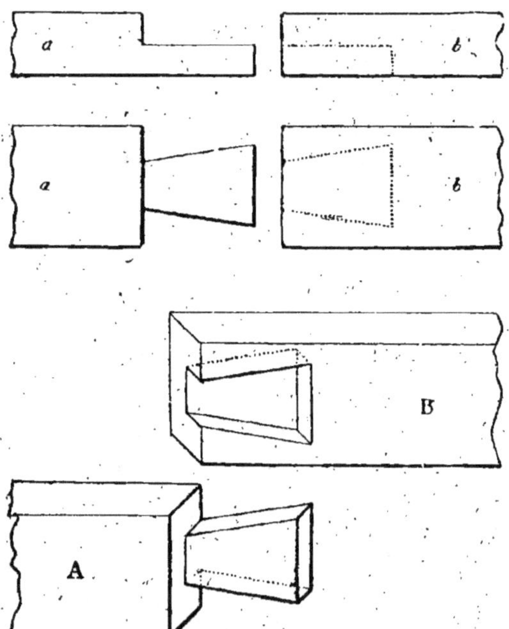

Ainsi l'assemblage à queue d'aronde à mi-bois reproduit suivant le système des deux projections en (a, a'), (b, b') se r

présente ordinairement comme A et B, en inclinant en sens contraire les lignes fuyantes, et en montrant la concavité de b.

La planche du n° 339 contient la perspective cavalière de la croix et de l'escalier déjà étudiés.

Le rapport $=\frac{1}{1}$; mais on a pris $m_1 n_1 = mn$.

345. *Remarque.* Dans la géométrie descriptive proprement dite on prend deux plans de projection rectangulaires, et les points sont projetés par des perpendiculaires, aussi ce mode est appelé *projection orthogonale* de la figure donnée. D'une manière plus générale, on nomme *projection cylindrique* d'une figure sur un plan l'intersection de ce plan et d'un cylindre dont les génératrices, parallèles entre elles, sont menées par chaque point de la figure; mais la direction constante des génératrices est d'ailleurs quelconque.

La *projection conique* d'une figure sur un plan est l'intersection de ce plan par le cône dont les génératrices sont menées par chaque point de la figure et par un point fixe donné pris pour sommet; la perspective linéaire sur un tableau plan est la projection conique de la figure sur ce plan. La perspective cavalière peut être considérée comme une projection cylindrique oblique, ou comme une perspective dont le point de vue est infiniment éloigné.

NOTE

Problème.

346. *Déterminer le point de contact d'un plan tangent à une surface de révolution : ce point doit appartenir à un méridien donné, et le plan tangent doit être parallèle à une droite donnée* (R, R').

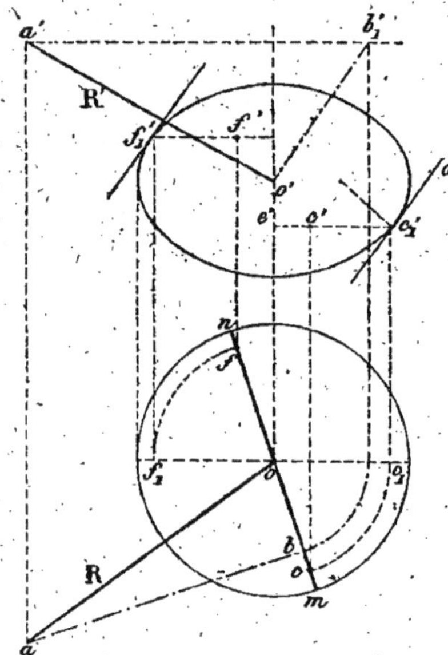

Soit mn la projection horizontale du méridien donné; considérons le cylindre qui serait circonscrit à la surface de révolution suivant le méridien donné : ses génératrices seraient perpendiculaires à mn, sa section droite égalerait le méridien.

On peut mener un plan tangent à ce cylindre [n° 173, 3°]; pour cela, projetons (R, R') sur le méridien donné, et afin de ne point tracer la projection verticale de mn, amenons bo sur le méridien principal, on trouve ainsi $o'b'_1$; il faut ensuite mener une tangente $d'_1 c'_1$ parallèle à $o'b'_1$; le point de contact c'_1 fait connaître c_1, ce qui donne le point c dans le méridien considéré, et par suite c' sur le parallèle $e'c'_1$.

Il y a deux solutions : (c, c') appartient à la partie antérieure du méridien, et (f, f') à la partie postérieure.

Problème.

347. *Déterminer le point de contact d'un plan tangent à une surface de révolution : ce point doit appartenir à une parallèle donnée, et le plan doit être parallèle à une droite* (R, R').

Les plans tangents à la surface de révolution et dont les points de contact sont sur le parallèle donné $(cb, c'b')$ déterminent un cône cir-

conscrit ayant pour génératrices extrêmes les tangentes $b's'$ et $c's'$
[173, 2°].

Par le sommet de ce cône menons une parallèle ($s'e'$, se) à (R, R'),

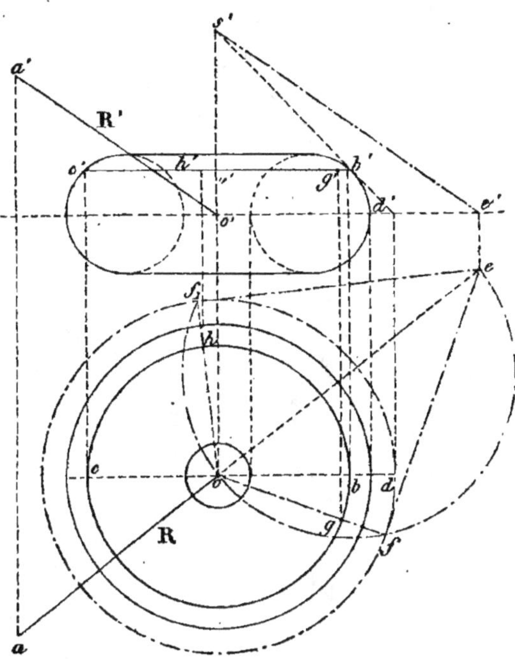

cherchons la trace (e, e') par rapport à un plan horizontal quelconque; par le point e, il faut mener une tangente ef à la trace du
cône sur l'horizontal considéré; on détermine ainsi la projection horizontale of de la génératrice de contact; elle rencontre le parallèle
en g, ce qui fait connaître la projection verticale g' du point de contact.

Le second point (h, h') appartient à la partie postérieure du parallèle.

Problème.

348. *Déterminer la courbe de contact d'une surface de révolution
et du cylindre circonscrit dont les génératrices sont parallèles à une
droite donnée* (R, R').

Le lieu géométrique des points de contact des plans tangents parallèles à la droite donnée (R, R') est le contour apparent de la surface par rapport à la direction donnée (n° 175); les parallèles à
(R, R') menées par chaque point de contour apparent forment le
cylindre circonscrit. Déterminer un point quelconque de la courbe de
contact revient donc à mener un plan tangent parallèle à la droite
(R, R') par rapport à un méridien quelconque ou à un parallèle quel-

conque. Par exemple, en recourant au n° 346, soit à déterminer le point de contact situé sur le méridien *mn*.

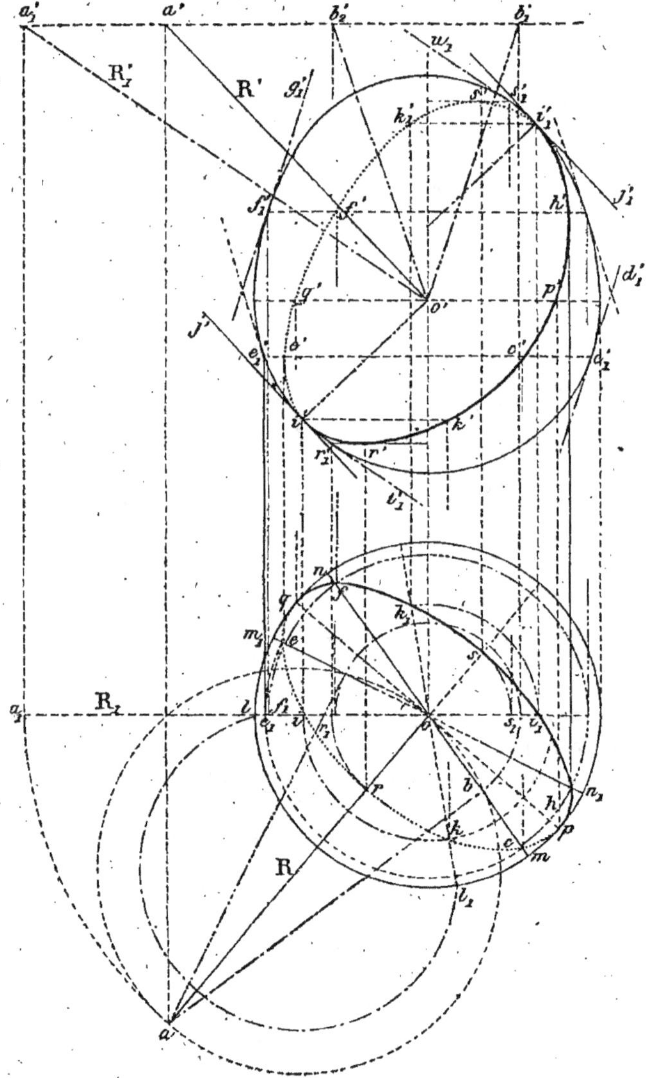

Abaissons la perpendiculaire *ab*; déterminons $o'b'_1$ (n° 346) et menons les tangentes $c'_1d'_1$, $f'_1g'_1$ parallèles à $o'b'_1$.

Les points de contact seront à l'intersection du méridien donné et des parallèles menés par c'_1 et f'_1. La projection f'_1 fait connaître f_1; puis le parallèle coupe *mn* en *c* et *f*, et l'on projette ces points en c', f'.

A l'aide du même procédé, ou en employant le n° 347, on détermine un certain nombre de points, et on les réunit par un trait continu.

Remarques. I. b peut donner b'_1 ou b'_2, mais les tangentes parallèles à $o'b'_1$ ou à $o'b'_2$ déterminent les mêmes parallèles.

II. Les parallèles c'_1, f'_1 ont des points de contact (e, e'), (h, h'), situés sur le méridien m_1n_1 symétrique de mn par rapport à la droite ao.

Points principaux. Certains points peuvent être trouvés directement, d'autres ont une importance spéciale; il faut les déterminer et ne recourir qu'un petit nombre de fois à la construction générale.

1° Les plans tangents verticaux parallèles à la droite donnée (R, R') ont pour point de contact p et q situés sur l'équateur, aux extrémités du diamètre pq pependiculaire à R; d'ailleurs p et q font connaître p' et q'.

2° Les points situés sur le méridien principal sont donnés par des plans perpendiculaires au plan vertical; par suite, leur trace verticale est parallèle à R'; donc, il faut mener les tangentes $i'j'$ et $i'_1j'_1$ parallèles à R'.

i' et i'_1 font connaître i et i_1.

On détermine le méridien ol_1 symétrique de ol, et on a un nouveau point (k, k') en prenant $ok = oi$, etc.

3° Le point le plus haut et le point le plus bas de la projection verticale sont donnés par les tangentes menées au méridien qui contient (R, R'), ou plus généralement qui est parallèle à la direction donnée. Amenons ce méridien à se confondre avec le méridien principal; (R, R') devient (R_1, R'_1); on mène $r'_1t'_1$ et $s'_1u'_1$ parallèles à R'_1; puis r'_1 fait connaître r_1, et on amène le point (r_1, r'_1) en (r, r'). De même on a (s, s').

Remarques. I. ao est toujours un axe de la projection horizontale.

II. La courbe $i'p'i'_1$, placée sur la partie antérieure de la surface, est visible sur la projection verticale; la région supérieure psq de la courbe de contact est visible en projection horizontale, car elle est au-dessus de l'équateur.

III. Les constructions se simplifient lorsqu'on connaît la nature de la courbe à obtenir; ainsi, lorsque la surface de révolution est un ellipsoïde, chaque projection de la courbe de contact est une ellipse. Dans l'exemple donné, la courbe méridienne étant un *ove* formé d'un demi-cercle surmonté d'une demi-ellipse, on a les résultats suivants :

La projection horizontale se compose de la demi-ellipse prq ayant op, or pour demi-axes, et de la demi-ellipse psq dont op, os sont les demi-axes.

La projection verticale est formée par la demi-ellipse $p'r'q'$ dont $o'p'$, $o'r'$ sont deux demi-diamètres conjugués, et de la demi-ellipse $p's'q'$ ayant $o'p'$, $o's'$ pour demi-diamètres.

Problème.

349. *Déterminer le point de contact d'un plan tangent à une sur-face de révolution : ce point doit appartenir à un méridien donné, et le plan doit passer par un point donné.*

Du point donné (a, a') abaissons une perpendiculaire $(ab, a'b')$ sur le méridien, afin d'avoir une parallèle aux génératrices du cylindre circonscrit suivant le méridien projeté horizontalement en mn.

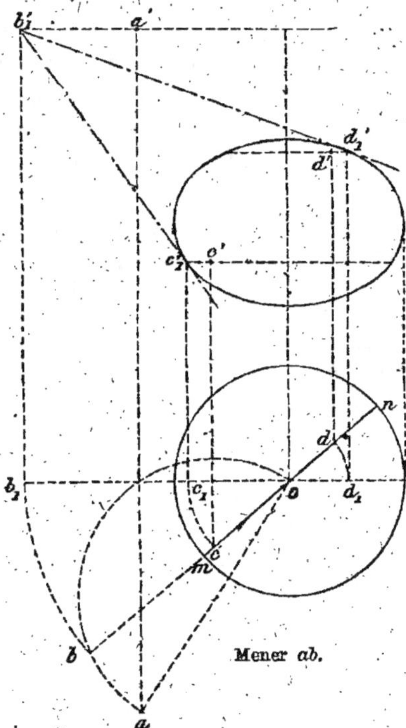

Amenons le méridien donné à se confondre avec le méridien principal, et par b'_1 menons une tangente $b'_1c'_1$. Le point de contact (c_1, c'_1) vient en (c, c') sur le méridien donné.

Il y a un second point (d, d').

Problème.

350. *Déterminer le point de contact d'un plan tangent à une sur-face de révolution : ce point doit appartenir à un parallèle donné, et le plan doit passer par un point donné.*

Le plan tangent doit contenir la droite qui joint le point donné (a, a') au sommet (s, s') du cône circonscrit au corps de révolution suivant le parallèle donné $(bc, b'c')$.

Par la trace e, il faut donc mener une tangente à la trace du cône sur l'horizontal considéré; le contact aura lieu suivant la génératrice

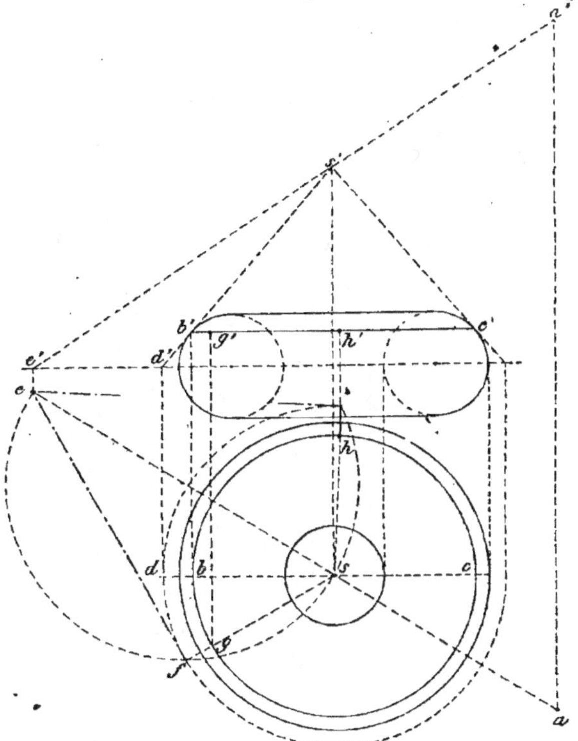

sf; par suite, g est la projection horizontale du point de contact, et g' la verticale.

Il y a une seconde solution (h, h').

Problème.

351. *Déterminer la courbe de contact d'une surface de révolution et du cône circonscrit dont le sommet est donné.*

Soit (a, a') le sommet du cône circonscrit.

Un point quelconque de la courbe de contact se déterminerait à l'aide du n° 349 ou de 350.

Les points principaux sont les suivants:

1° Les points p et q situés sur l'équateur; ils sont donnés par les plans tangents perpendiculaires au plan horizontal; ces plans ont pour trace horizontale les tangentes ap, aq.

2° Les points i', i'_1, situés sur le méridien principal, sont déter—

minés par les tangentes $a'i'$, $a'i'_1$. D'ailleurs i fait connaître k sur le méridien symétrique de oi par rapport à oa.

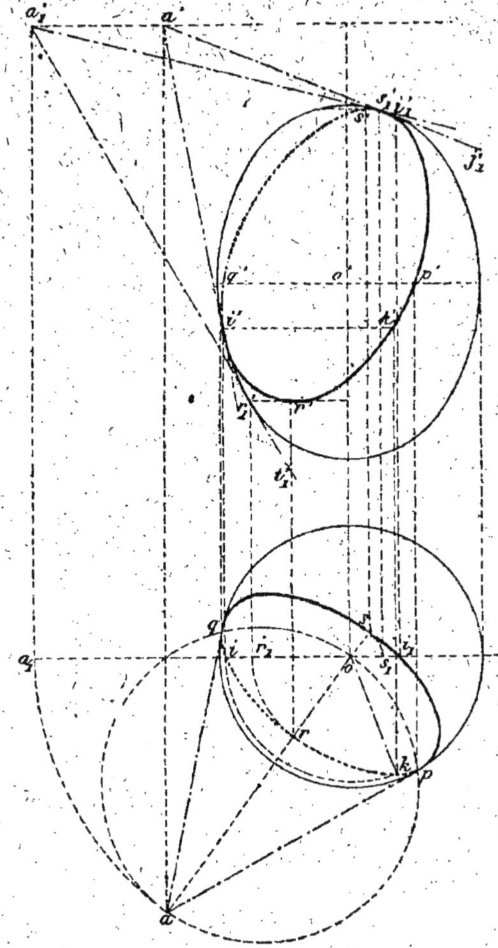

3° Le point le plus haut et le plus bas de la projection verticale se trouvent sur le méridien qui passe par le point donné (a, a'). Amenons ce méridien à se confondre avec le méridien principal ; (a, a') devient (a_1, a'_1).

La tangente $a'_1 r'_1$ fait connaître (r, r') et la tangente $a'_1 s'_1$ détermine le point le plus haut (s, s').

Problème.

352. *Par une droite donnée mener un plan tangent à une surface de révolution.*

Soient la surface *s* et la droite *ab*.

Tout plan tangent à un cône circonscrit à la surface donnée est tangent à cette surface en un point de la courbe de contact; il en est de

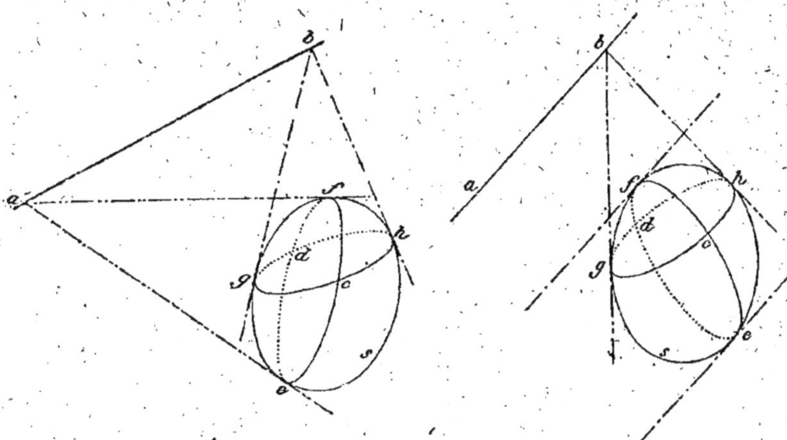

même pour le cylindre circonscrit (177, remarque); donc, déterminons les courbes de contact *ef*, *gh* de deux cônes circonscrits ou d'un cône et d'un cylindre à génératrices parallèles à *ab*. Soient *c* et *d* les points d'intersection des deux courbes de contact; les plans déterminés par *a*, *b*, *c* ou par *a*, *b*, *d* sont tangents à la surface de révolution.

PROBLÈMES DE RÉCAPITULATION

307. Construire le rabattement sur le plan horizontal d'un point donné que l'on fait tourner autour d'un axe parallèle au plan horizontal. (Baccalauréat. — Dijon, 1872.)

308. Deux points A et B étant donnés par leurs projections, déterminer sur le plan vertical un point M, dont les distances aux points A et B soient respectivement égales à deux longueurs données l et l'. Discuter le problème. (Baccalauréat. — Dijon, 1873.)

309. Les traces d'un plan sur les plans de projection font avec la ligne de terre des angles égaux : savoir, pour la verticale à 30°, et pour l'horizontale à 45°. On demande la grandeur des angles formés par ce plan avec les plans de projection et avec un plan de profil. (Baccalauréat. — Dijon, 1873.)

310. Une droite étant donnée par ses traces sur les plans de projection, on demande de construire les traces du plan passant par cette droite et faisant un angle donné avec le plan qui la projette sur le plan horizontal. (Baccalauréat. — Dijon, 1873.)

311. Étant donnés une droite dans le plan vertical et un point dans l'espace, on demande de déterminer une droite passant par le point donné, s'appuyant sur la droite donnée, et telle que le segment rectiligne compris entre sa trace horizontale et le point donné soit double de celui qui est compris entre le même point et sa trace verticale. On indiquera les conditions qui doivent être remplies pour que le problème soit impossible ou indéterminé. (Baccalauréat. — Dijon, 1874.)

312. Par un point donné mener une droite qui s'appuie sur deux droites données ; — épure du problème. (Diplôme de fin d'études. — Dijon, 1872.)

313. Déterminer la section droite d'un cylindre oblique, vraie grandeur de la section et développement. (Diplôme. — Dijon, 1873.)

314. Étant donnés un point et un plan, abaisser du point une perpendiculaire sur le plan. Trouver la vraie grandeur de cette perpendiculaire ; examiner le cas particulier où le plan est perpendiculaire à la ligne de terre. (Diplôme. — Dijon, 1873.)

315. Section plane d'un cône droit à base circulaire dans le cas où le plan coupe une seule nappe du cône ; vraie grandeur de la section et développement. (Diplôme. — Dijon, 1873.)

316. Intersection d'un cône droit et d'une sphère ; tracé de la tangente en un point de la courbe. (Diplôme. — Dijon, 1873.)

317. Déterminer l'angle de deux plans. (Diplôme. — Dijon, 1873.)

318. Déterminer l'ombre portée par une sphère sur le plan horizontal. (Diplôme. — Dijon, 1873.)

319. Section droite d'un cylindre oblique parallèle au plan vertical ; la base est circulaire et se trouve sur le plan horizontal, tangente à la projection horizontale et au rabattement de la courbe obtenue. (Diplôme. — Dijon, 1873.)

320. Étant donnés deux plans qui se coupent, mener dans le premier plan, par un point donné, une droite faisant avec le second un angle déterminé. (Diplôme. — Dijon, 1874.)

321. On donne un tétraèdre régulier, dont une base est sur le plan horizontal, on inscrit un cercle dans cette base, et on fait passer par le cercle une sphère ayant son centre au sommet du tétraèdre : trouver l'intersection des surfaces de ces deux corps. Trouver les projections de la tangente à l'une des courbes d'intersection. On figurera les projections du solide commun, en supposant enlevées la partie du tétraèdre extérieure à la sphère, ainsi que celle de la sphère extérieure au tétraèdre. (Diplôme de fin d'études et Brevet de l'enseignement secondaire spécial. — Dijon, 1874.)

322. Mener par un point donné une droite faisant des angles connus avec les plans de projection. (Diplôme. — Dijon, 1874.)

323. Intersection d'un cylindre creux à bases circulaires et concentriques par un cylindre vertical à base circulaire ; dans le dessin ce dernier est supposé transparent : faire le développement du cylindre vertical. (Diplôme et Brevet spécial. — Dijon, 1874.)

324. Trouver le centre et le rayon de la sphère circonscrite à un tétraèdre régulier placé sur le plan horizontal, de manière qu'un des côtés de la base soit perpendiculaire au plan vertical. (Diplôme. — Montpellier.)

325. Un cube est posé sur le plan horizontal de telle sorte qu'une de ses arêtes verticales soit dans le plan vertical. Un point lumineux est situé dans le plan vertical, vers la droite du cube : tracer l'ombre portée sur le plan horizontal. (Diplôme. — Montpellier.)

326. Tracer (sans instruments) l'intersection d'un cylindre vertical par un plan passant par la ligne de terre et faisant avec le plan horizontal un angle de 60° ; l'axe du cylindre est à une distance du plan vertical égale au diamètre du cercle de base. (Diplôme. — Montpellier.)

327. Trois points dont les cotes respectives sont 1 m., 3 m., 5 m., se projettent horizontalement aux trois sommets d'un triangle équilatéral de 2 mèt. de côté ; on propose de déterminer, par une construction graphique, la projection d'une ligne de plus grande pente du plan qui passerait par les trois points, et de donner approximativement la pente de ce plan. (Brevet de capacité, 1re série. — Dijon, 1873.)

328. Sur un terrain en pente, un champ a la forme d'un triangle ; les cotes en hauteur de ses sommets sont : $A = 15$ m.; $B = 36$ m.; $C = 42$ m. Les projections des cotes sur le plan horizontal ont pour longueur : $ab = 225$ m.; $bc = 175$ m.; $ac = 340$ m. : en tracer le plan au $\frac{1}{2000}$; en trouver la surface et la pente. (Académie d'Alger, 1873.)

329. Faire à main levée et expliquer l'épure donnant les projections du centre de la circonférence, passant par trois points donnés par leurs projections. (Diplôme. — Paris, 1873.)

330. Un prisme pentagonal droit repose par l'une de ses faces latérales sur le plan horizontal de projection, de telle sorte que ses arêtes latérales fassent avec le plan vertical de projection un angle de 35°.

1° Construire les projections horizontales et verticales du prisme.

2° Couper le prisme par un plan perpendiculaire au plan vertical de projection et incliné de 45° sur le plan horizontal de projection.

3° Rabattre le plan sécant sur le plan horizontal de projection et construire la section en vraie grandeur. Ponctuer les lignes servant à la construction. (Diplôme. — Rennes, 1874.)

331. Une pyramide a sa base régulière inscrite dans un grand cercle d'une sphère de 2 mètres de rayon ; le sommet de la pyramide est sur la sphère ; la hauteur tombe sur une des grandes diagonales de la base et divise la droite en deux parties qui sont entre elles comme 4 est à 5. On propose de tracer, à l'échelle de 2 centimètres par mètre, le rabattement des six faces de la pyramide sur le plan de sa base; toutes les constructions auxiliaires relatives à la détermination des arêtes devront figurer sur l'épure. (Brevet de capacité, 1re série. — Montpellier, 1875.)

332. Une pyramide hexagonale régulière est posée en équilibre sur son sommet sur le plan horizontal; on y inscrit une sphère et l'on demande : 1º de construire les projections de la pyramide; 2º le contour apparent, sur chaque plan de projection, de la sphère inscrite; 3º les projections et le rabattement sur le plan horizontal de la section faite dans la pyramide et dans la sphère par un plan perpendiculaire au plan vertical, faisant un angle de 45º, avec le plan horizontal, et passant par le milieu de la hauteur de la pyramide. Hauteur = 0,14 ; rayon du cercle circonscrit à la base de la pyramide = 0,07. (Diplôme. — Clermont, 1871.)

333. Déterminer la section d'une pyramide quadrangulaire régulière par un plan perpendiculaire à une arête latérale, et qui coupe cette ligne au tiers de sa longueur à partir du sommet. L'arête considérée n'est point parallèle au plan vertical. (Diplôme. — Clermont-Ferrand.)

334. On donne deux sphères concentriques : déterminer les projections de la section de l'extérieure par un plan tangent à l'intérieure en un point donné de cette sphère. (Diplôme. — Clermont-Ferrand.)

335. Trouver les projections d'une sphère tangente à une droite donnée, en un point donné, passant par un second point, et tangente à une droite donnée perpendiculaire au plan vertical.
1º Déterminer l'intersection de la sphère ci-dessus et d'une droite donnée.
2º Résoudre le problème précédent quand la seconde droite est remplacée par une sphère donnée. (1re partie, Diplôme; les 2 parties, Brevet spécial. — Dijon, 1872.)

336. Étant donnés un cône par sa base et son sommet, un cylindre par sa base et la direction de ses génératrices, et une génératrice de chacune de ces surfaces, déterminer le centre et le rayon d'une sphère qui sera tangente à chacune de ces surfaces en un point arbitraire de chacune des génératrices données. (Brevet spécial. — Dijon, 1873.)

337. Section d'un cône droit par un plan perpendiculaire au plan vertical, dans le cas où la section est une hyperbole. Rabattement de la section, tangente à la projection horizontale de cette courbe et à son rabattement. (Brevet spécial. — Dijon, 1873.)

338. Un cercle est donné par deux de ses points, l'inclinaison de son plan sur l'horizon, et un plan auquel il doit être tangent : trouver ses points d'intersection avec une surface de révolution dont l'axe est vertical. (Brevet secondaire. — Dijon, 1873.)

339. Étant donné un ellipsoïde de révolution dont l'axe est vertical, lui mener par un point extérieur donné, un plan tangent dont le point de contact soit : 1º sur un parallèle donné; 2º sur un méridien donné. (Brevet secondaire. — Dijon, 1873.)

340. Dessiner l'ombre portée d'une sphère sur un plan quelconque par rapport aux plans de projection. (Brevet secondaire. — Dijon, 1873.)

341. 1º Déterminer l'ombre propre d'une surface de révolution éclairée par des rayons parallèles.
2º Déterminer l'ombre d'une niche. (Brevet spécial, examen oral. — Montpellier, 1871.)

342. Construire, par les procédés de la géométrie descriptive, un tétraèdre régulier, connaissant les projections d'une arête et la direction de la projection horizontale d'une arête contiguë à la première. (Brevet spécial. — Dijon, 1874.)

343. Par un point donné mener une droite faisant avec deux droites données des angles respectivement égaux à des angles donnés α et β. (Brevet secondaire spécial. — Dijon, 1874.)

344. On donne deux points inégalement éloignés d'une sphère : trouver le chemin minimum qui réunit ces deux points en touchant la sphère. (École des mineurs de Saint-Étienne, 1867.)

Questions posées aux examens de l'École centrale.

345. 1° Déterminer l'intersection d'un plan parallèle à la ligne de terre et d'un cylindre qui a pour base une circonférence tracée sur le plan horizontal; les génératrices sont perpendiculaires à la ligne de terre et inclinées de 45° sur le plan horizontal.

2° Trouver l'intersection d'une droite et d'une sphère; plan tangent à un des points d'intersection.

346. On donne une sphère et on prend deux points sur le prolongement de deux rayons rectangulaires, chacun de ces points est le sommet d'un cône circonscrit à la sphère : quelle est l'intersection des deux cônes (chaque rayon est parallèle à un des plans de projection)?

347. Trouver l'intersection de deux cônes qui ont pour base une circonférence tracée sur le plan horizontal; les sommets sont donnés et se projettent aux extrémités du diamètre parallèle à xy : on demande l'intersection des deux cônes.

348. Deux cylindres sont donnés respectivement par leur directrice et une position particulière de leur génératrice (plans cotés). Trouver un point de l'intersection de ces surfaces et la tangente en ce point.

349. Trouver la courbe d'intersection d'un cône de révolution dont l'axe est perpendiculaire au plan horizontal, et d'un plan donné par sa trace verticale et par la condition de faire un angle de 45° avec le plan vertical de projection.

350. On donne un plan perpendiculaire au plan vertical de projection et une droite située dans le plan vertical. On demande la trace horizontale d'un plan passant par cette droite et faisant avec le premier un angle de 45°.

351. 1° On donne la trace verticale d'un cylindre et la direction de ses génératrices : trouver l'intersection de ce cylindre et d'un plan donné par ses traces.

2° On donne, dans le plan horizontal, une droite qui est l'axe d'un cylindre de révolution dont on connaît le rayon. Mener un plan tangent à ce cylindre par un point de l'espace.

352. Trouver l'intersection d'un cône de révolution par un plan quelconque et le point d'inflexion de la courbe de développement de cette courbe d'intersection.

353. Mener, par un point donné, un plan tangent à un cylindre ayant pour axe de révolution la ligne de terre.

354. On donne deux horizontales et on considère une droite qui glisse sur ces deux horizontales et reste parallèle au plan vertical : mener le plan tangent à la surface ainsi engendrée, par un point pris sur la surface.

355. On donne un cercle situé dans un plan horizontal, et on le considère comme la base d'un cône ayant pour sommet un point de la ligne de terre. On demande de lui mener un plan tangent par un autre point de la ligne de terre.

356. On donne une sphère dont le centre est sur la ligne de terre, et une droite située dans un plan de profil : mener les plans tangents à la sphère, passant par la droite donnée.

357. Deux cônes ont même sommet; les bases sont circulaires et placées sur le plan horizontal : mener un plan tangent à ces deux cônes; combien peut-on en mener ?

358. Étant donnés un cône et un cylindre, mener un plan tangent commun aux deux surfaces. — Même problème pour un cylindre et une sphère.

359. Un cercle et une ellipse sont situés dans le plan de comparaison; le cercle est intérieur à l'ellipse et sert de base à un cône droit dont le sommet est coté 20. L'ellipse est la base d'un cylindre oblique dont on donne une génératrice cotée. On demande l'intersection des deux surfaces et la tangente en un point.

360. Trouver l'intersection d'une droite et d'un hyperboloïde; la droite rencontre l'axe de la surface.

361. Inscrire une sphère dans un tétraèdre en supposant une face située dans le plan vertical et une autre face dans le plan horizontal.

362. Par deux points donnés faire passer un cylindre de révolution tangent à un plan donné.

363. On donne les projections d'une sphère et celle d'un point : trouver sur la sphère le point le plus rapproché et le point le plus éloigné du point donné.

364. On donne une sphère dont les projections sont deux cercles tangents à la ligne de terre; on donne, en outre, un point sur la ligne de terre; ce point est le sommet d'un cône circonscrit à la sphère : trouver la courbe de contact.

365. On donne une sphère qui coupe le plan horizontal suivant un cercle donné; on connaît le rayon de cette sphère : on demande son intersection avec un cône qui aurait pour base le cercle donné et pour sommet un point donné quelconque.

366. Un cylindre a pour axe la ligne de terre; un autre cylindre parallèle au plan vertical, et dont les génératrices sont inclinées de 45° sur le plan horizontal, a pour base un cercle tangent à la ligne de terre. Trouver l'intersection de ces deux surfaces.

367. Un cercle situé sur le plan horizontal sert de base à deux cylindres parallèles au plan vertical, et dont les génératrices sont également inclinées sur le plan horizontal, mais de sens contraire : trouver l'intersection des deux surfaces.

368. Trouver l'intersection d'un cône oblique à base elliptique par un plan dont la trace horizontale coupe la base du cône.

369. Trouver l'intersection d'un tore par un plan parallèle à la ligne de terre.

370. On donne une sphère et un point situé dans le plan mené par le centre de la sphère parallèlement au plan vertical de projection. Trouver la courbe de contact du cône circonscrit à la sphère par le point donné. Déterminer le plan de la courbe de contact.

371. Trouver l'intersection d'un cône droit et vertical avec une sphère placée d'une manière quelconque. — Tangente en un point de l'intersection.

372. On donne une courbe située dans le plan horizontal, elle tourne autour de la ligne de terre : déterminer la projection verticale d'un point de la surface

engendrée, connaissant la projection horizontale de ce point. Mener le plan tangent en ce point.

373. Une sphère est éclairée par des rayons lumineux dont la direction est donnée : trouver l'ombre portée par cette sphère sur les plans de projection.

374. Étant donnés un cône oblique à base circulaire et une droite, mener par cette droite un plan sécant du cône, de manière que cette section soit à une distance donnée du sommet.

375. Peut-on, en général, mener un plan tangent à deux cônes ?

376. Trouver l'intersection de deux cônes qui ont leurs sommets sur le plan vertical, et pour base commune un cercle situé sur le plan horizontal : mener la tangente en un point de l'intersection.

377. Mener par la ligne de terre un plan tangent à une sphère donnée par ses projections.

378. Trouver l'intersection d'une sphère et d'un hyperboloïde de révolution ; le centre de la sphère est donné sur l'axe de l'hyperboloïde.

379. Par le sommet d'un cône dont la base repose sur le plan horizontal, on a mené une parallèle à la ligne de terre. Mener un plan tangent au cône par cette parallèle.

380. Construire l'intersection de deux sphères données par les projections des centres et les longueurs des rayons. Mener la tangente en un point de l'intersection.

381. Une sphère a son centre sur la ligne de terre ; on lui circonscrit un cylindre horizontal et un cylindre vertical : construire l'intersection de ces deux cylindres et la tangente en un point.

382. On donne une surface de révolution dont l'axe est perpendiculaire au plan vertical. Quels sont les points de la surface qui ont une projection verticale donnée ? et trouver les traces des plans qui touchent la surface en ces points.

383. On donne un cône ayant son sommet sur le plan vertical et sa base circulaire sur le plan horizontal ; le centre de cette base est sur la ligne de terre : on demande de placer sur ce cône une circonférence de rayon donné, dont le plan ne soit pas parallèle à la base du cône.

Épures de Géométrie descriptive proposées pour l'admission à l'École centrale ou à Saint-Cyr.

École centrale. — 384. On donne 1º un plan P passant par la ligne de terre et faisant un angle de 45º avec le plan horizontal ; 2º un point a du plan horizontal, situé à 5 centimètres de la ligne de terre. On demande les traces horizontale et verticale d'un cône de révolution ayant pour sommet le point A du plan P qui se projette horizontalement en a, pour axe la perpendiculaire élevée en A au point P, et pour demi-angle au sommet un angle de 40º.

385. On donne 1º un plan passant par la ligne de terre et faisant un angle de 60º avec le plan horizontal ; 2º un point a du plan horizontal situé à 6 centimètres de la ligne de terre. On demande les traces horizontale et verticale d'un cylindre de révolution ayant pour axe la perpendiculaire élevée au plan donné par le point de ce plan qui se projette horizontalement en a, et un rayon de 3 centimètres.

386. On donne 1º une droite située dans le plan horizontal et faisant un angle de 45º avec la ligne de terre ; 2º un point m du plan horizontal, pris à volonté entre la droite précédente et la ligne de terre. La droite, en tournant

autour de la ligne de terre, engendre un cône. On demande : 1° de mener à ce cône un plan tangent par l'un des deux points de la surface qui se projettent horizontalement en m ; 2° de construire les projections de l'intersection de ce plan tangent et d'un cylindre de révolution ayant la ligne de terre pour axe et un rayon de 3 centimètres.

387. Deux cercles situés dans le plan horizontal ont leurs centres sur la ligne de terre à 9 centimètres l'un de l'autre, et des rayons respectivement égaux à 3 et à 4 centimètres. On mène à ces cercles deux tangentes communes, l'une intérieure A, l'autre extérieure B. La tangente A, en tournant autour de la ligne de terre, engendre un cône. On demande la projection verticale et la vraie grandeur de la section faite dans ce cône par le plan vertical qui a la tangente B pour trace horizontale. On tracera les asymptotes de la section, si elle les admet.

388. On donne une sphère par son centre et son rayon. On fait passer un plan par la ligne de terre et le centre de cette sphère, et l'on demande les projections de la courbe d'intersection des deux surfaces. On mènera la tangente en un point quelconque de cette intersection.

389. On donne : 1° une sphère de 4 centimètres de rayon, tangente aux deux plans de projection ; 2° le plan qui passe par les deux points de la sphère diamétralement opposés à ses points de contact avec les plans de projection, et dont la trace horizontale fait un angle de 60° avec la ligne de terre. On demande les projections et la vraie grandeur de la section déterminée par ce plan dans la sphère, ainsi que la tangente en un point de cette section.

390. On donne : 1° un tétraèdre régulier de 7 centimètres de côté, reposant sur le plan horizontal par une de ses faces : l'une des arêtes de cette face est perpendiculaire à la ligne de terre ; 2° un cylindre de révolution de 3 centimètres de rayon tangent au plan horizontal ; l'axe est parallèle à la ligne de terre, et sa projection horizontale passe par la projection horizontale du sommet du tétraèdre. Construire les projections des couches d'intersection du cylindre et des faces du tétraèdre.

391. On donne un cylindre de révolution reposant sur le plan horizontal, et dont les génératrices sont parallèles à la ligne de terre. On demande l'intersection de ce cylindre avec un cône vertical de révolution dont le sommet est sur l'axe du cylindre, et dont la trace horizontale est un cercle de même rayon que la section droite du cylindre. Construire la tangente en un point de la courbe d'intersection.

392. Trouver l'intersection d'un cône et d'un cylindre définis de la manière suivante :

Le cylindre est droit ; sa base est un cercle donné dans le plan horizontal. Le cône a son sommet sur l'axe du cylindre ; sa base est une hyperbole tangente à la base du cylindre et ayant pour asymptotes deux diamètres rectangulaires de cette base, l'un parallèle à la ligne de terre. On mènera la tangente en un point de la section.

393. Intersection d'une sphère et d'un hyperboloïde de révolution à une nappe, définis de la manière suivante :

L'axe de l'hyperboloïde est vertical ; la plus courte distance de la génératrice à cet axe est de 15 millimètres ; l'angle que fait la génératrice avec l'axe est de 45°.

La sphère passe par le centre du cercle de gorge ; elle a son centre sur l'hyperboloïde, à 3 centimètres du plan du cercle de gorge et dans le plan méridien parallèle au plan vertical de projection.

On construira la tangente en un point de la courbe d'intersection.

394. On donne un cône droit. Dans la section méridienne A'S'B' de ce cône

on inscrit un cercle OK. Ce cercle est la section droite d'un cylindre. Chercher l'intersection de ce cylindre et du cône.

395. On donne un tétraèdre régulier ABCD dont les arêtes ont 0m,1 de longueur, et dont la base ABC est située dans le plan horizontal de projection.

Soit S la sphère circonscrite à ce tétraèdre et C le cylindre dont la section droite est le cercle inscrit dans une face latérale DAB.

On demande de représenter, en projection horizontale, la partie de la sphère S qui reste lorsqu'on a enlevé la partie de ce corps comprise dans le cylindre C. On demande aussi la tangente en un des points de l'intersection des deux surfaces (1873).

Saint-Cyr. — 396. Une pyramide régulière SABC... à base octogonale s'appuie par cette base sur le plan horizontal, de manière que le côté AB, placé à gauche, est perpendiculaire à la ligne de terre. Chaque côté de la base est de 0m,037, et chaque arête latérale est de 0m,119. Par le sommet S on mène une parallèle à la ligne de terre, et l'on prend, à droite, sur cette parallèle, une longueur ST égale à R×2,60 (R étant le rayon du cercle circonscrit à un polygone de base ABC). On joint le point T aux sommets A, B, C, de manière à former une seconde pyramide TABC de même base que la première. Cela posé, on demande de construire :

1° Les projections de ces deux pyramides (distinguer les parties visibles et invisibles) ;

2° Les projections de la sphère circonscrite à la pyramide SABC, ainsi que celles du point (autre que le point C) où cette sphère est rencontrée par l'arête TC de la pyramide TABC (1868).

397. 1° Un prisme droit a pour base un hexagone régulier. Le côté de la base est de 0m,031 et la hauteur du prisme est quintuple du côté de la base. Une face latérale coïncide avec le plan horizontal de projection ; les arêtes latérales font avec la ligne de terre un angle de 30°. On demande de construire les deux projections de ce prisme.

2° Soit O le point milieu de celle des deux arêtes latérales supérieures qui est le plus en avant du plan vertical de projection. Considérez les points situés sur les arêtes latérales et qui sont à la même distance du point O, distance égale au double du côté de la base ; joignez chacun de ces points au point voisin situé sur l'arête suivante ; vous obtiendrez ainsi une ligne polygonale tracée sur la surface du prisme. On demande de construire les projections de cette ligne (1869).

398. Une pyramide régulière SABCDEF a pour base un hexagone régulier. Chaque arête égale 0m,127, chaque côté de la base égale 0m,053. La face latérale SAB est appliquée sur le plan horizontal de projection de manière que AB est perpendiculaire à la ligne de terre et le point A plus près de cette ligne que le point B. On demande de construire :

1° Les projections de cette pyramide ;

2° Les projections d'une seconde pyramide régulière de même base que la première, et dont les arêtes latérales sont les 2/3 de celles de la première, le sommet de cette seconde pyramide étant placé au delà de la base commune par rapport au sommet S.

3° Les projections et la vraie grandeur de la section faite dans l'ensemble des deux pyramides par un plan vertical mené par le point B et le point situé aux 2/3 de l'arête SA à partir du point S (1870).

399. Une pyramide triangulaire SABC a sa base ABC appliquée sur la partie antérieure du plan horizontal. L'arête AB est parallèle à la ligne de terre et le sommet C en avant de AB. On donne : AB = AC = 0m,116 ; BC = 0m,147 ; SA = SB = SC = 0m,104. On demande de construire :

1° Les projections de la pyramide ;

7*

2º Les projections de la section faite par un plan perpendiculaire à l'arête SA, mené par le point de cette arête, situé au quart de sa longueur à partir du sommet S.

3º Les projections des points situés sur l'arête SA, d'où l'on voit l'arête BC sous un angle droit. (1872).

400. Deux cônes circulaires droits et égaux ont même sommet S et se touchent extérieurement suivant la génératrice SA, de manière à adhérer l'un à l'autre ; le rayon de base égale 0m,038 et la génératrice est double du rayon ; la base de l'un des cônes est appliquée sur la partie antérieure du plan horizontal, sa circonférence touchant la ligne de terre et la génératrice SA est parallèle au plan vertical de projection. On demande :

1º De construire les projections du solide formé par l'ensemble des deux cônes ;

2º De construire la partie invisible du plan vertical de projection, supposé relevé, l'œil étant placé sur la perpendiculaire à la ligne de terre menée par le point A et à une distance en avant de cette ligne de terre égale à deux fois le diamètre de base de l'un des cônes.

Ombrer la partie invisible demandée, sans y comprendre la projection verticale des cônes (1873).

401. Un cylindre circulaire droit a sa base appliquée sur le plan horizontal. La circonférence de cette base est tangente à la ligne de terre et son rayon est de 0m,040 ; la hauteur du cylindre égale le rayon de base. Un cône circulaire droit de même base et de même hauteur que le cylindre est superposé à ce dernier de manière que la base du cône coïncide avec la base supérieure du cylindre. La génératrice SA du cône (le sommet étant S) est parallèle au plan vertical. On demande de construire :

1º Les projections de l'ensemble des deux solides ;

2º Les projections et la vraie grandeur de la section faite par un plan perpendiculaire à la génératrice SA en son milieu ;

3º Les parties du plan horizontal de projection cachées par l'ensemble des deux solides, l'œil étant placé sur la verticale du point A au-dessus de ce point à une hauteur égale aux $\frac{5}{3}$ de R. (1874.)

402. Déterminer l'intersection d'un cylindre de révolution ayant pour axe la ligne de terre et d'un cône quelconque. On donne la section droite du cylindre. (Diplôme d'études. — Dijon, 1876.)

403. On donne un plan incliné de 30º sur le plan horizontal et de 45º sur le plan vertical, et le point où ses traces rencontrent la ligne de terre ; sur ce plan on construit un losange dont l'une des diagonales est parallèle au plan horizontal ; elle a 0m,05 et l'autre 0m,10 ; on prend ce losange pour base d'une pyramide dont le sommet se projette au centre du losange, et qui a pour hauteur 0m,15 : construire les projections de cette pyramide et la projection horizontale de la section faite par un plan horizontal passant par le centre de base ; le centre du losange est à 0m,04 du plan horizontal, et sur la ligne de pente qui est à 0m,08 du plan vertical, cette distance étant comptée sur la trace horizontale du plan. (Diplôme d'études. — Lyon, 1876.) — [On ne peut trouver de plan réalisant les conditions imposées, voir nº 125, III, mais prendre, par exemple, 60º et 45º.]

TABLE DES MATIÈRES

PREMIÈRE PARTIE

DU POINT, DE LA DROITE ET DU PLAN

CHAPITRE I

NOTIONS PRÉLIMINAIRES

CHAPITRE II

PROBLÈMES SUR LA DROITE ET LE PLAN

CHAPITRE III

MÉTHODES DIVERSES

CHAPITRE IV

DES ANGLES

*

CHAPITRE V

APPLICATIONS

EXERCICES SUR LA PREMIÈRE PARTIE

DEUXIÈME PARTIE

LES SURFACES COURBES

CHAPITRE I

DES SURFACES EN GÉNÉRAL

CHAPITRE II

REPRÉSENTATION DES SURFACES

CHAPITRE III

PLANS TANGENTS

CHAPITRE IV

SECTIONS PLANES

CHAPITRE V

INTERSECTIONS DES SURFACES

EXERCICES SUR LA DEUXIÈME PARTIE

TROISIÈME PARTIE

PLANS COTÉS

QUATRIÈME PARTIE

APPLICATIONS DIVERSES

CHAPITRE I

CHAPITRE II

CONSTRUCTIONS

CHAPITRE III

PERSPECTIVE

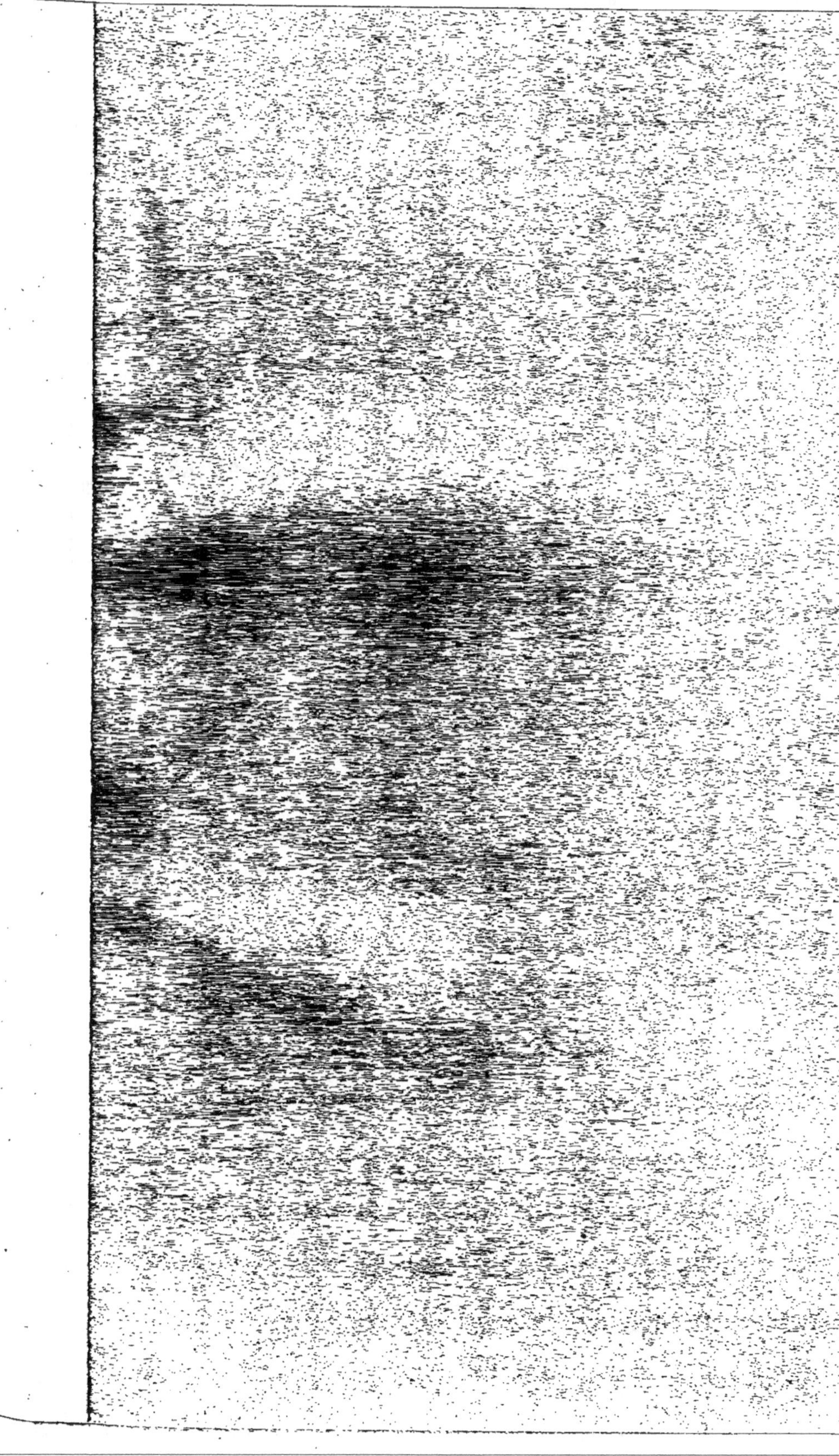

LE
COURS DE MATHÉMATIQUES ÉLÉMENTAIRES

COMPREND LES OUVRAGES SUIVANTS :

Éléments d'Arithmétique.
—   d'Algèbre.
—   de Géométrie.
—   de Trigonométrie.
—   d'Arpentage et de Nivellement.
—   de Géométrie descriptive.

6318. — Tours, impr. Mame.